디지털시스템설계 실습

충북대학교 출판부

디지털시스템설계 실습

김 형 원

목 차

제1장

디지털시스템과 FPGA의 개요

1.1 Introduction

디지털시스템은 디지털신호 입력을 받아서 로직게이트와 메모리소자를 사용하여 필요한 디지털신호 출력을 생성하고 현재 상태를 저장하는 시스템을 일컫는다. 디지털시스템을 설계하는 방법에는 간단한 디지털회로를 설계하는 Truth table과 Karnaugh map을 사용하는 방법부터 Quine McCluskey의 table의 사용하여 최적화하는 방법, state diagram과 state table을 이용하여 설계하는 Sequential 회로 설계 방법 등 다양한 방법이 있다.

최근 디지털시스템의 요구기능과 입출력 포트의 수와 요구되는 메모리 소자의 크기가 기하급수적으로 증가하는 추세이다. 따라서 상기의 table 기반의 설계방법으로는 복잡한 디지털시스템을 설계하기는 거의 불가능하게 되었다. 특히 반도체공정기술과 설계기술의 발전에 따라 최근에는 수억개의 로직게이트 또는 수십억개의 트랜지스터를 하나의 실리콘칩에 집적하여 대규모 디지털시스템을 단일칩으로 구현하는 것이 가능하게 되었다. 이러한 매우 복잡한 디지털시스템을 효율적으로 단시간 내에 설계하기 위해 HDL(Hardware Description Language)를 개발하게 되었다. HDL을 사용하여 복잡한 operation을 기술하고 Software 환경에서 Simulation에 의해 operation의 오류를 미리 검증할 수 있게 되었다. 또한 다양한 EDA(Electronic Design Automation) Software Tool들이 개발되어 반도체설계를 HDL에서 로직게이트회로로 자동 합성하게 되었다. EDA Tool들은 또한 트랜지스터 레벨의 회로 및 실제 실리콘 디바이스 레벨의 레이아웃(Layout) 설계까지 자동 생성 할 수 있게 되었다. 따라서 현재의 EDA Tool들의 기술 수준은 수억개의 게이트 정도의 복잡한 디지털시스템의 거의 모든 설계단계를 자동화시키는 수준까지 도달하였다.

최근 반도체설계 기술의 또 하나의 중요한 성과는 HDL기술에서 로직게이트로 생성한 후 반도체 공정으로 실리콘칩을 제작하기 전에 FPGA(Field Programmable Gate Array)라는 프로그램 가능한 Proto-type 반도체칩에 적용하여 Hardware 기반의 기능 및 성능검증이 가능하다는 점이다. FPGA의 성능 및 용량이 고속 및 대형화되면서 실리콘칩으로 제작하지 않고도 FPGA까지 구현하여 디지털시스템 설계를 완성하고 FPGA기반의 시스템을 상용 제품화으로 사용하는 경우도 증가하고 있다. 따라서 FPGA를 이용한 디지털시스템 설계방법은 실리콘칩 제작 전 기능검증용 뿐만 아니라

FPGA 상용 시스템 개발에도 광범위하게 사용되고 있다.

본 실습교재는 디지털시스템의 설계를 시스템요구기능 Spec에서 HDL설계 및 회로합성 후 FPGA에 적용하여 시스템요구기능 테스트를 실제로 실습해 보는 다양한 설계내용을 포함한다.

특히 본 실습교재는 디지털공학 또는 로직디자인 강의를 수강한 학부생들을 대상으로 디지털시스템설계 교과목의 실습교재로 사용되기 위해 작성되었다. 본 실습교재의 주요 내용은 아래와 같다.

우선 FPGA 구조 및 설계기법을 소개하고, Xilinx FPGA ISE Tool의 설치 및 기본 사용법 설명으로 시작한다. 그리고 HDL 중 Verilog 언어의 기초와 설계기법을 소개한다. Verilog HDL을 사용하여 간단한 Adder 및 Multiplier 설계실습을 한다. 그 다음 단계는 Xilinx FPGA 보드의 기본 입출력 인터페이스를 이용한 실습을 수행한다. 우선 Push button과 LED를 이용한 입력과 출력 실습을 한다. 그 후 7-Segment(FND), Dot matrix display, LCD를 이용한 다양한 실습을 수행한다. Step motor 제어 실습과 Piezo buzzer를 이용한 Digital Piano 설계 실습으로 실습교재를 마무리한다.

1.2 FPGA 설계 소개

이 절에서는 FPGA로 회로를 구현하기 위한 일반적인 설계 단계에 대하여 알아보기로 한다. Altera의 Quartus II나 Xilinx의 ISE는 이러한 FPGA 설계 Tool인데 이를 사용하여 설계하는 방법에 대하여서는 뒷장에서 별도로 살펴보기로 한다.

FPGA로 회로를 구현하기 위한 일반적 설계 과정은 그림 1-1와 같은 단계를 거치게 된다.

초기 단계는 논리 회로에 대한 회로를 작성하는 일로써, Schematic 편집기, 부울식, 상태도, 또는 HDL 등과 같은 언어를 따로 또는 혼합하여 사용할 수 있다. 여러 가지 입력 수단에 의한 설계 입력 형식은 각 형식의 변환기를 거쳐 보통 Tool이 회로 데이터를 관리하기 위한 하나의 통합된 공용 데이터베이스로 변환된다.

공용으로 사용하는 파일 형식은 여러 개의 설계 파일이 하나의 파일로 병합되어 사용되는데, 이 회로 파일을 벤더가 제공하는 FPGA 칩의 적합한 논리 블록 및 입출력 블록으로 분할하는 과정을 거친 후 적당한 블록에 논리 블록을 위치시킨 후 필요한 연결을 한다. 구현된 회로의 성능과 기능은 시뮬레이터 등을 사용하여 검증된다. 최종적으로 비트 맵 파일을 생성한 후 다운로드 케이블을 통하여 FPGA 칩을 Configuration을 하는 과정으로 FPGA의 구현이 끝난다.

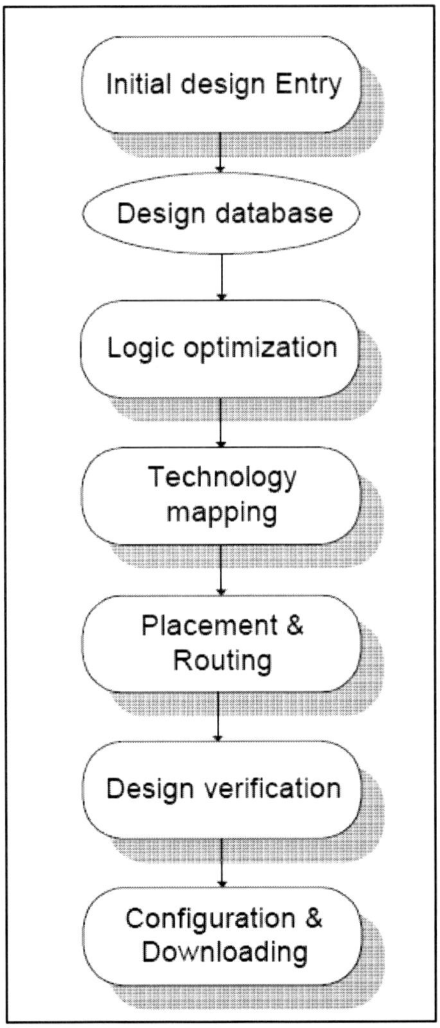

[그림 1-1] FPGA 설계 과정

이에 대한 좀 더 상세한 과정을 살펴본다.

1) 초기 설계 입력(Initial Design Entry)

초기 입력은 Schematic Capture Tool을 사용하여 논리 회로를 입력한다. 이것은 회로 블록을 연결하기 위한 그래픽적인 수단을 사용한다. 사용 가능한 빌딩 블록들은 FPGA 공급자에 의하여 제공되는 소자 라이브러리로부터 취하여진다.

라이브러리들은 FPGA의 칩 구조를 사용하여 미리 설계된 기능을 가진 회로들로 구성되며 게이트 수의 최소화 사용을 보장하고 기존에 설계되어 안정된 동작을 하는 회로를 재사용하게 하므로 설계의 효율성을 높여준다.

Schematic Capture 프로그램은 보통 자사 제품뿐만 아니라 여러 다른 회사의 프로그램과도 데이터 교환이 가능한 호환성을 가지는 경우도 많다. Schematic 입력에서 서로 다른 Tool 간에 발생하는 데이터 상이성의 호환을 이루기 위하여 사용하는 표준 입력 형식으로는 EDIF(Electronics Design Interchange Format)이 주로 사용되고 있다. 그래픽적인 입력 외에도 문자적인 방법으로, 부울식, HDL(High level Description Language)인 VHDL이나 Velilog HDL등에 의한 입력이 대규모 회로 설계에 많이 사용된다.

2) 설계 데이터 변환

Schematic이나 문자 또는 이들의 혼합에 의한 입력 형태는 FPGA 설계 Tool이 이해하는 하나의 통합된 Netlist 데이터 형태로 변환된다. 한 회사에서 제공하는 Tool을 사용 하여 설계된 입력 형태를 다른 회사의 FPGA로 구현하고자 할 때 EDIF를 사용하거나 두 회사 사이에서 상호 회사의 라이브러리를 인지하여 설계 데이터를 상호 변환할 수 있는 변환 Tool이 있으면 입력 파일을 재입력하지 않고 변환 Tool을 사용하여 설계 입력 데이터를 그대로 사용할 수 있다.

3) 논리 최적화(Logic Optimization)

설계된 회로를 FPGA로 구현하기 위하여서는 FPGA의 한정된 게이트 자원을 최대로 사용하기 위하여 논리 최적화 단계는 필수적이다. 논리최적화는 설계된 회로와 등가 이면서 최소의 논리게이트를 사용하거나 또는 게이트 수는 많이 사용하더라도 최소의 지연 시간으로 동작하는 회로를 합성하는 단계이다. 논리 최적화는 FPGA의 특정 논리 블록의 형태에 구애받지 않고 일반적인 논리합성 과정에 의하여 이루어진다.

논리최적화는 회로의 함수생성과 최적 설계를 위하여 매우 중요한 단계이므로 이

목적을 위하여 특별한 CAD Tool을 별도로 사용하는 경우가 많다. 이러한 Tool에는 Synplify, Leonardo Spectrum 및 FPGA Compiler 등이 있다.

4) 기술 매핑(Technology Mapping)

분할(Partition)과 Fitting 과정으로 구분할 수 있다. 최적화된 설계 회로가 FPGA의 게이트 수를 초과하여 사용할 경우, 여러 개의 FPGA에 설계된 회로를 나누어 구현하게 하는 단계를 분할이라고 한다. Fitting 과정은 설계된 회로의 각 부분들이 FPGA의 논리 블록들을 사용한 형태의 회로에 맞게 변환되는 것이다.

기술 매핑은 FPGA 논리 블록의 형태에 의존하여 회로를 할당하므로 FPGA 회사에서 제공하는 Tool은 각 칩에 가장 최적인 상태로 설계된 회로를 매핑 할 수 있게 한다. 설계된 전체 회로가 특정 FPGA 칩에 구현될 수 있는 규모인가는 이 단계를 수행하면 알 수 있다.

5) 배치 및 배선(P&R, Placement And Routing)

매핑 된 각 설계 블록들을 FPGA의 특정 논리 블록 위치에 지정하는 단계를 배치라 한다. 배치된 각 블록들을 회로의 연결 정보에 따라 연결선 및 전기적 스위치를 사용하여 상호 연결하는 단계를 배선이라고 한다.

배치와 배선은 그 결과가 상호 의존적인 작업이다. 좋은 배치는 좋은 배선을 보장한다. 좋은 배선이란 회로가 칩 내에서 100% 배선률을 이루면서, 각 논리를 연결하는 와이어의 연결 경로가 가능하면 짧게 되어 신호의 지연 시간이 작게 되도록 하는 것이다. 이렇게 되기 위하여서는 연결도가 많은 회로들은 인접된 논리 블록에 배치되고 외부로 출력되는 신호를 가진 블록들은 입출력 셀과 가까운 쪽에 위치하게 되도록 배치가 일어날 것이다.

경우에 따라 100% 배선이 되지 않는 경우가 있을 수 있다. 이런 경우는 칩의 논리 블록에 비하여 회로의 규모가 너무 크거나 연결도가 많아서 칩의 배선이 완전하게 이루어지지 않는 것이다. 전자의 경우는 다른 소자를 사용하거나 회로를 분할하여 다수의 칩으로 구현하여야 한다. Tool에 따라서 수동으로 배치 또는 배선을 설계자가 변경할 수 있는 레이아웃(Layout) 편집기를 제공하기도 한다.

100% 배선률을 보장하기 위하여서는 FPGA 칩은 벤더가 제공하는 최대 게이트 수를 설계자가 다 사용할 수 없는 경우가 많다. 정확한 통계적 수치는 없지만 일반적으로 최대 게이트의 70% 정도를 사용할 수 있다고 가정하는 것이 좋다.

6) 설계 검증과 성능 추정

배치 및 배선이 끝난 회로는 실제적인 회로의 구현 형태가 FPGA의 칩 상에 이루어진 단계이므로 각 회로 부분의 연결 와이어간의 실제 거리, 스위칭점 등을 사용하여 지연 시간에 대한 정보를 추출하는 Back Annotation을 할 수 있다. Back Annotation정보는 각 와이어간의 배선 길이가 Capacitance 및 저항 성분으로 모델링되어 타이밍 시뮬레이터를 사용하여 칩의 동작을 시뮬레이션 할 수 있게 한다. 타이밍이나 기능에 대한 검증이 완료되면 설계된 회로의 실제 동작 속도에 관한 성능을 추정할 수 있다.

7) Configuration and Downloading

배선이 끝난 회로는 각 전기적인 스위치에 대한 Configuration 정보를 포함하게 된다.

이 Configuration 정보를 2진 비트 스트림으로 변환하여 JEDEC(Joint Electronic Device Engineering Council) 파일 형태로 저장한다. 다운로드 케이블을 사용하여 비트 스트림을 바로 FPGA 칩에 다운로드하여 칩을 Configuration하면 설계된 회로의 동작을 확인할 수 있다. 또는 2진 파일을 EPROM 기록기를 사용하여 EPROM을 프로그래밍 하여 Configuration ROM으로 사용할 수도 있다.

1.3 FPGA의 구조

1) Programmable Logic

FPGA(Field Programmable Gate Array)는 PAL(Programmable Array Logic)을 저밀도(Low Density) PLD(Programmable Logic Devices)로 분류함에 비하여 고밀도 PLD로 분류된다. 따라서 FPGA도 PAL과 마찬가지로 전기적인 퓨즈에 의한 사용자 프로그래밍으로 원하는 Custom 회로를 빠른 시간에 구현할 수 있게 해준다. 그러나 PAL이 일반적으로 AND-OR 게이트로 된 구조적인 어레이를 취함에 따른 회로 구현의 효율성이 낮은 것에 비하여 다양한 형태의 디지털 회로를 구현할 수 있는 논리 및 연결 구조로 인하여 고성능의 회로를 구현할 수 있게 한다.

그림 1-2(a)~(b)는 CPLD(Complex Programmable Logic Device)의 칩의 구조와 하나의 Logic Array block의 구조의 예를 나타낸다.

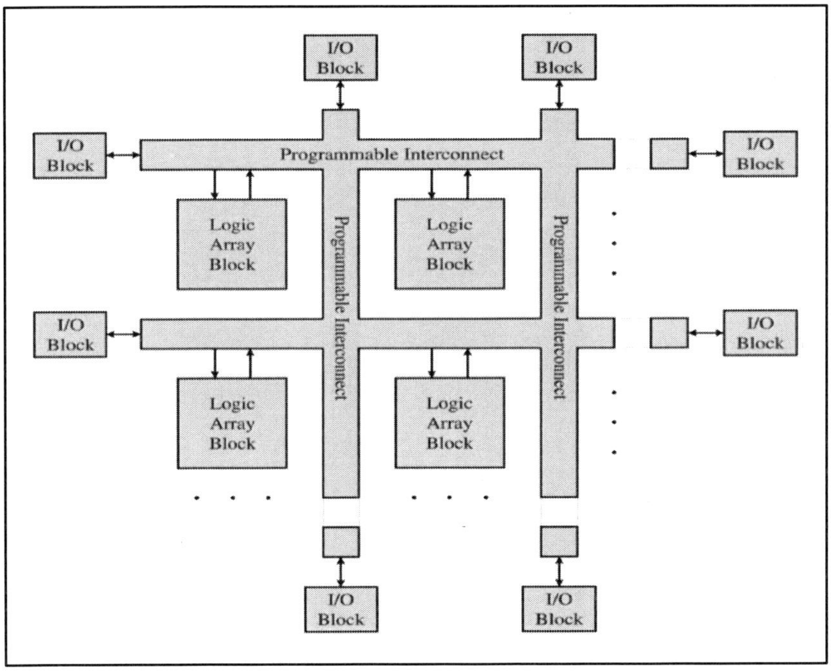

[그림 1-2 (a)] CPLD 칩의 일반적인 구조

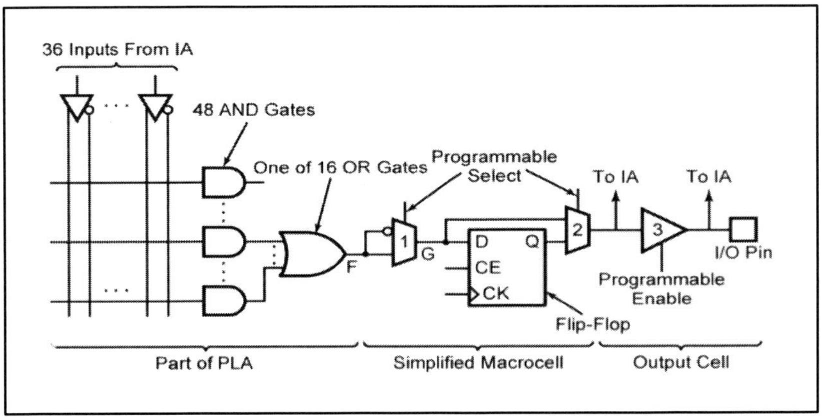

[그림 1-2 (b)] CPLD의 Logic Array block의 구조의 예

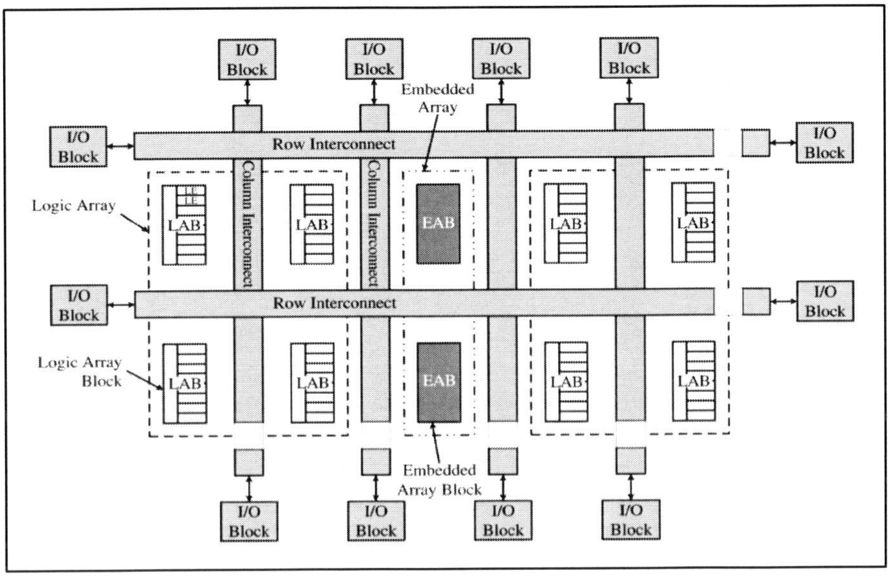

[그림 1-2 (c)] FPGA칩의 일반적인 구조

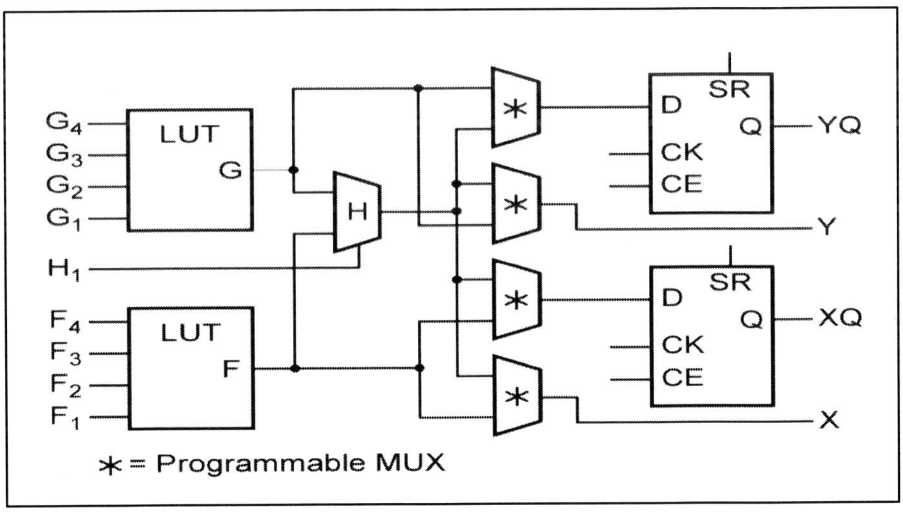

[그림 1-2 (d)] FPGA의 Logic Array 또는 CLB
(Combinational Logic block)의 구조의 예

그림 1-2(c)~(d)은 FPGA의 개념적인 구조도를 보여준다. 그림의 논리 블록(Logic Block)에는 디지털회로를 구현할 수 있는 게이트, 플립플롭, 멀티플렉서, 메모리 등이 배치되어 있다.

I/O 셀에는 입력 및 출력 회로를 설계 용도에 맞게 구성하기 위한 회로들이 외부 핀 및 입출력 보호회로 등이 배치되어 있다.

FPGA의 특징을 잘 나타내는 것이 배선 영역(Interconnection Resources)이다. 배선 영역의 구조는 논리 블록과 논리 블록 사이의 신호를 연결하거나, 논리 블록과 I/O 셀을 연결하기 위한 배선 와이어와 와이어 사이의 전기적 연결 스위치로 구성되어 있다. 배선의 길이는 디지털회로의 동작 속도에 매우 영향을 미치므로 FPGA의 구조에서 중요한 역할을 차지한다.

논리 블록, I/O 셀, 배선 구조에 형태에 따라 FPGA 칩을 사용하여 설계할 때의 칩 사용률이 크게 영향을 받게 된다.

FPGA는 1985년 Xilinx사에 의하여 처음 소개된 이후로 현재 많은 회사가 다양한 형태의 유사 소자들을 제공하고 있다. 표 1-1에는 몇 회사의 FPGA 소자에 대한 프로그래밍 방식, 게이트 수, 실제로 사용할 수 있는 입출력 수에 대한 특성을 보인다.

FPGA는 소자에 포함된 게이트 개수, 입출력 블록 및 핀 수, 동작 속도에 따라 가격의 차이가 매우 크고 구현 후 회로 성능에도 차이가 있으므로 응용 목적에 적합한 소자를 사용하는 것이 필요하다.

Types	회사	계열	게이트 수 (1,000)	사 용 자 입출력핀 수
EEPROM	ALTERA	MAX 7000 MAX 9000	0.6-5 6-12	36-164 159-216
	Lattice	ispSI 3000 ispSI 8000 MACH 2(Vantis) MACH 5	7-20* 25-45* 2.5-5 5-20	130-226 148-312 32-64 68-256
	Xilinx	CoolRunner-II	32-512	33-270
EPROM	ALTERA	MAX 5000 Classic EPLD	0.6-3.7 0.3-0.9	16-67 22-64
FLASH	Xilinx	XC9500/XL/XV	0.8-64	34-192
	Cypress	Delta 39k	30-200	32-264
Anti-fuse	Actel	ACT 2 ACT 3	2.5-8 1.5-10	72-140 70-228
	Quick Logic	pASIC 1 pASIC 3	1-8 8-38	40-180 70-316

SRAM	Xilinx	XC 4000E Virtex-5 Spartan-3	2-85 30-330 50-5000	64-448 400-1200 124-784
	ALTERA	FLEX 10K APEX 20K Cyclone III Stratix III	10-250 30-1500 50-120 50-340	59-470 128-808 94-535 288-1104

[표 1-1] FPGA 상용 소자

* PLD 게이트 수로 환산됨, 다른 소자는 ASIC 게이트 수로 환산된 것임. PLD 게이트 수가 ASIC 게이트 수에 비해 각 회사에 따라 1.5-3배 정도 크게 나타남.

최근에 나타난 Configurable System-on-Chip(CSoC)은 Embedded Processor PLD의 개념으로 기존의 FPGA와 CPU 기능을 전기적 프로그래밍 가능한 형태로 통합한 형태의 소자이다. CSoC의 종류와 제공 회사로는 표 1-2와 같은 것들이 있다.

회 사	계 열	CPU
Triscend	E5 A7	3x-Accelerated 8-bit 8051 CISC ARM7TDMI 32-bit RISC
Atmel	FPSLIC	8-bit AVR RISC
Altera	Excalibur XM	ARM922T 32-bit RISC MIPS32™ 4Kc™ 32-bit RISC
Xilinx	PowerPC	32-bit RISC
Cypress	PSoC	M8C 8-bit RISC
QuickLogic	QuickMIPS	MIPS32™ 4Kc™32-bit RISC
Chameleon	CS2000	ARC 32-bit RISC
SIDSA	FIPSOC	8-bit 8051 CISC

[표 1-2] CSoC 회사와 종류

FPGA의 연결 스위치에 대한 프로그래밍 구조에는 SRAM, anti-fuse, EPROM 또는 EEPROM 등이 있는데 칩의 면적, 지연시간, 성능, 집적도, 표준공정 사용, 가격 등에 영향을 미치는 중요한 요소이다. 또한 정보의 불휘발성(Non-Volatile), 소자의 재사용성(Re-Programmable), 시스템에 장착된 채로 재프로그래밍이 가능한가(ISP, In-System Programmability)도 프로그래밍 구조에 의하여 결정된다.

2) CPLD와 FPGA의 차이점

CPLD와 FPGA의 근본적인 차이는 로직을 구성하는 방법에 있다. 간단히 요약하면 CPLD는 기본 구조를 PAL이나 GAL에서 가져왔으며 FPGA는 ASIC의 Gate Array에서 가져왔다고 볼 수 있다. FPGA는 CPLD에 비해 전반적으로 로직 사이즈가 크며 로직 이외에도 다양한 기능(RAM, DLL, DCM, DCI, ...)을 포함하고 있다.

1.4 FPGA 프로그래밍 방법

1) SRAM 프로그래밍

SRAM(Static RAM) 프로그래밍 구조를 사용하는 회사로는 Xilinx, Altera, Lucent 등이 있다. 이 구조에서는 프로그래밍하기 위한 연결 스위치 점이 SRAM 셀에 의하여 조정되어지는 Pass-Transistors, Transmission Gates, 혹은 멀티플렉서 등을 사용한다.

그림 1-3에 SRAM 프로그래밍 방식에 의한 FPGA의 연결 셀 구조를 보인다. SRAM 방식에서는 연결점을 제어하기 위한 배열(Configuration) 정보가 SRAM 셀에 저장되어 있는데 이것은 동작 전원이 OFF되면 그 정보를 유실하는 휘발성(Volatile) 기억 소자이다.

따라서, 이 방식을 사용하는 시스템에서는 FPGA의 배열 정보를 영구히 보존하기 위한 별도의 Configuration ROM 또는 저장 매체가 필요하다. 여기에 SRAM 셀에 대한 ON/OFF 정보를 저장하여 두고 시스템의 초기화시 이 정보는 FPGA의 SRAM을 Configure하기 위하여 Download 된다.

다른 방식에 비하여 SRAM 구조는 비교적 면적을 많이 차지하나 재프로그래밍이 시스템 안에서 장착된 채로 이루어질 수 있으며 표준 CMOS 공정을 사용하여 제조할 수 있다는 장점이 있다. 일반적으로 다른 프로그래밍 방식에 비하여 SRAM 프로그래밍은 SRAM이 동작하기 위한 정전류 및 동적 전류로 인하여 전력소모가 비교적 크다. 스위칭 소자로 작용하는 SRAM의 저항과 Capacitance 성분도 크게 되므로 회로의 성능이 제한을 받을 수 있게 된다. 따라서 SRAM 프로그래밍 방식의 FPGA는 시스템의 초기 개발 용도로 많이 사용되고 있다.

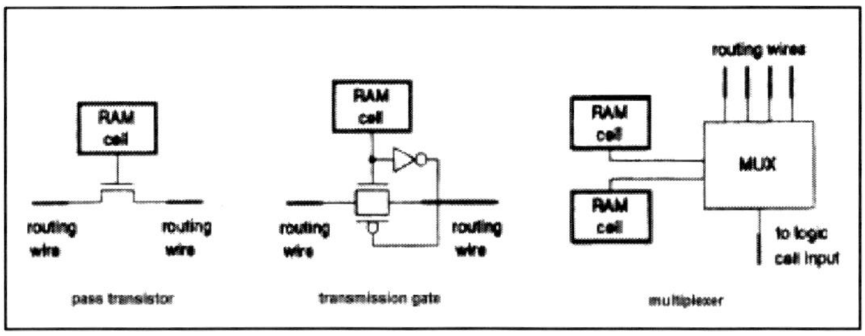

[그림 1-3] SRAM 프로그래밍

FPGA가 어떻게 사용자 설계를 구현하는지를 알기 위해서는 CLB (Configurable Logic Block)가 무엇인지 이해해야 한다. 만일 출력 X에 대한 진리 값 16개를 메모리에 저장하고 이 메모리에 주소입력으로 A, B, C, D를 사용한다면, 16개의 진리 값에 따른 조합회로는 16 x 1 메모리로 바꿀 수 있다. 이 말은 아무리 복잡한 조합회로라 하더라도 조합회로의 입력이 4개 이하인 경우에는 16 x 1 메모리에 Lookup Table 형태로 진리 값을 넣어 두면 이 메모리가 조합회로를 대신할 수 있다는 것을 의미한다. 따라서 사용자가 설계한 모든 조합회로는 16 x 1의 메모리로 바뀌어서 FPGA에 구현되는 것이다.

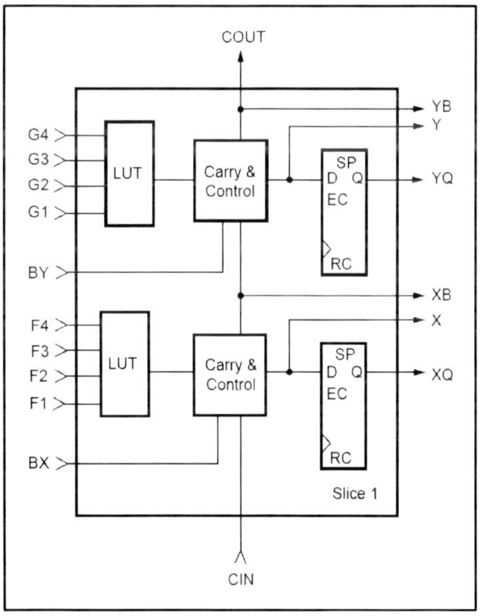

[그림 1-4] Slice 구조

이 16 x 1 메모리를 LUT(Lookup Table)라고 하며 2개의 LUT와 2개의 DFF를 묶어서 Slice라고 한다. 그림 1-5는 Slice에 Carry Chain 및 몇 가지 로직이 추가되어 실제의 Slice가 완성된다.

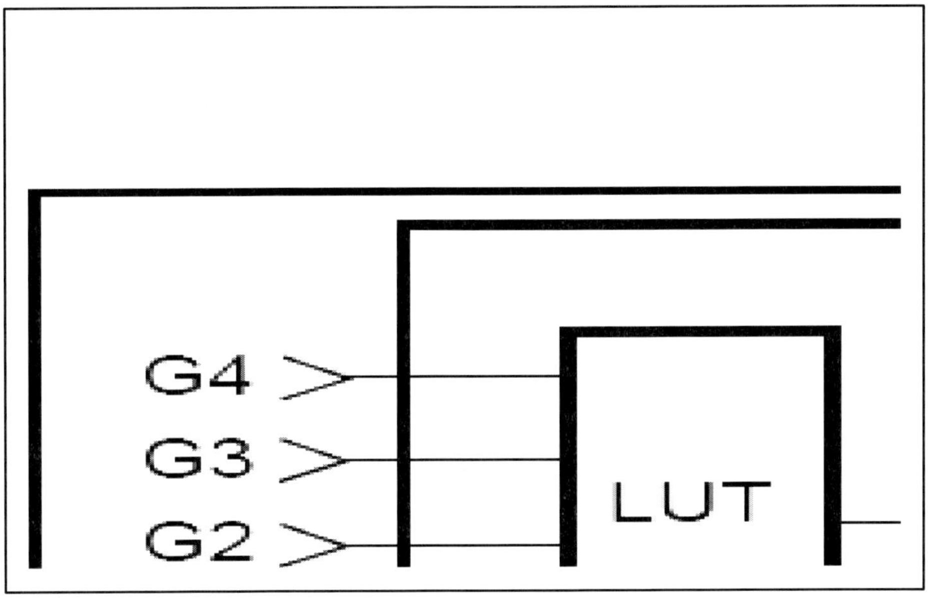

[그림 1-5] Xilinx Virtex 제품의 CLB 구조

Xilinx Virtex, Virtex-E, Spartan-II, Spartan-IIE의 경우는 그림 1-5와 같이 1개의 CLB에 2개 Slice가 있으며 Virtex-II, Virtex-II Pro, Spartan-III에는 4개 Slice가 1개의 CLB로 구성된다.

2) Anti-Fuse 프로그래밍

Anti-fuse 방식은 Actel, Quick Logic사 등에서 사용한 것이다. 그림 1-6에 Actel에서 사용하는 Anti-Fuse 방식을 보인다.

이것은 그림 1-6(a)의 단면에서 보인 구조와 같이 3개의 층으로 구성되는데 가장 아래층은 Heavily-Doped된 n+ 반도체 층, 유전체로 이루어지는 중간 절연 층과 최상층의 Polysilicon 전도 층으로 이루어진다.

이 구조에 비교적 높은 18 V의 전압을 Anti-Fuse 터미널에 인가하고 5 mA 정도 되는 전류를 흐르게 하면, 중간층의 유전체가 열에 의하여 녹게 되고 Poly-Si 층과 n+ 층 사이에 전기적 연결이 이루어지게 된다.

퓨즈가 파괴된 후 연결되는 두 개의 전도층은 각각 전도성이 좋은 금속 층과 연결되어 약300-500 ohm의 낮은 저항 값을 가지게 된다. 그림 1-6(b)에는 이에 대한 평면 구조도를 보인다.

Anti-fuse 방식의 FPGA는 프로그래밍을 위하여 별도의 마스크 제조 공정이 필요하나 프로그래밍을 위한 칩 면적은 매우 작다. 한편, 한번 프로그래밍을 하게 된 소자는 재프로그래밍이 불가능하며 프로그래밍 된 정보는 전원에 상관없이 보존되는 불휘발성이다.

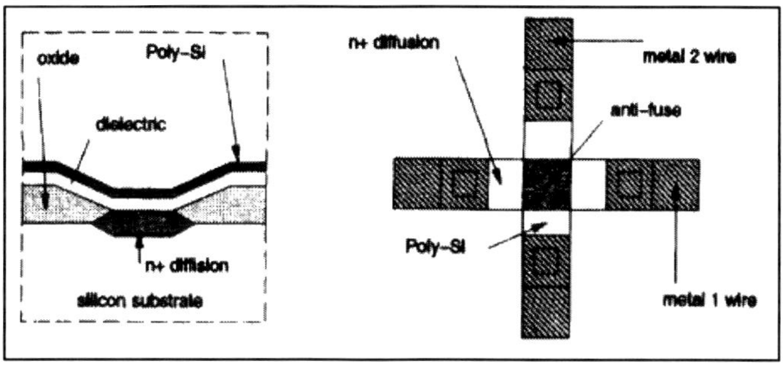

(a) 단면층 (b) 평면 구조

[그림 1-6] Actel의 anti-fuse 프로그래밍

3) EPROM 프로그래밍

모든 조합논리회로는 그의 표현에 있어 AND-OR Array 구조로 표현 가능한데 이러한 성질을 이용한 Programmable Logic Device는 많이 나와 있다. EEPROM-based FPGA에서는 Array-Based(AND-OR) Programmable Logic을 두어 조합논리를 구현하며, 별도의 Programming 에는 EEPROM을 이용하는데 이로서 좁은 면적으로 Re-programmable한 특성을 실현하였다.

EEPROM을 포함한 EPROM 프로그래밍 방식 소자는 Altera, Lattice등에서 제공하고 있으며 EPROM 메모리와 동일한 기술에 의하여 제조된다.

그림 1-8에 보인 EPROM 트랜지스터는 Select와 Floating 두 개의 게이트를 가진 구조로, Floating 게이트는 Select 게이트와 트랜지스터의 채널 사이에 전기적으로 연결되지 않은 상태로 들어 있다.

프로그래밍이 되지 않은 상태에서는 Floating 게이트에는 전하가 존재하지 않아서 이 트랜지스터는 보통의 경우와 동일하게 Select 게이트에 의하여 Turn-On 시킬 수 있다. 만약, 이 트랜지스터가 프로그래밍 되면 Floating 게이트에 전하가 포획되는 상태가 되고 이전하는 트랜지스터를 영구적으로 Turn-Off하게 한다.

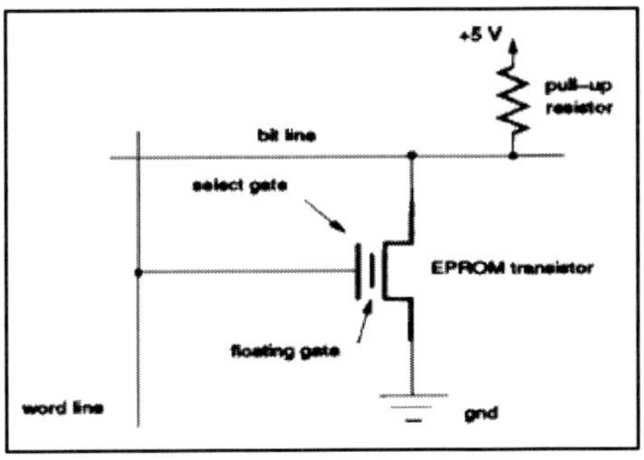

[그림 1-7] EPROM 프로그래밍

이러한 방법으로 EPROM은 프로그래밍 스위치로 사용된다. 프로그래밍 된 EPROM 소자는 불휘발성이나, 자외선을 일정 시간 조사하게 되면 포획된 전하를 잃어버리게 되므로 재 프로그래밍이 가능하고 칩 면적이 매우 적다는 장점이 있다. 그림 1-7의 프로그래밍 소자인 EPROM 트랜지스터는 Pull-Down 소자로 사용되므로 Pull-Up 저항을 통한 정적 전력소모가 발생하는 단점이 있다.

EEPROM-based FPGA는 그림 1-8과 같이 Combinational, Sequential Function을 구현하기 위한 부분인 Logic Array Block(LAB)과, 이의 Routing을 담당하는 Programmable Interconnection Array(PIA)으로 나눌 수 있다. 향상된 FPGA로 갈수록 이의 구조는 복잡해지고 있으며, PIA의 중요성이 계속해서 커지고 있다.

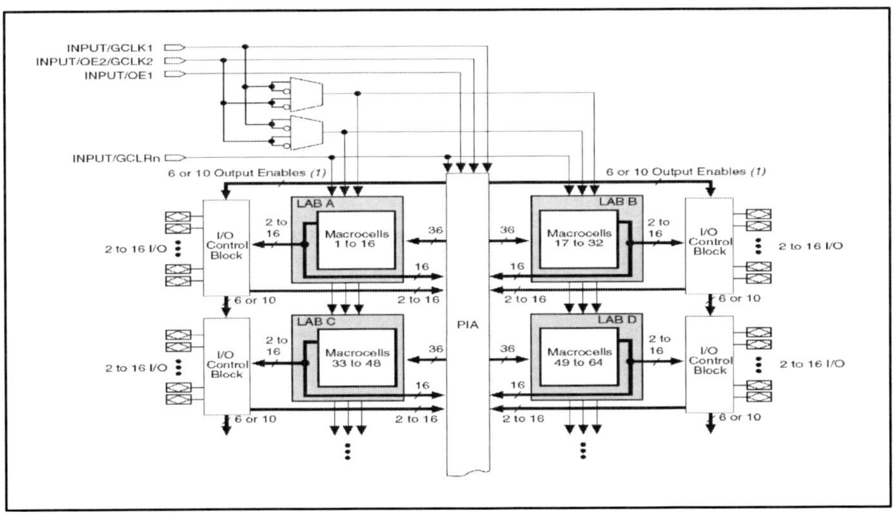

[그림 1-8] EEPROM-based FPGA(ALTERA 구조)

LAB(Logic Array Block)은 구현에 가장 기본이 되는 구조는 Macrocell과 이의 기능을 보완해 주는 Expander Product Term으로 구성된다.

Macrocell은 그림 1-9와 같이 Programmable AND, Fixed OR, Programmable Flip-Flop,

Programmable I/O 등으로 구성된다. Input Pin I/O Pin, Macrocell Feedback Path로부터의 신호들의 True/Complement 값들이 AND Array의 Input이 되며, EEPROM의 Program에 따라 Product Term이 생성된다. Product Term들은 OR Gate를 거치게 되고 XOR Gate를 거치면서 Inversion 될지가 결정된다. 이어지는 FF는 D, T, JK, SR, FF 그리고 Latch로 Programming 될 수 있으며 Clear, Preset을 가질 수도 있다. 여기서 사용되어지는 Clock은 외부로부터 인가될 수도 있고, Product Term에 의해 생성될 수도 있다. Macrocell의 마지막 부분은 I/O Block이다. Input or Output은 Product Term에 의해 결정되며, Output Signal은 다시 Macrocell로의 Feedback되어 새로운 Function구현에 사용되게 된다.

Expander Product Term은 하나의 Macrocell의 Capacity를 넘어서는 Function을 구현하기 위해 마련된다. 이는 LAB내의 모든 Macrocell에 Feedback되며, LAB내의 모둔 Product Term에서 사용될 수 있다.

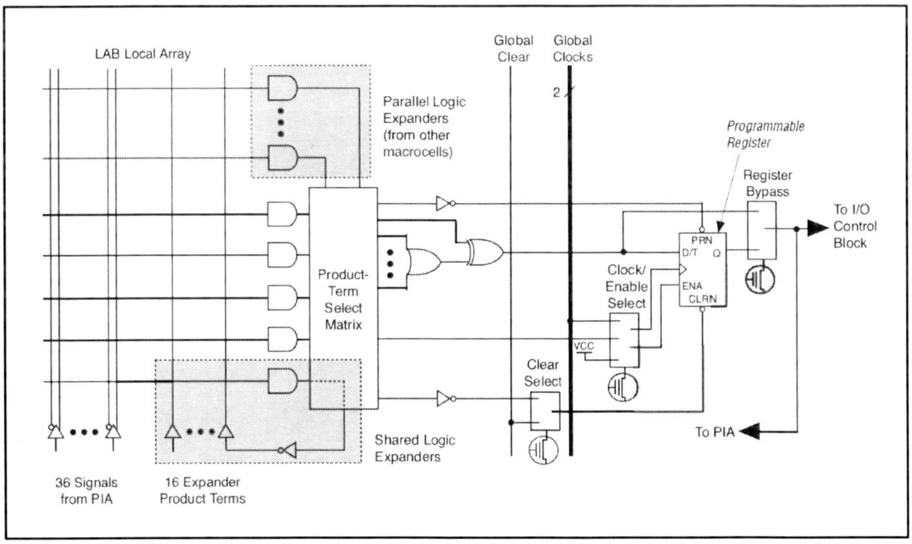

[그림 1-9] MacroCell

PIA(Programmable interconnection array)는 I/O Pin과 LAB, LAB와 다른 LAB를 연결하는 Programmable Wire이다. 이는 Signal Line과 AND-OR Array로 구성되며, EEPROM으로 AND Array를 선택함으로 해서 LAB에 Signal을 전달한다. 그림 1-10에서 PIA는 각각 LAB에 대하여 균형적으로 배치되어 있기 때문에 같은 Delay를 가진다.

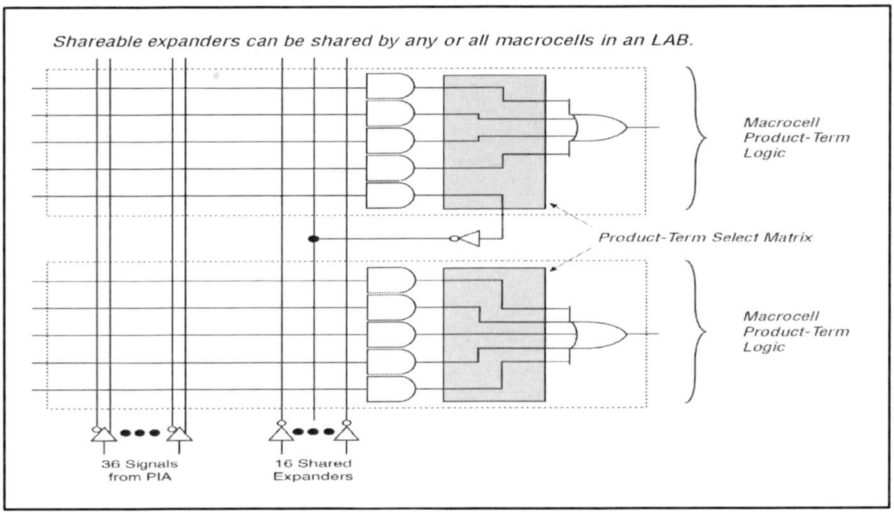

[그림 1-10] PIA(Programmable Interconnection Array)

1.5 실습에 사용되는 FPGA보드

1) Xilinx FPGA 보드의 주요 기능 및 규격

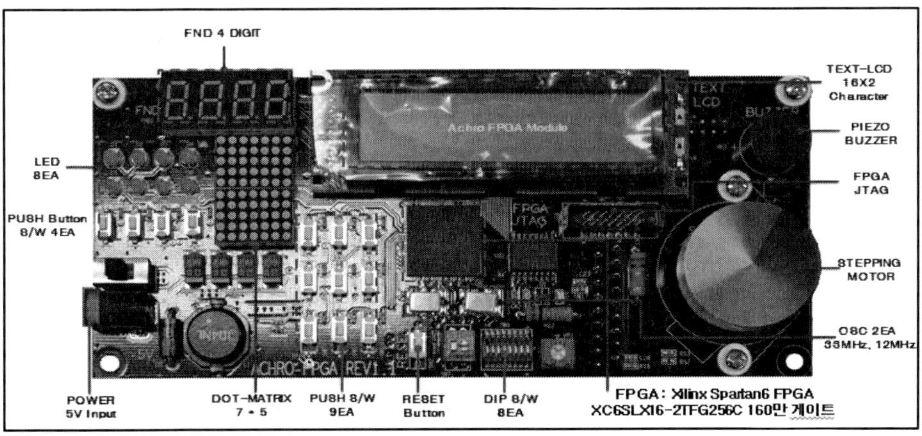

[그림 1-11] Archro FPGA 보드의 외관 사진

규 격	
Achro 본체 확장 60 핀에 연결하여 사용 I/O 확장하여 컨트롤 전원내장으로 FPGA 단독으로 사용 가능함.	
FPGA : Xilinx Spartan6 FPGA XC6SLX16-2ftg256c -기본 160 만 게이트	
TEXT-LCD (16X2 Character)	LED 8EA
DOT-MATRIX 7 * 5 : 2EA	FND 4 DIGIT
PIEZO BUZZER	DIP 8EA,
PUSH Button S/W 4EA	STEPPING MOTOR
PUSH Button S/W 9EA	Oscillator 2EA (33MHz, 12MHz)
Reset Push Button	FPGA JTAG(Xilin Flatform cable 별도)

[그림 1-12] Archro FPGA 보드의 주요규격

실습에 사용되는 FPGA 보드는 Xilinx의 Spartan-6 FPGA칩을 사용하여 다양한 입출력 인터페이스를 장착한 Huins에서 개발한 Archro FPGA 보드이다. 아래에 Archro FPGA보드의 외관 사진을 보인다.

2) Xilinx FPGA 보드의 Block Diagram

실습에 사용되는 FPGA 보드의 Block diagram은 아래 그림과 같다.

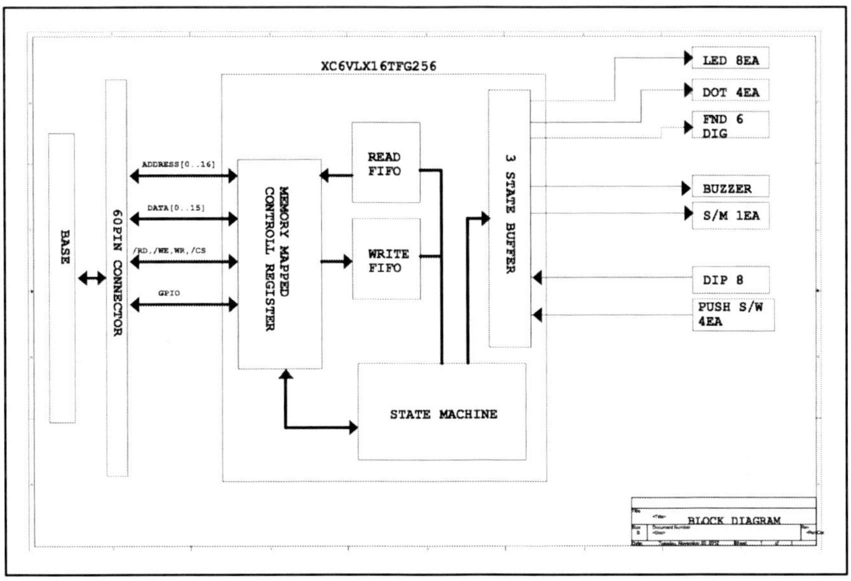

[그림 1-13] Archro FPGA 보드의 Top-Level Block Diagram

제2장

Xilinx ISE Installation

본 실습을 위하여 Xilinx에서 제공하는 Xilinx ISE Tool을 설치해야 한다. 실습에 사용할 Tool은 Xilinx 홈페이지(www.xilinx.com)에서 별도로 다운받을 수 있으며, 실습에 사용할 Xilinx ISE의 version은 14.7이며, 기본적으로 무료인 xilinx ISE webversion을 설치하여 실습 할 수 있다.

실습에 사용할 Tool의 설치과정은 아래와 같다.

1) 먼저 Xilinx 홈페이지에 접속하여 Sign In을 클릭한다.

2) Create Account를 클릭한다.

(*무료 Version을 사용하기 위해 회원가입이 필수)

3) Create Account 항목에서 사용할 ID와 password, 암호 및 이메일 주소와 이름을 입력하고 Create Account를 클릭한다.

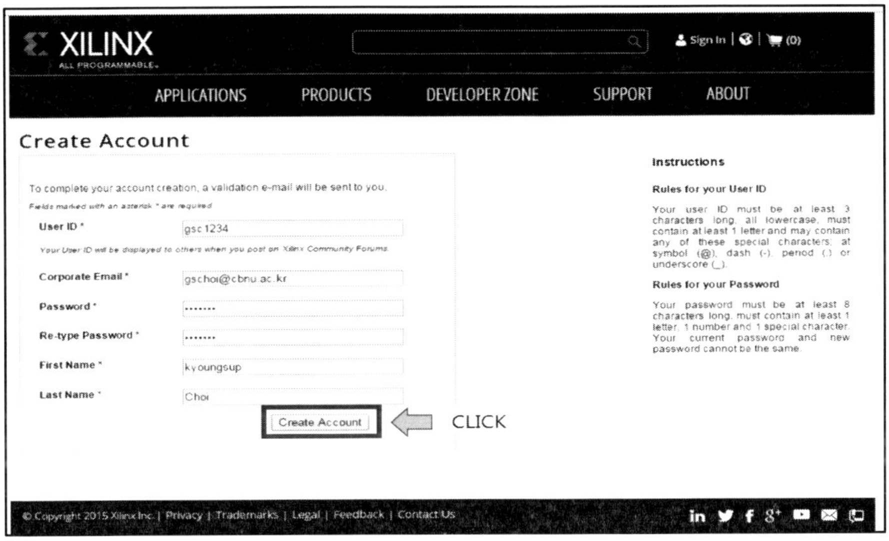

4) 아래와 같은 메시지가 나타나게 되면, 위에서 기입한 메일로 접속하여 Xilinx로부터 온 메일을 확인한다.

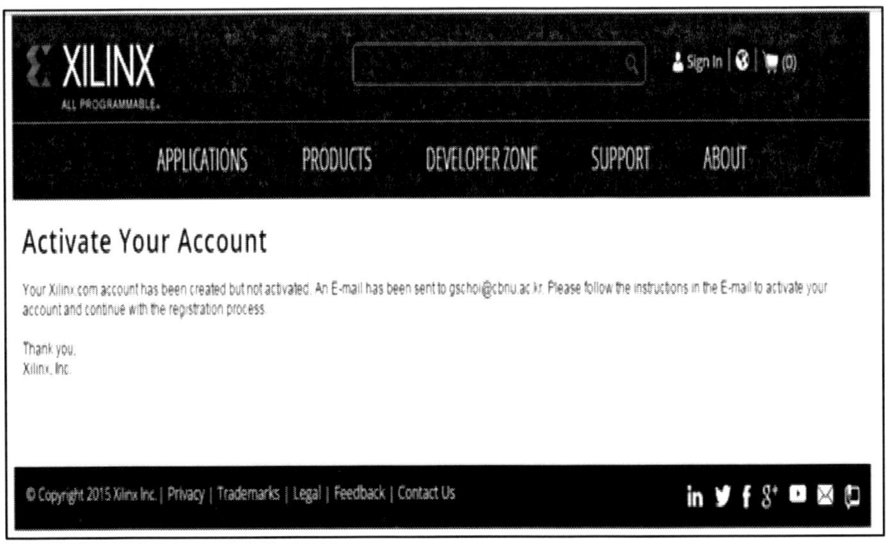

5) 가입한 계정을 활성하기 위해서 받은 메일안의 링크를 클릭한다.

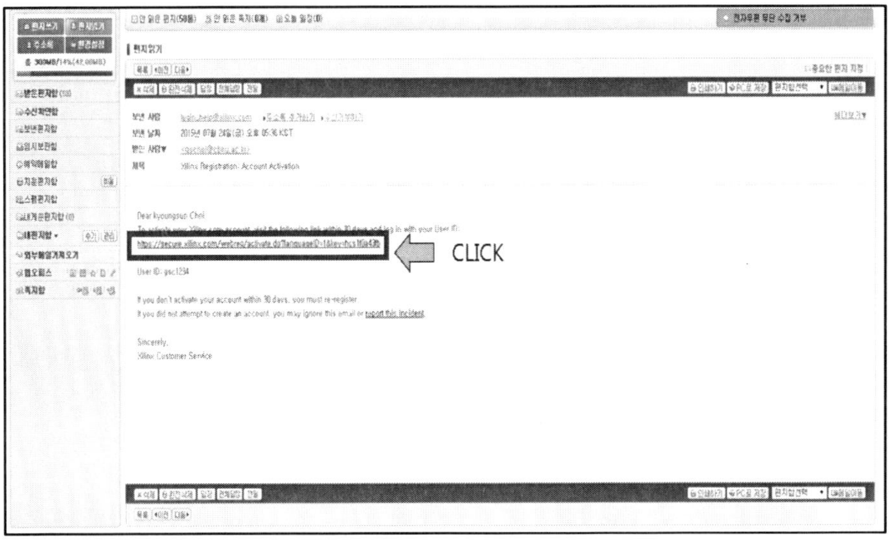

6) 가입한 ID와 Password를 기입하고 Sign In을 클릭한다.

7) 아래화면이 나타나게 되고, 정상적으로 가입됨을 확인할 수 있다.

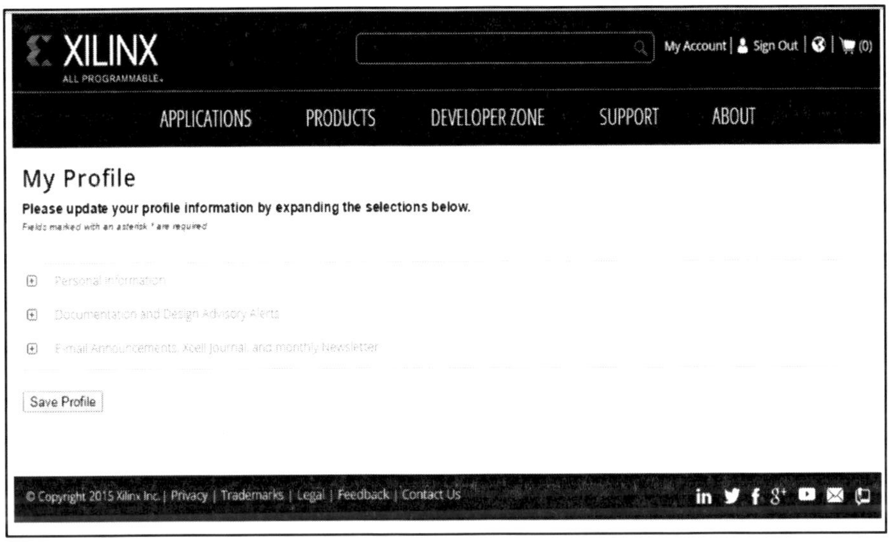

8) 다시 메인화면으로 돌아와서, SUPPORT 항목에서 Downloads & Licensing을 클릭한다.

10) Downloads 항목에서 ISE를 클릭한다.

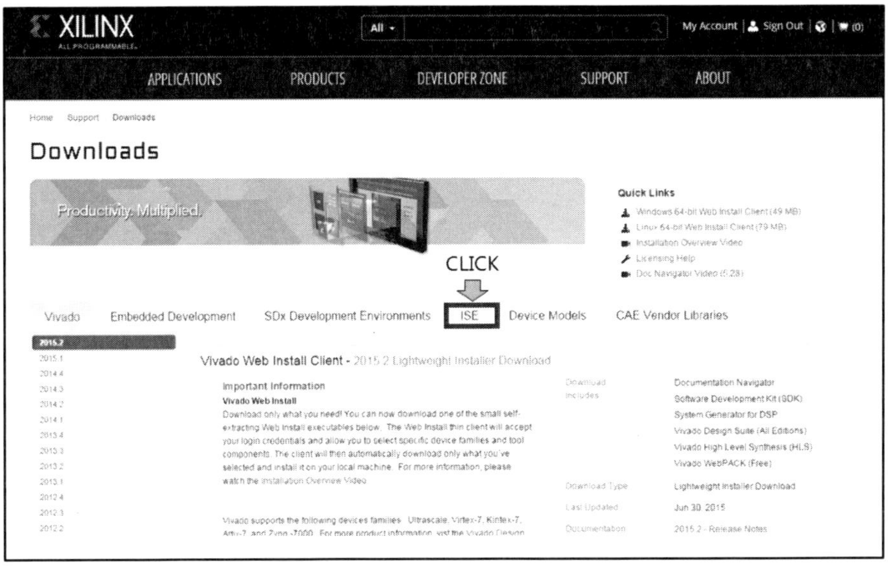

11) Version은 14.7을 선택한다.

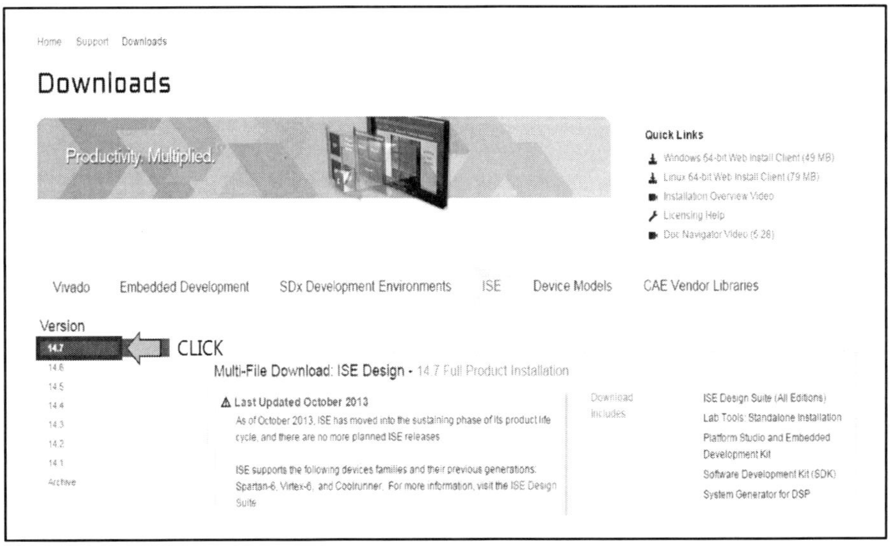

12) ISE Desing Suite 항목에서 Full installer for Windows를 클릭한다.

13) Surver에서 아래와 같이 선택하고 Continue with Download를 클릭한다.

(아래 항목 중 다른 Option을 선택하도 가능하나 되도록 아래와 같이 선택함)

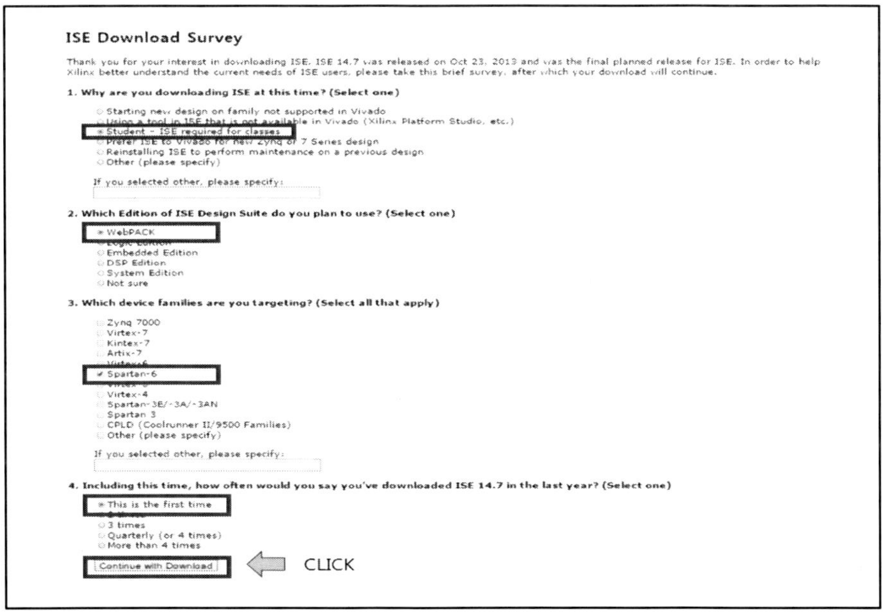

14) 아래항목에서 Profile을 입력한다.('*'부분은 필수 기입해야 함)

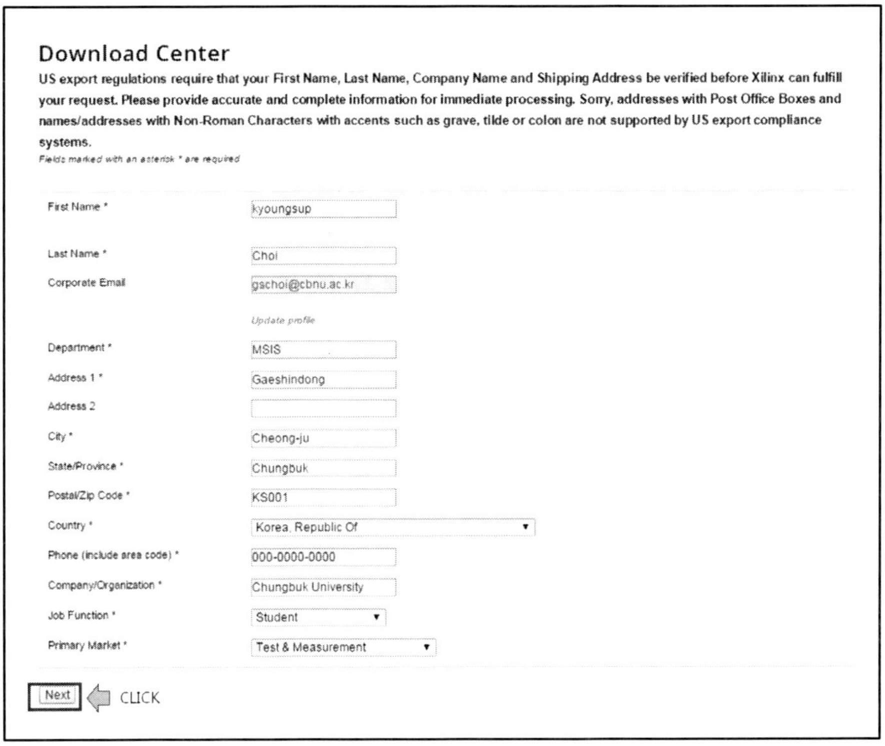

15) xilinx ISE를 download를 시작한다.

＊ 설치 시 웹브라우저(Chrome, explore)마다 설치 방법이 다소 다르다,

〈Chrome 사용시〉

별도의 프로그램 설치 없이 download 진행.

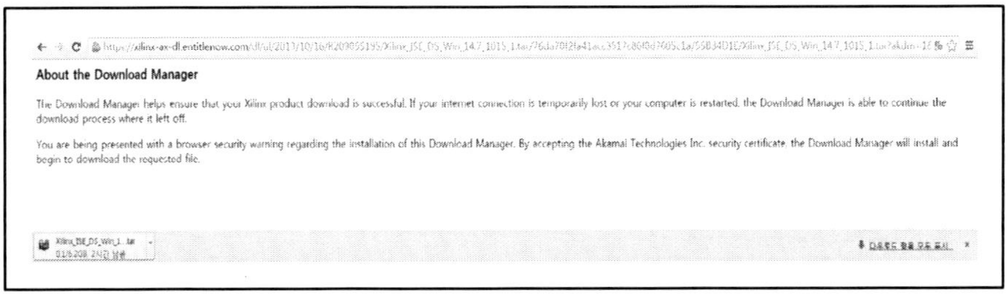

〈explore 사용시 - ver10 기준〉

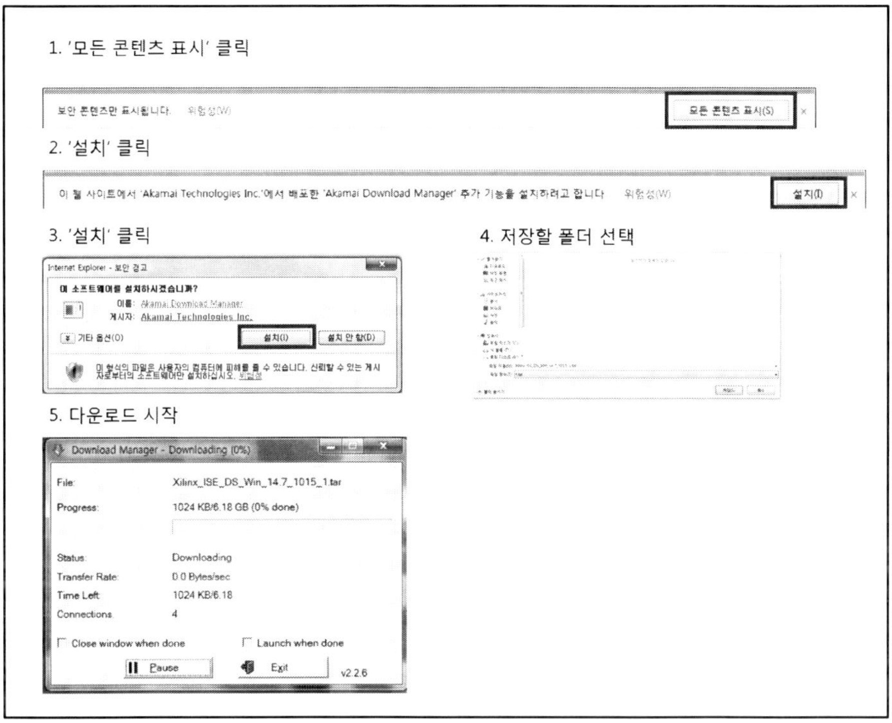

16) License를 받기 위해 Licensing Help를 클릭한다.

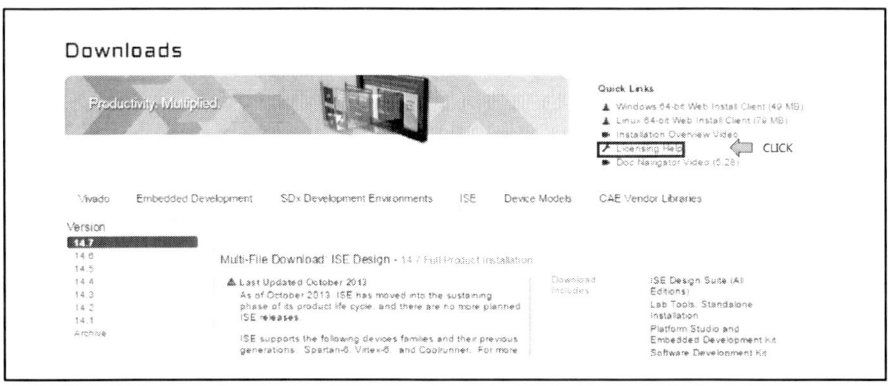

17) 'Obtain a license for Free or Evaluation product'를 먼저 클릭하고, 그 다음 'Xilinx Product Licensing Site'를 클릭한다.

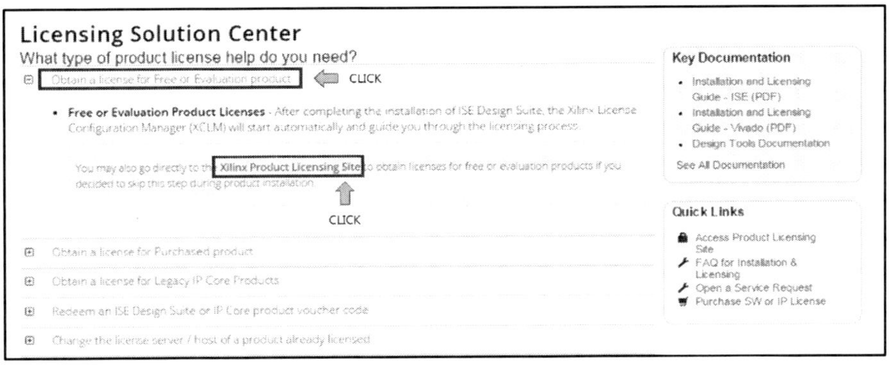

18) 다음 화면에서 Next를 클릭한다.

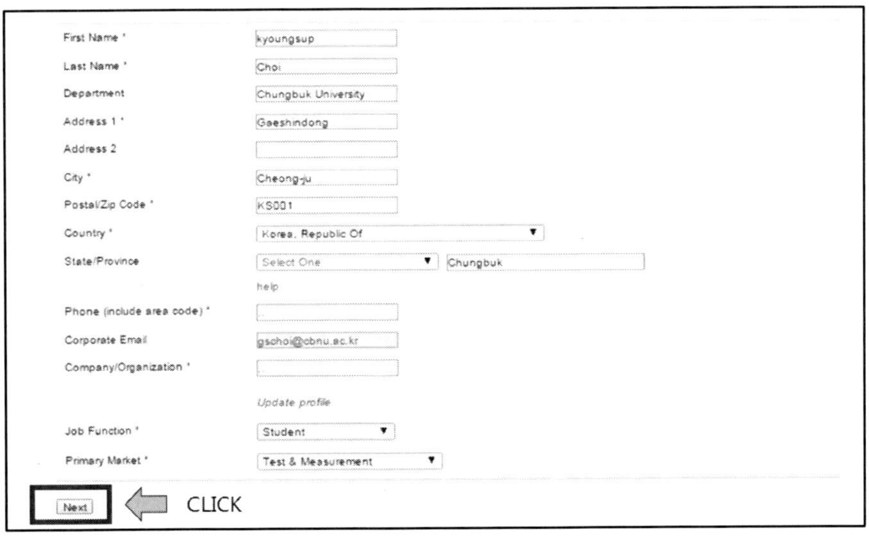

19) ISE WebPACK License를 클릭하고 Generate Node-locked License 항목을 클릭한다.

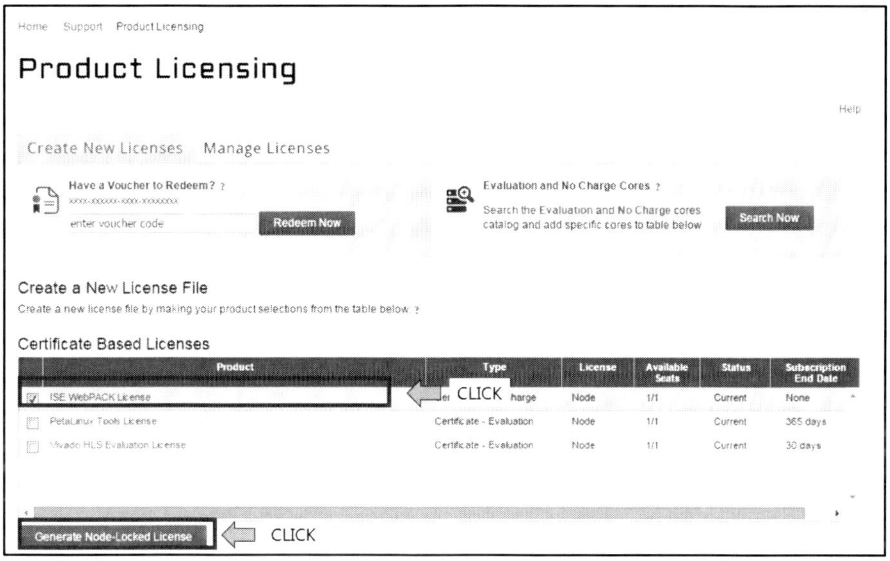

20) 다른 부분은 건드리지 않고, Next를 클릭한다.

21) 아래와 같이 무료 License를 받음을 확인할 수 있으며, 메일을 통하여 xilinx.lic 파일을 보냈음을 알리는 메시지가 나타난다.

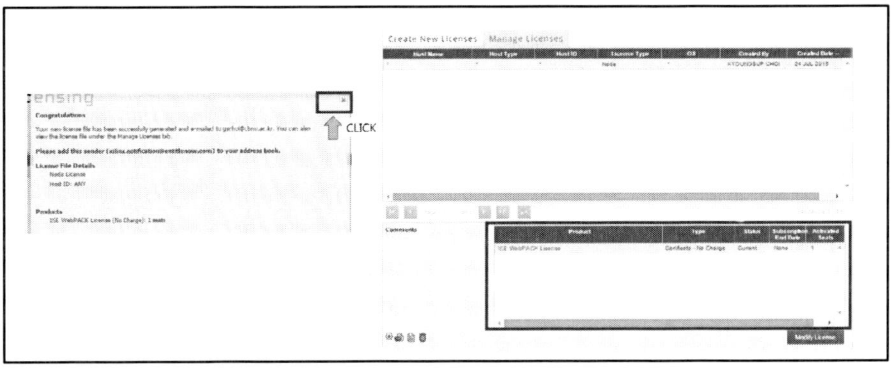

22) download한 설치프로그램의 압축파일을 푼 다음, xsetup을 클릭한다.

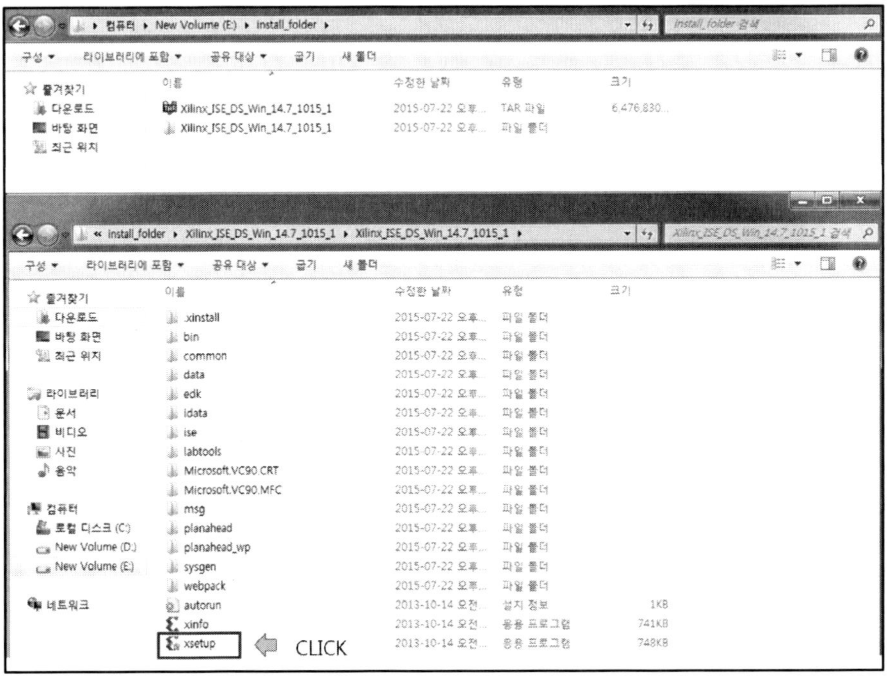

23) Next를 클릭하고, Check 항목을 다 클릭한후에 Next를 클릭한다.

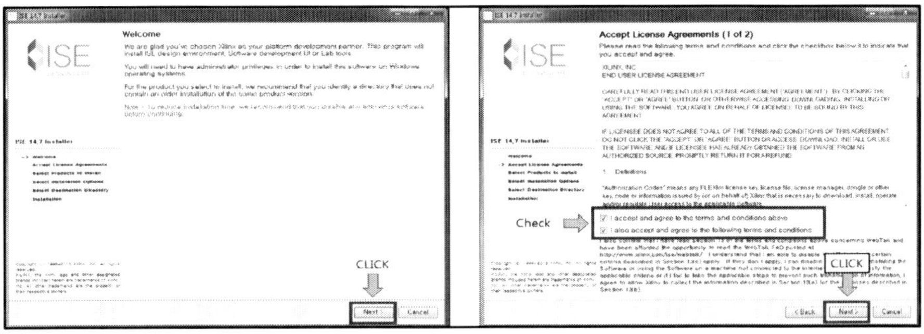

23) Chek항목 및 Next를 클릭하고, ISE WebPACK 항목을 선택한 다음 Nest를 클릭한다.

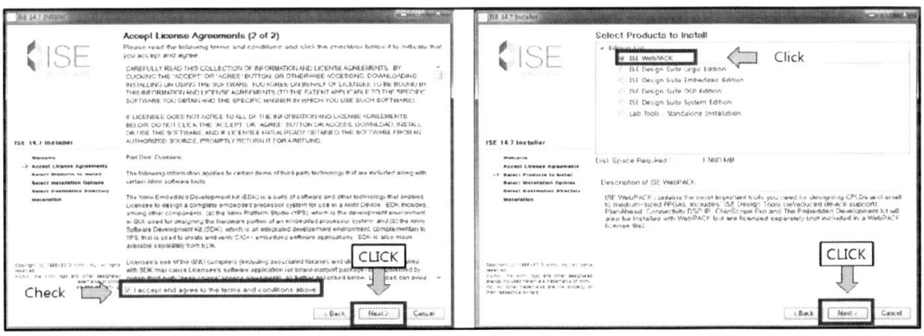

24) 아래의 설정과 같은지 확인하고, 다른 부분은 건드리지 말고 Next를 Click한다.

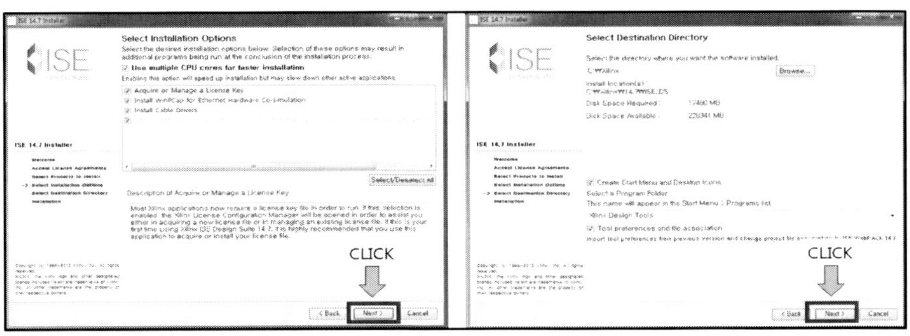

25) Next 클릭 후 다음과 같이 설치가 시작된다.

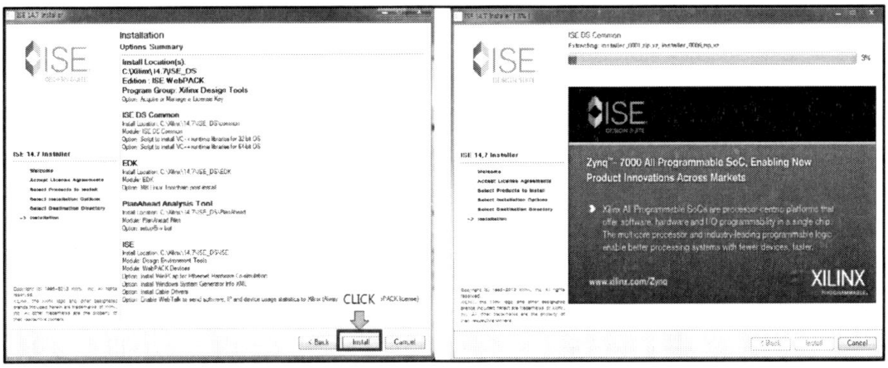

26) 다음과 같이 설치 중에 다른 설치관련 메시지가 뜨면 Check 및 Next를 클릭한다.(취소 및 다른 부분은 건드리지 말아야 함)

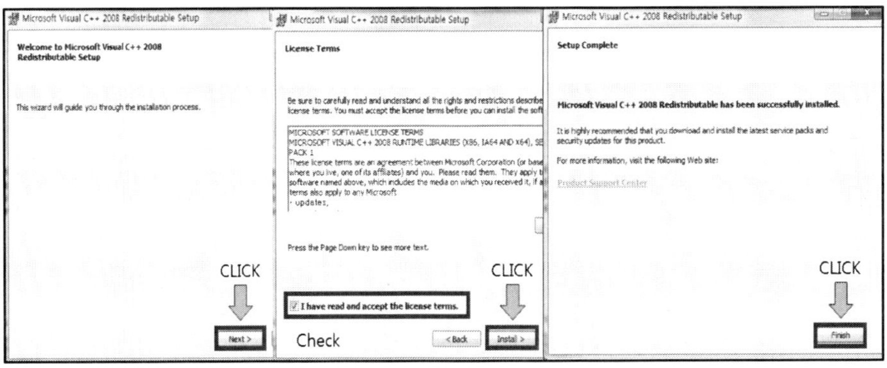

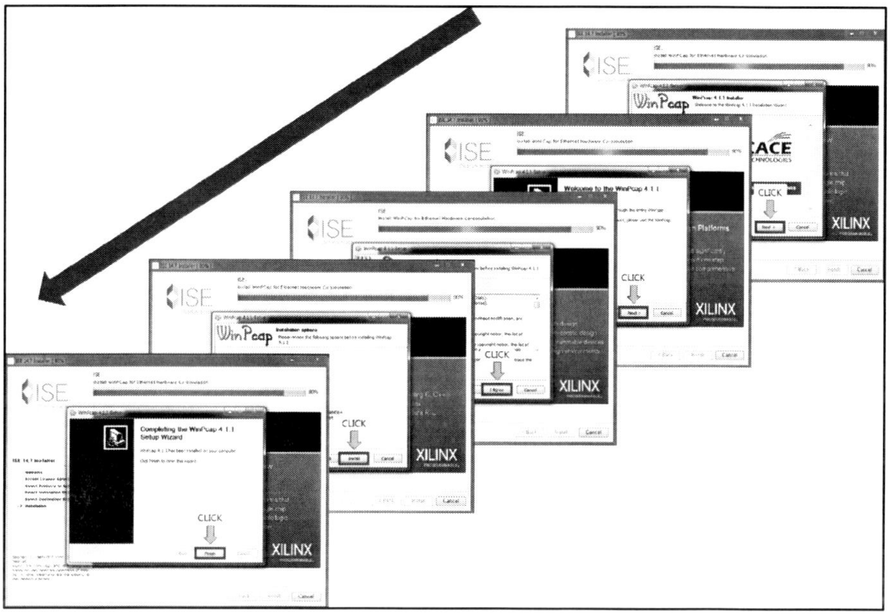

27) 아래와 같은 메시지에서 확인을 클릭한다.(단, 클릭전에 JTAG cable 이 연결되어 있으면 안된다.)

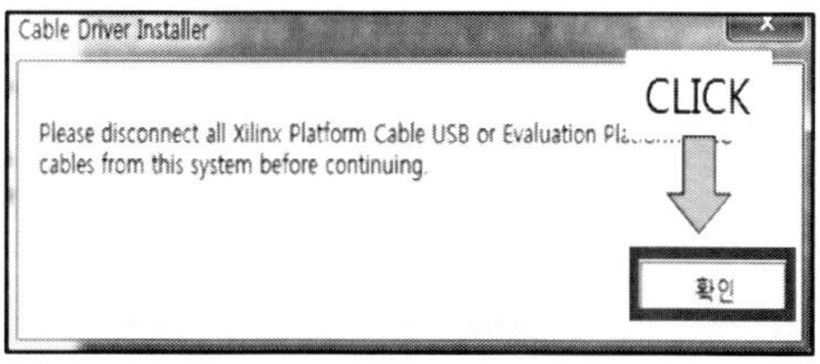

28) 아래 프로그램을 설치한다.('설치 안 함'을 선택하면 안된다.)

29) 설치가 완료 되면 아래와 같은 메시지가 나타나며, Finish를 클릭한다.

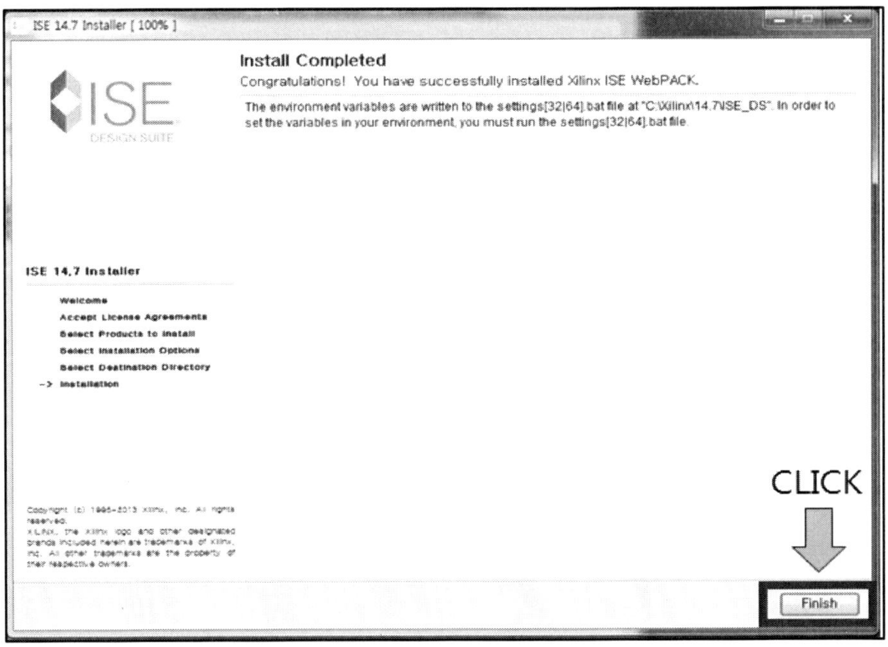

30) 설치 종료시 다음과 같이 License 설정을 위한 창이 뜬다. 프로그램을 활성화하기 위해서는 License 파일(xilinx.lic)이 필요하다.

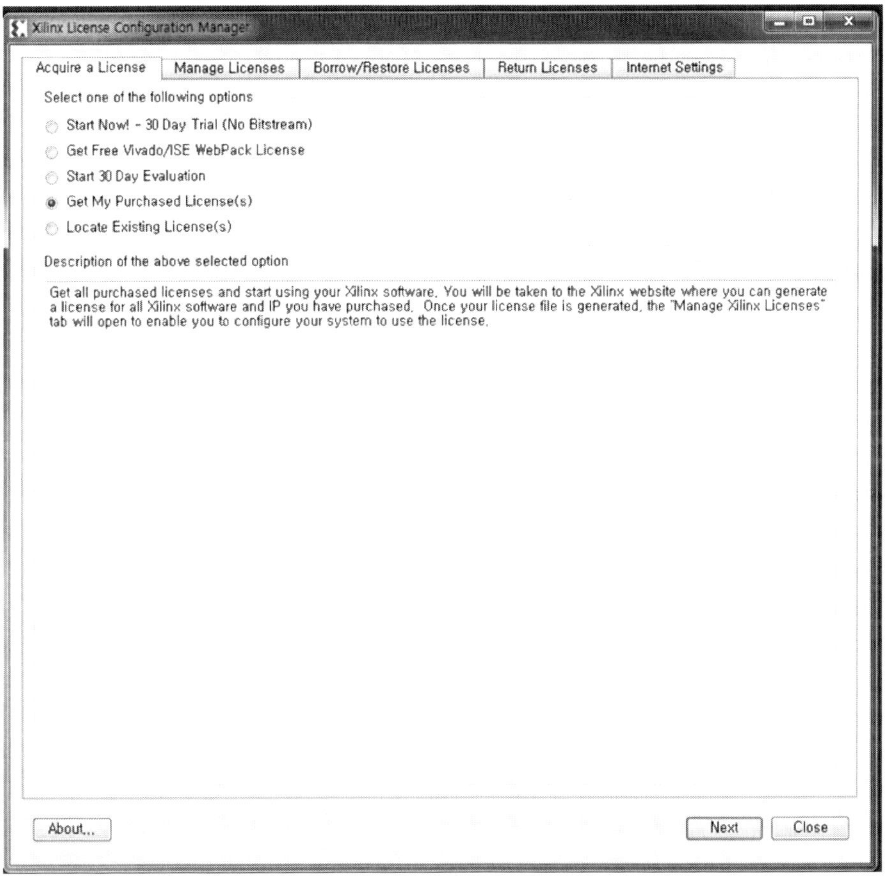

31) License 파일을 얻는 방법은 2가지가 있다.(앞 과정에서 License를 Xilinx 홈페이지에서 얻는 과정을 반드시 거쳐야 한다.)

① 메일 확인

무료 License를 받고나서 메일을 확인하여 보면 xilinx.lic 파일이 첨부된 것을 확인 할 수 있다. 이 파일을 download하면 된다.

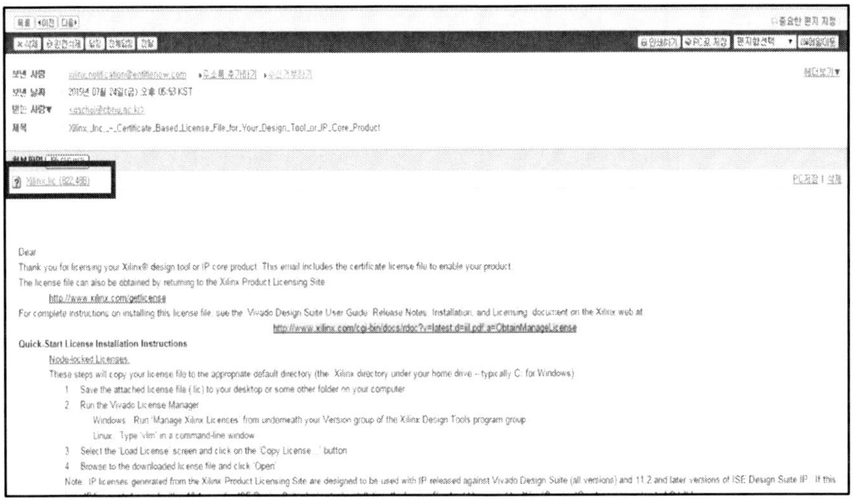

② 홈페이지에서 License download

앞의 16~18 과정을 반복한 다음 아래 화면에서, Manage Licenses를 클릭한 다음 아래 download 그림을 클릭하면 사용할 License download가 가능하다.

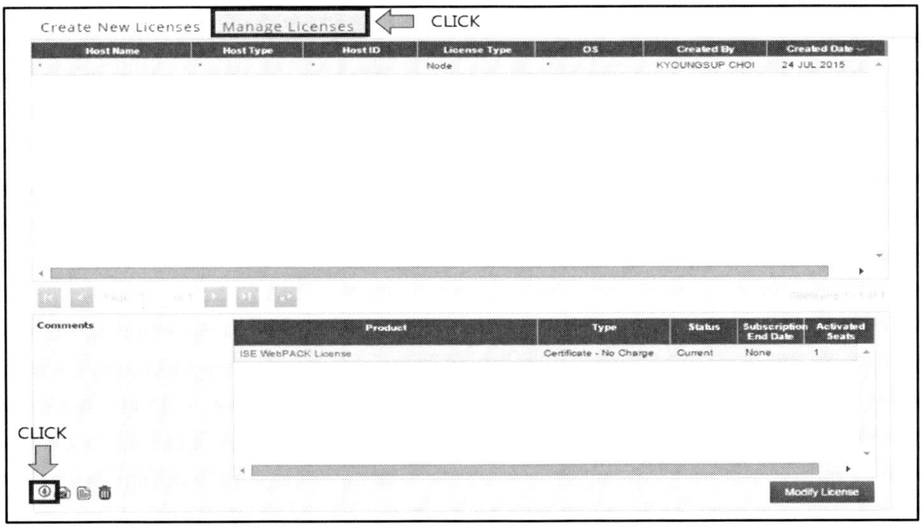

32) 다시 License 항목으로 (30번 과정) 돌아가서 Manage Licenses를 클릭한 다음 Load license를 클릭한다. 그리고 xilinx.lic 파일을 선택한다.

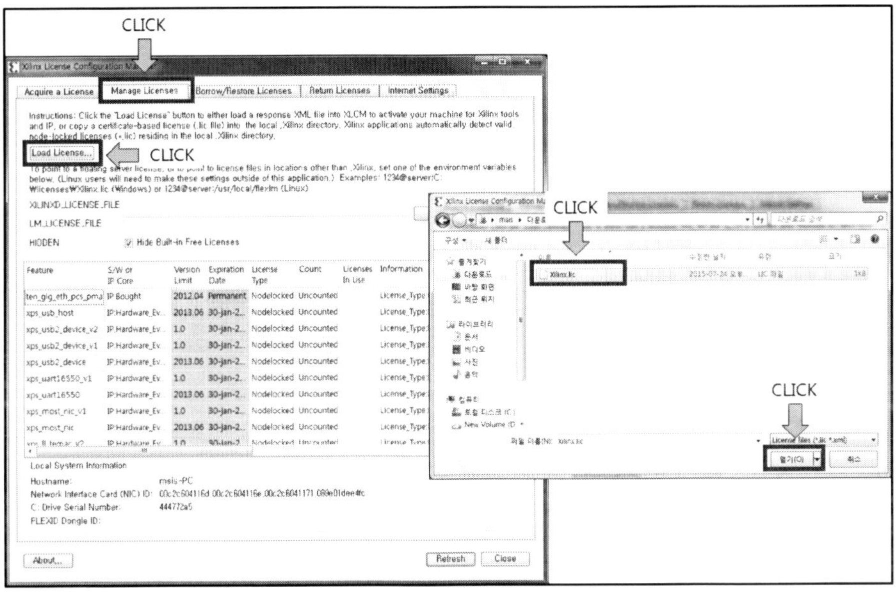

33) “License installation was successful” 나타나게 되며, 오른쪽그림과 같이 Tool사용을 위한 License setup이 끝남을 알 수 있다. Close 버튼을 클릭한다.

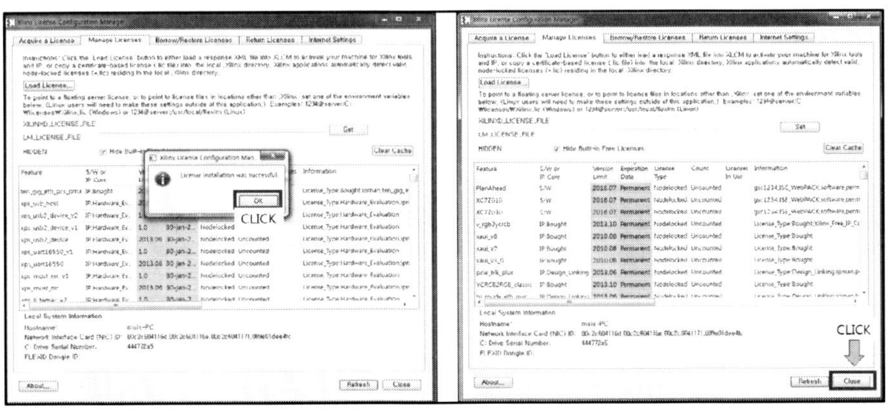

※ 설치 중에 xilinx License Configuration Manage 창을 실수로 닫게 되면 아래와 같은 과정을 따른다.

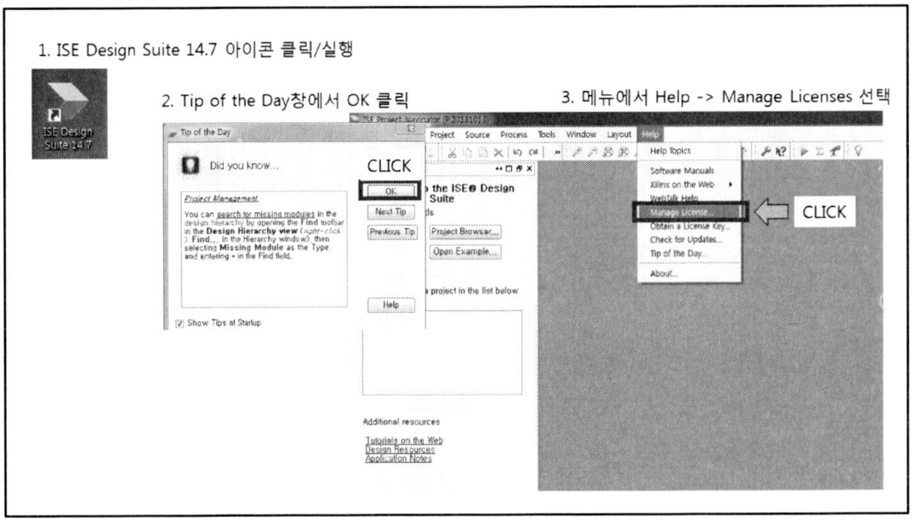

제3장

Xilinx ISE Basic Guide

3.1 Xilinx ISE Basic Guide

앞 2장에서는 Xilinx ISE 툴의 설치를 다루었고, 이번 챕터에서는 Xilinx ISE 프로그램의 사용법 및 간단한 Verilog Code의 작성법 및 실행 방법, 그리고 FPGA에 프로그램을 올려서 테스트 하는 방법에 대하여 설명할 것이다.

3.2 Xilinx ISE WebVERSION 실행

1) ISE Design Suite 14.7 아이콘을 클릭하여 실행한다.

또는 시작 ⇒ 모든 프로그램 ⇒ Xilinx Design Suite 14.7
⇒ ISE Design Tools ⇒ 64-bit Project Navigator
(* 설치된 윈도우가 64 bit version 이면 ⇒ 64 bit 선택
32 bit version 이면 ⇒ 32 bit 선택)

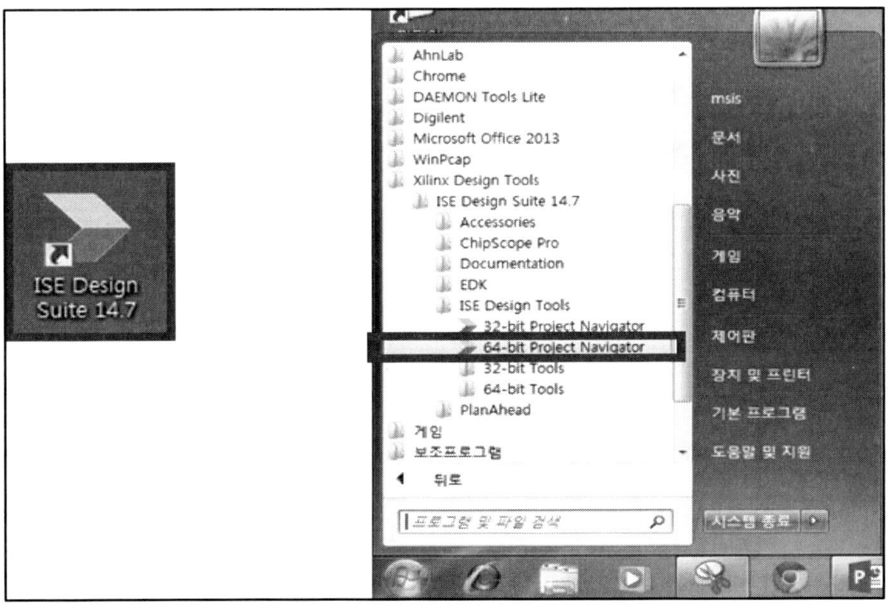

2) 실행하면 다음과 같은 화면이 나타나며, OK를 클릭한다.

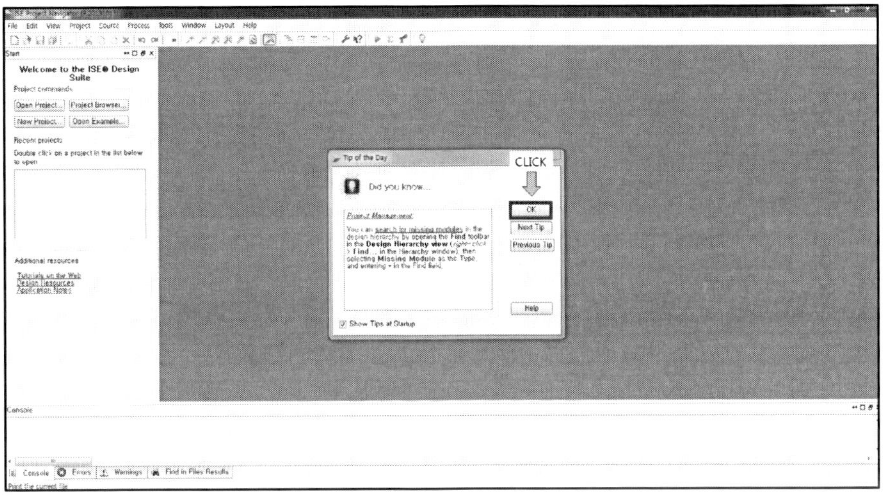

3.3 ISE Project 만들기

1) Xilinx ISE 14.7 실행한 다음 메뉴에서 File → New_project를 선택한다.

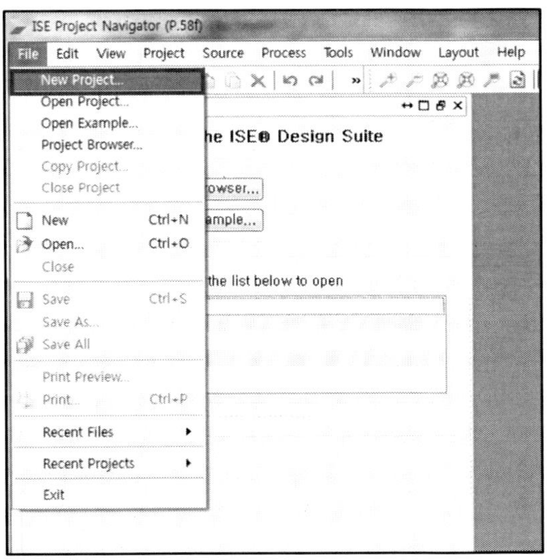

2) New Project wizard 창에서 project를 생성할 folder 위치를 정한다. 그 과정은 아래와 같다.

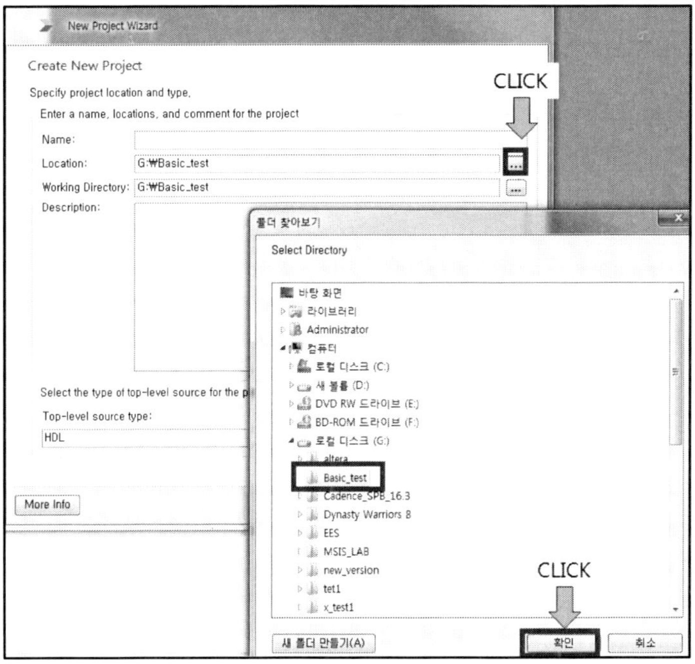

※ 유의사항으로 Project 생성시 project 위치는 절대 실행프로그램이 있는 폴더 내에 있어서는 안된다. (Ex. c:\Xilinx) 잘못된 경로를 잡아서 Project를 생성하여 실행하면 오류가 발생한다. 되도록 다른 경로에 설치할 것을 권장한다.

3) Project 이름으로 test_1이라 적으며, Top-level source type으로 HDL를 선택한다. 그리고 Next를 선택한다.

- Name : Project 이름
- Project Location : Project가 위치한 경로
- Top-level source type : HDL / Schematic / EDIF / NGC&NGO 중 택 1

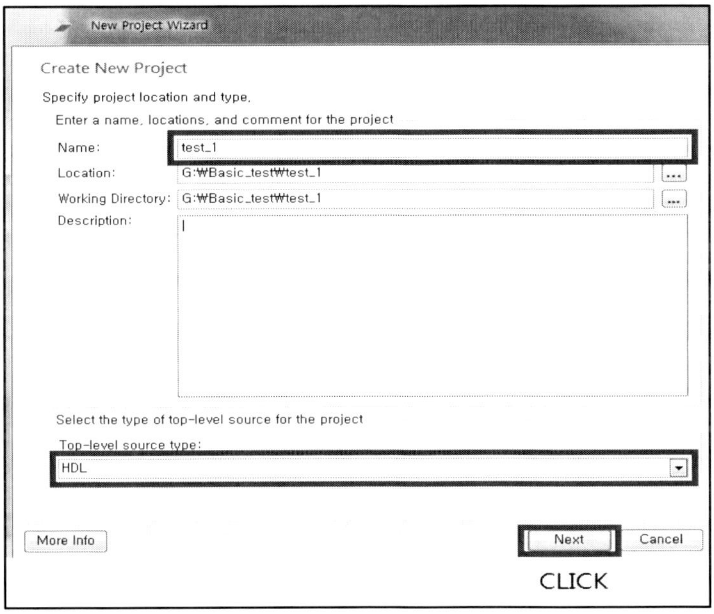

Project의 이름을 작성시, 절대 앞에 숫자가 올수 없으며, 오직 영문만 사용이 가능하고, 특수문자는 사용이 불가하다.(예외 : '_')

Ex) 올바른 예 : Project_1 , project1, project_1_1
틀 린 예 : 1Project, project&pro, 프로젝트, _project

4) Project Setting에서 아래 그림과 같이 설정한다.

(여기서는 사용할 FPGA의 설정에 따라 선택한다.)

- Family : Project에서 사용 할 Device의 Family (Spartan6)
- Device : Project에서 사용 할 Device (XC6SLX16)
- Package : Project에서 사용 할 Device의 Package Type (FTG256)
- Speed : Project에서 사용 할 Device의 Speed (-2)
- Synthesis Tool : XST(VHDL/Verilog) 선택
- Simulator : 추가 설치 ISE Simulator 선택
- Preferred Language : VHDL과 Verilog 선택

* FPGA chip을 이용한 Project 설정 및 확인법

- FPGA 보드에서 사용되는 Chip에 쓰여진 이름을 통하여 설정한다.

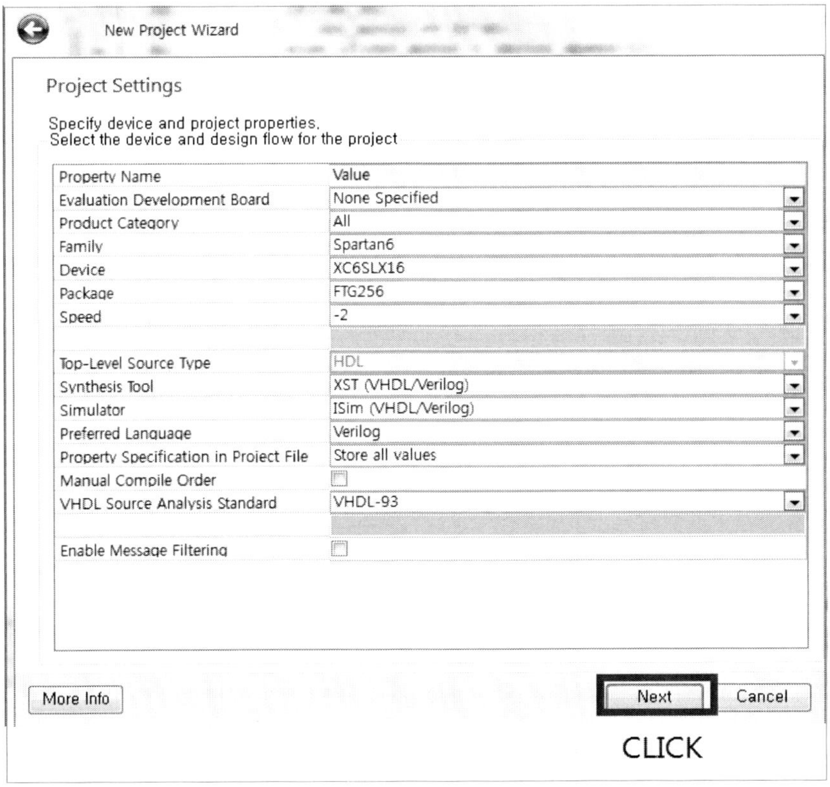

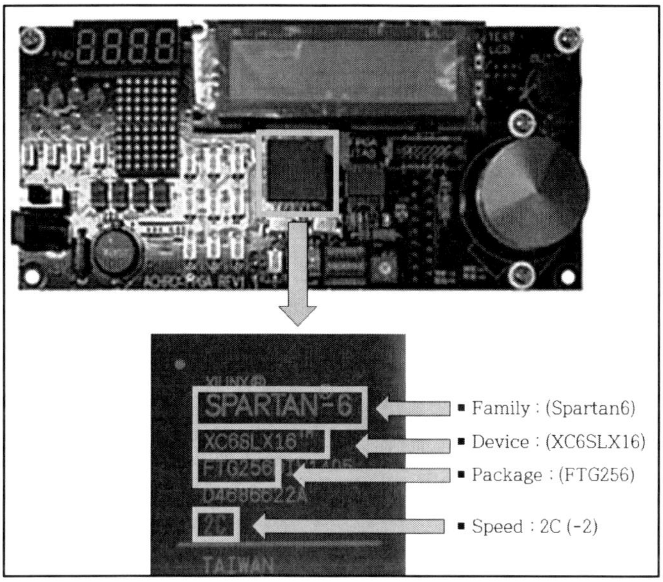

5) Finish 버튼을 클릭한다.

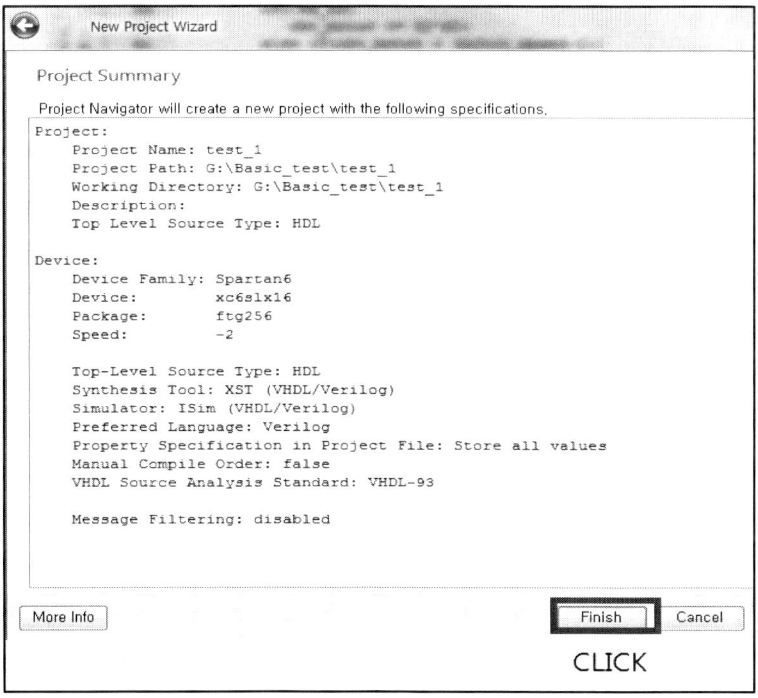

6) Project가 생성됨을 확인할 수 있다.

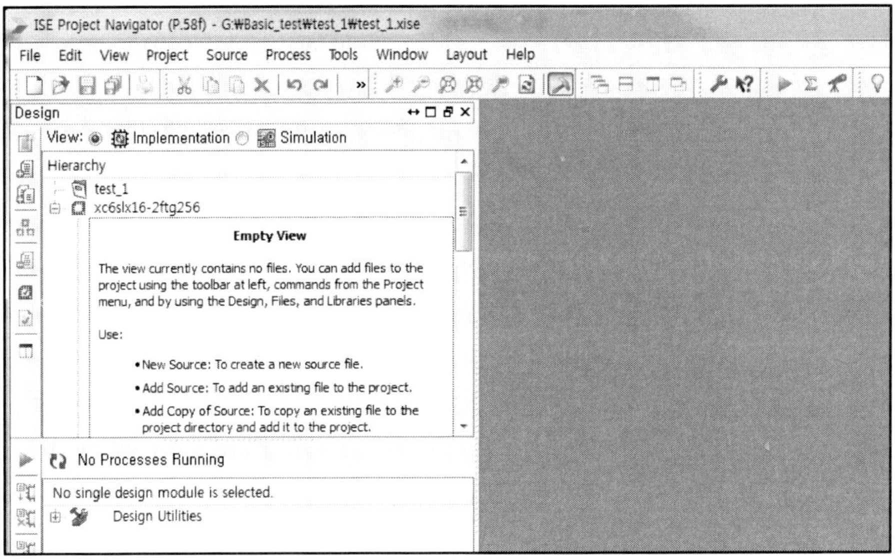

※ Project setting 방법

Project setting에서 수정사항이 있는 경우

1) ①을 더블 클릭한다.

2) ①에서 마우스 우클릭한 후에 Design Properties를 선택한다.

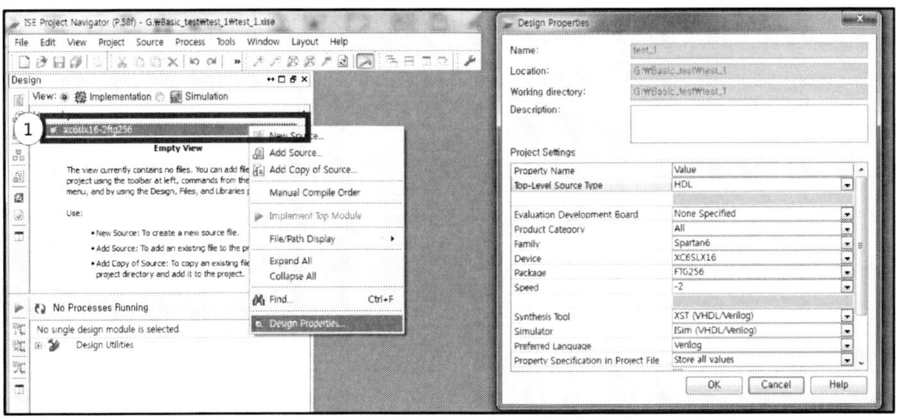

3.4 간단한 Verilog code 작성 및 시뮬레이션

본 예제로 사용할 Verilog code는 아래의 2개의 입력(A,B)와 하나의 출력(C)을 가진 그림 3-1의 AND gate를 가지고 coding 및 실행 할 것이다.

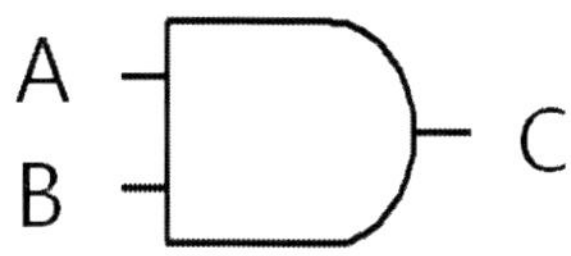

그림 3-1. AND gate

1) Verilog coding을 위한 Source 파일을 생성하기 위해 아래 그림과 같이 왼쪽의 Design 창에서 우클릭 후에 New source를 클릭하거나, 그 옆의  아이콘을 누른다.

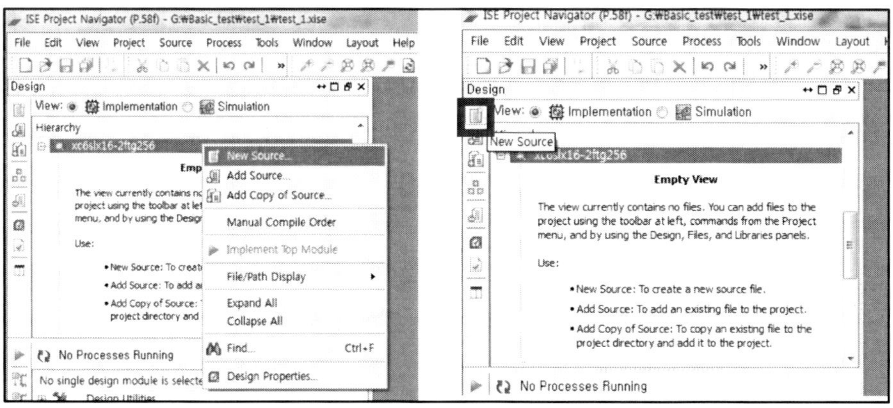

2) Verilog Module을 선택하고 File 이름으로 and_gate라 적고 Next를 누른다.

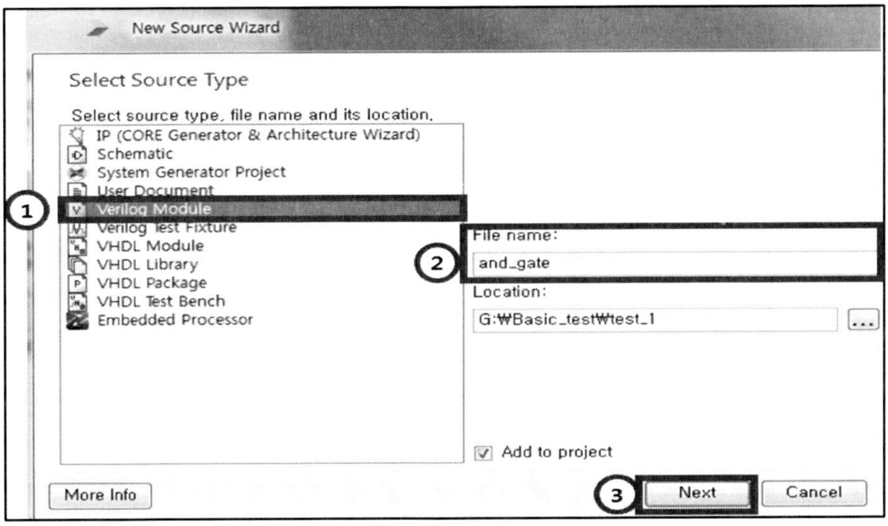

3) 다음 Define Module에서 파일의 입출력 포트를 설정하는 창이다. Source에서 직접 coding하여 입출력 포트를 입력할 수 있다. 여기서는 설정은 건드리지 않고 Next를 클릭한다.

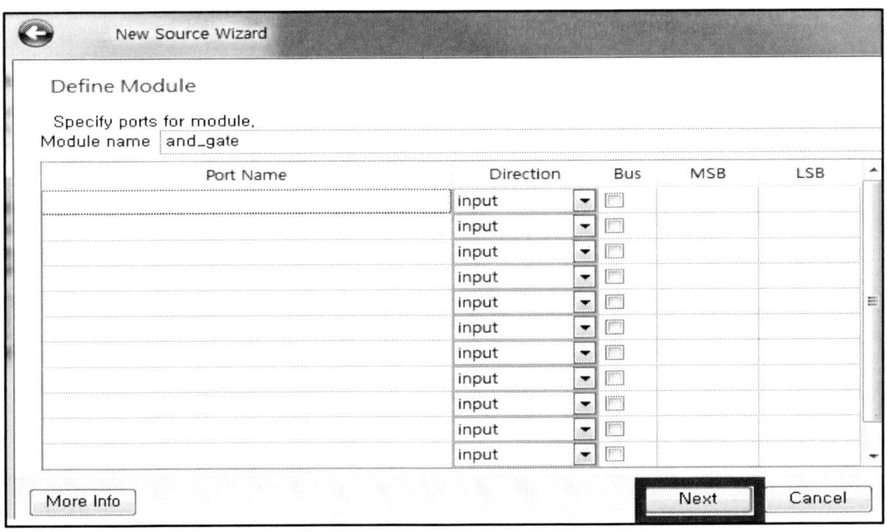

4) Source file의 설정 정보들을 확인한 다음, Finish 버튼을 누른다.

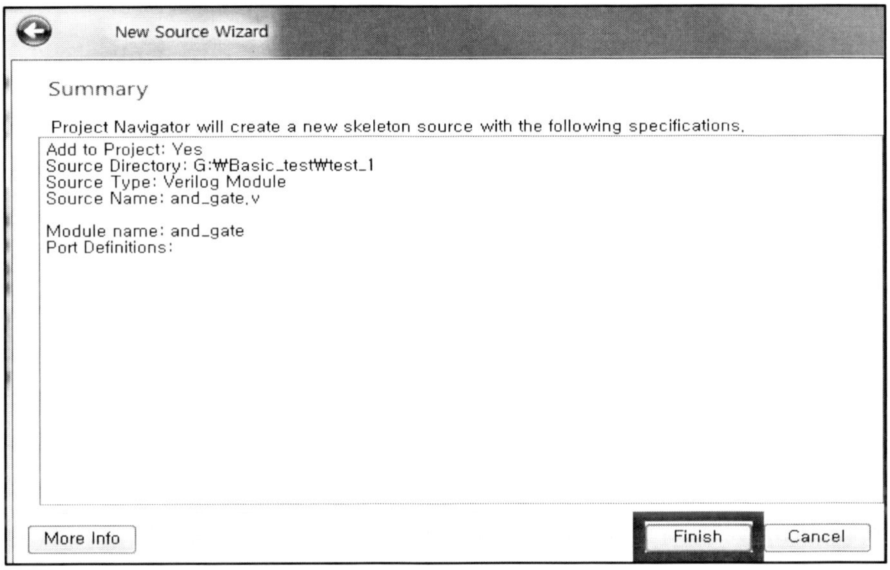

7) 다음과 같이 Coding을 할 수 있는 환경이 구성됨을 확인할 수 있다.

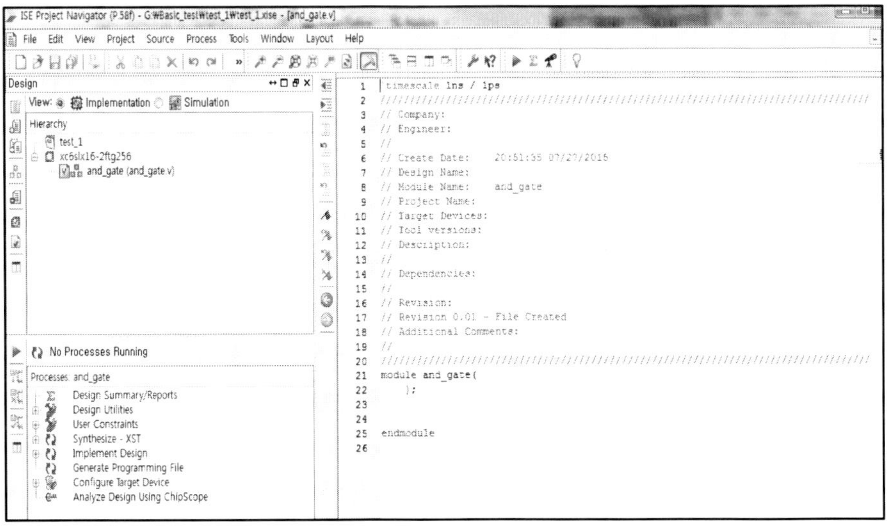

8) AND gate에 관한 Verilog code를 짜면 아래와 같다.

```
`timescale 1ns / 1ps

//AND gate 코드
module and_gate(
   input A,          //A,B : 입력
   input B,
   output C          //C : 출력
    );

   assign C = A & B; // & => and 기호

endmodule
```

9) Verilog Code 작성을 마치고, 저장을 한다. 그리고 Design 창의 Simulation을 클릭한다.

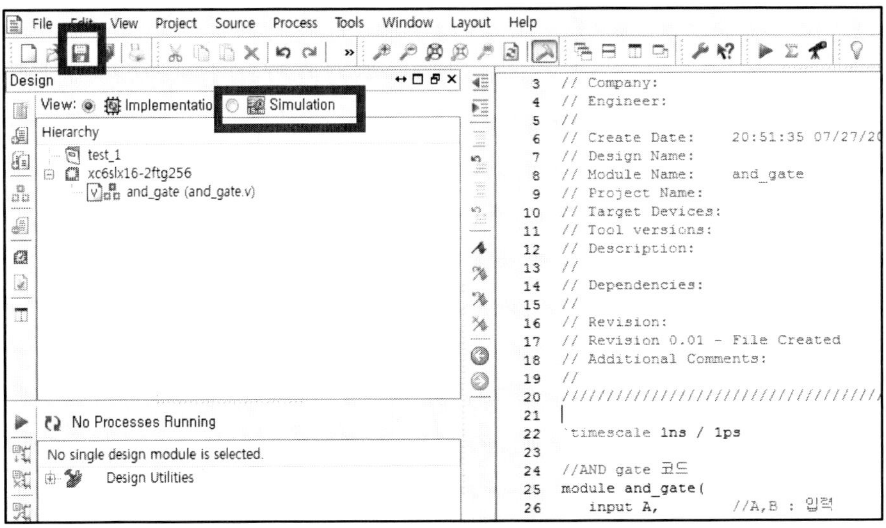

10) Design 창에서 and_gate.v를 클릭하고, 아래에 'Simulate Behavioral Model'을 더블 클릭하거나, 우클릭한 후에 Run을 클릭한다.

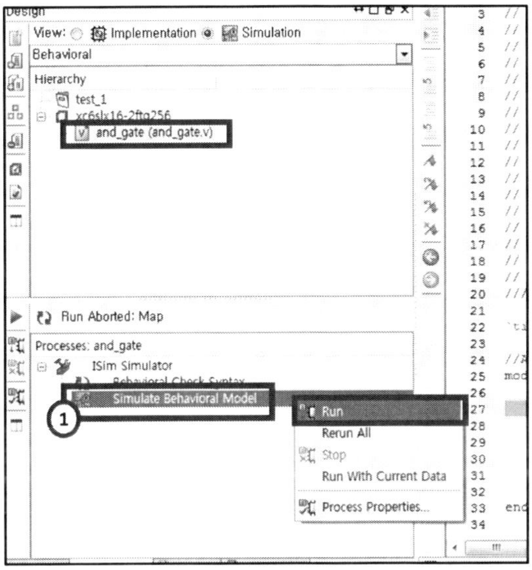

11) 아래와 같은 simulation 창이 실행된다.

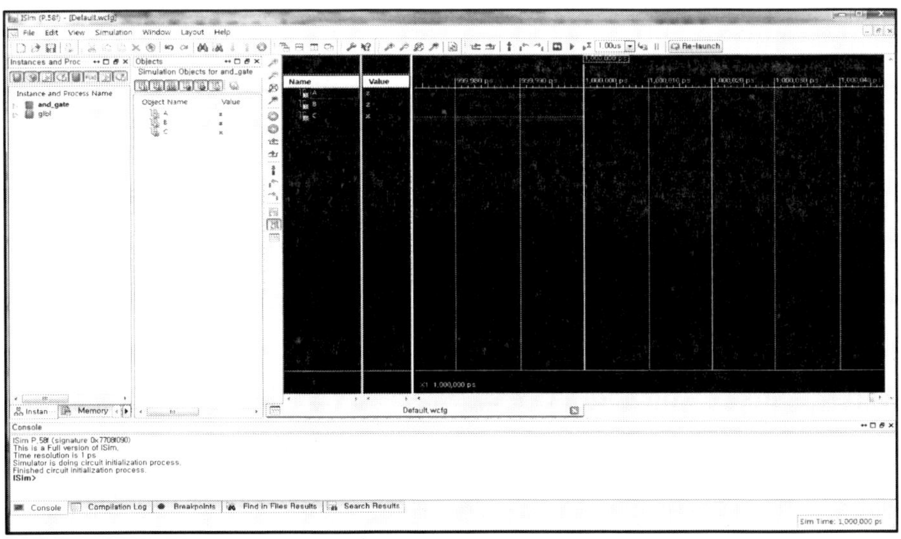

12) A와 B에 입력을 넣기 위해 A를 선택하고 우클릭한다. 그 다음 Force Constant를 클릭한다.

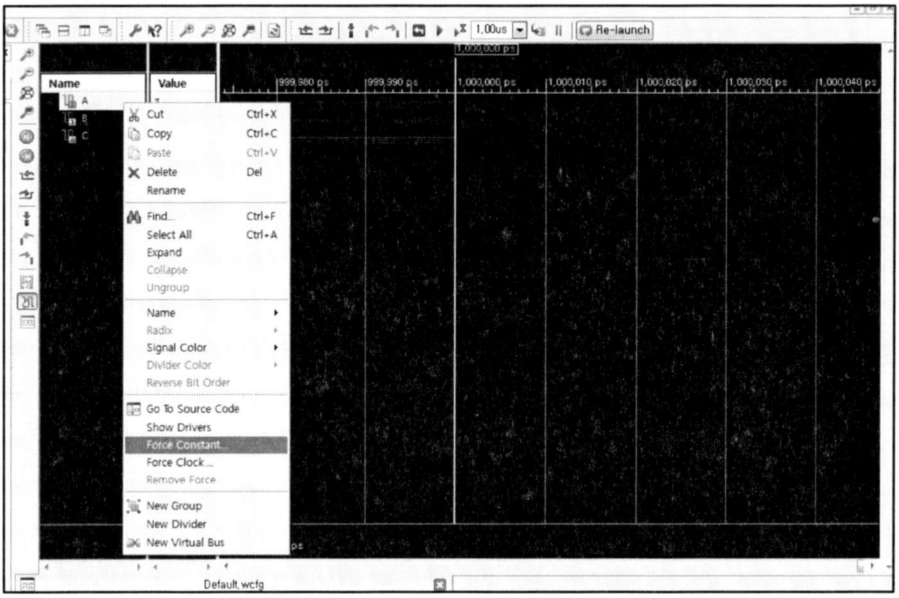

13) Force to Value에 0을 입력하고 OK를 누른다. 입력 B도 A와 같이 반복한다.

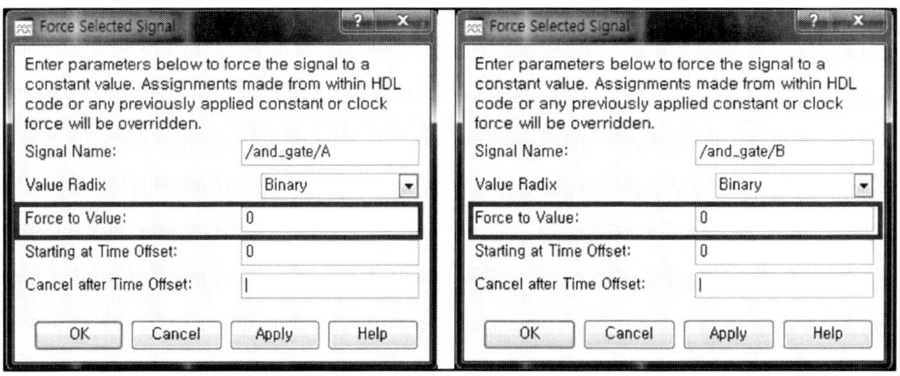

14) 먼저 실행할 기간을 1us로 쓰고, 를 클릭하면 아래 그림과 같이 결과 파형을 볼 수 있다.

(A = 0, B = 0, C = 0)

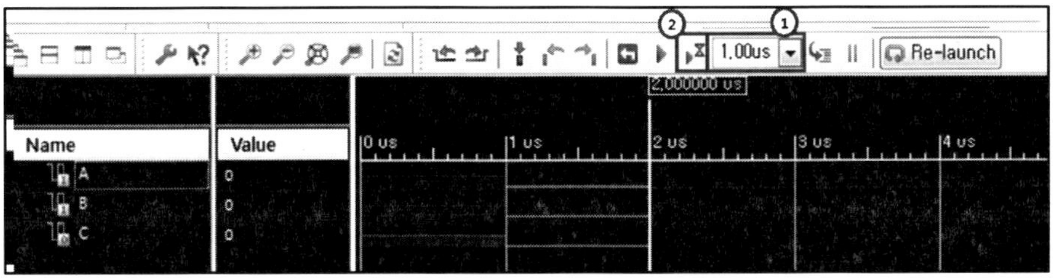

15) Force to Value를 바꾸어서 A와 B값을 1로 바꾸고 을 클릭하면 아래 결과와 같이, C = 1이라는 올바른 결과 값을 얻을 수 있다.

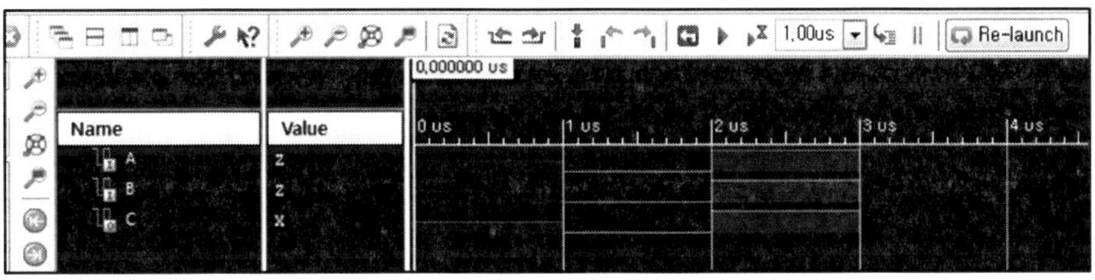

16) 위의 Wave 파형 결과에서, 다시 처음으로 돌아가려면 Restart ()을 누르거나 메뉴에서 simulation → Restart를 누르면 초기화가 된다.

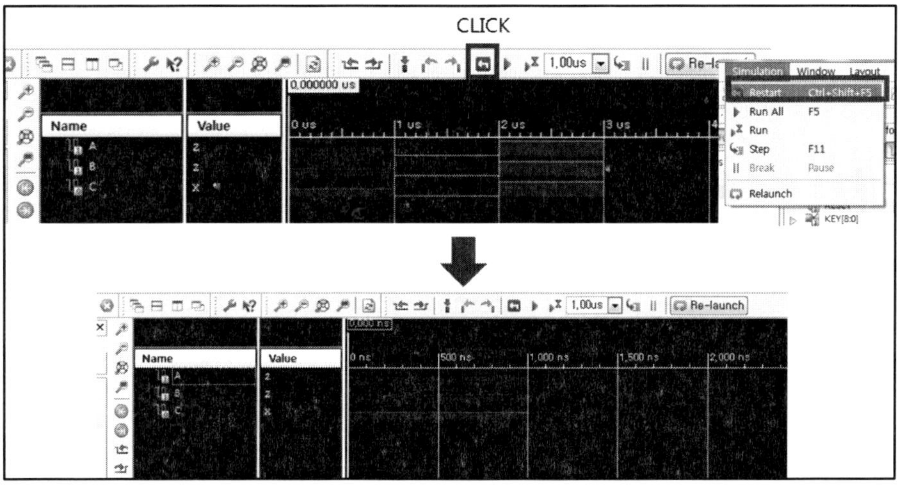

17) 입력에 Clock를 입력할 경우에는, A를 클릭하고 우클릭 후에 Force Clock을 선택한 다음, Define 클릭에서 아래와 같이 작성한다. 그리고 주기는 100 ps로 정한다. B의 경우에는 200 ps로 설정한다.

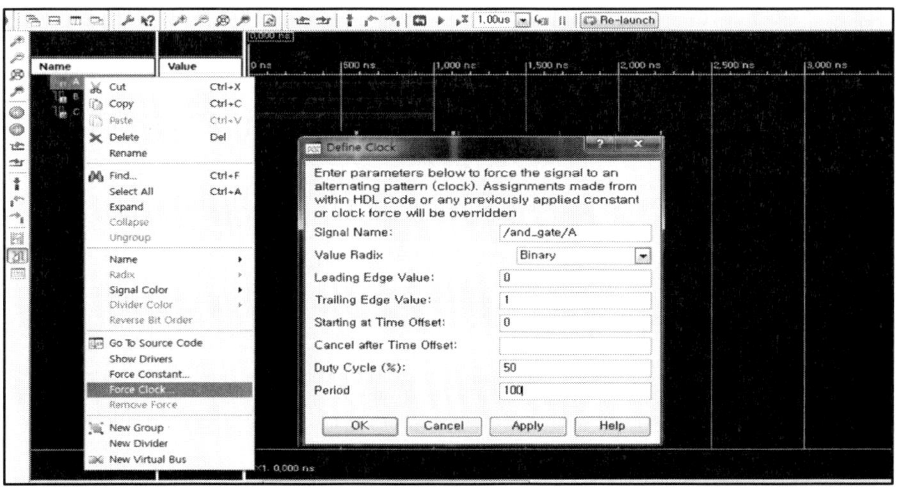

※ Leading & Trailing Edge value.

아래 그림과 같이 Leading : 0 , Trailing : 1일 경우 시작시 0부터 시작하며, Leading : 1. Trailing : 0 이면 시작시 1부터 시작한다.

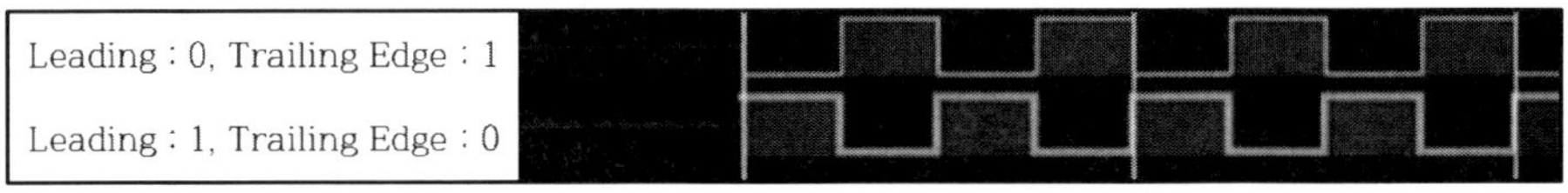

18) 클릭하면 아래와 같은 결과 파형을 얻을 수 있다.

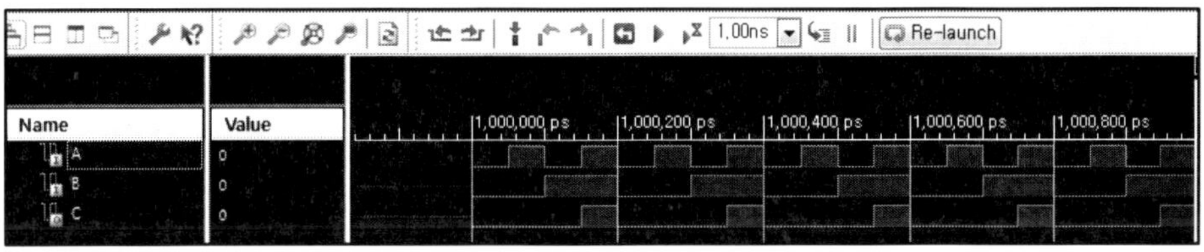

3.5 FPGA 보드에 Program 올리기.

앞서 작성한 Verilog code로 작성한 AND gate를 가지고, FPGA에서 Dip switch와 1개의 LED를 각각 입력과 출력에 연결하여 FPGA에서 동작시키는 방법을 설명한다.

1) FPGA Board에 올리기 전에 먼저 Synthersize(합성)을 해야 한다. Design 창에서 Implementation을 선택하고 표시가 있는 부분을 클릭한 다음, Synthersize – XST를 더블클릭하거나, 우클릭 후 Run을 클릭하여 실행한다.

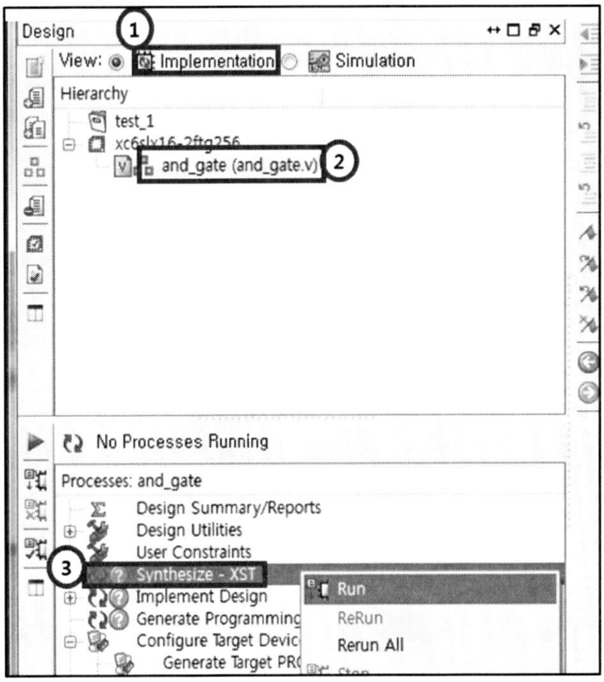

2) compile 이후 문제없이 끝난다면 다음과 같은 메시지를 얻는다.

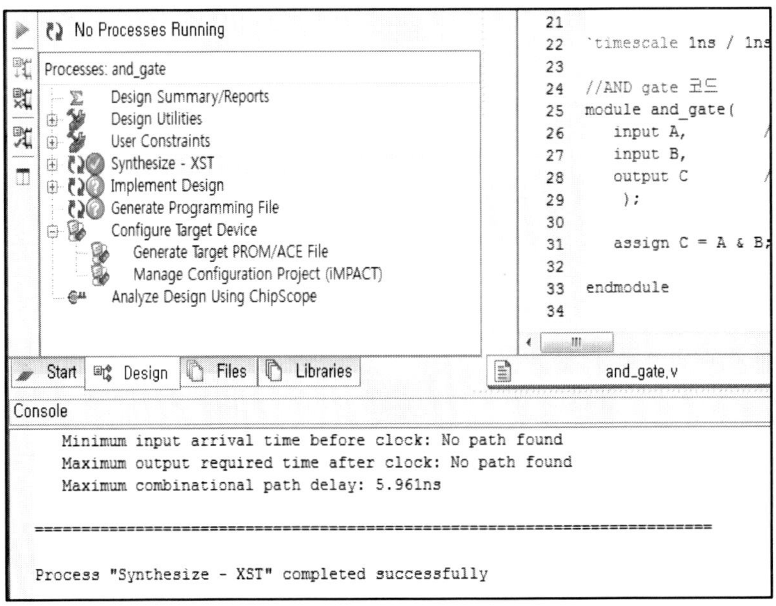

3) 다음에는 FPGA Board에 올리기 전에 먼저 Pin 설정을 해야한다. Design 창에서 Implementation을 선택하고 표시가 있는 부분을 클릭한 다음 user Constraints 내 Floorplan Area/IO/Logic를 더블 클릭 또는 우클릭 후 Run을 클릭하여 실행한다.

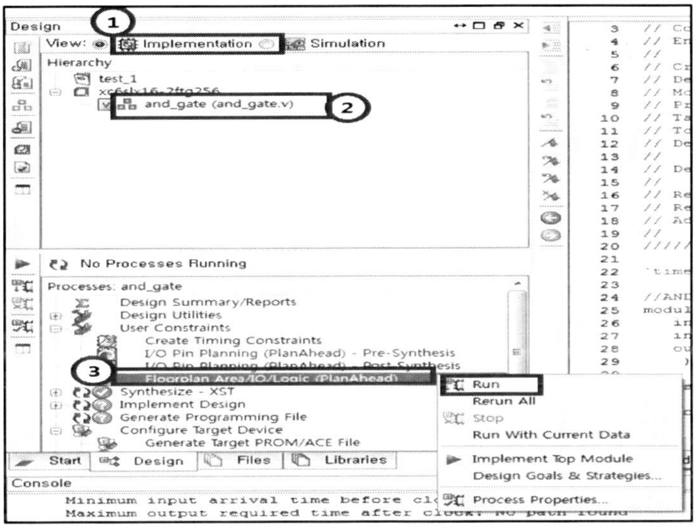

4) Floorplan Area를 실행하면 아래의 메시지가 나오는데, 핀설정 정보를 가진 UCF을 추가할 것인지를 묻는 창이다. 먼저 직접 UCF 파일을 생성하여 핀 설정을 할 것이 아니므로, Yes 버튼을 클릭한다.

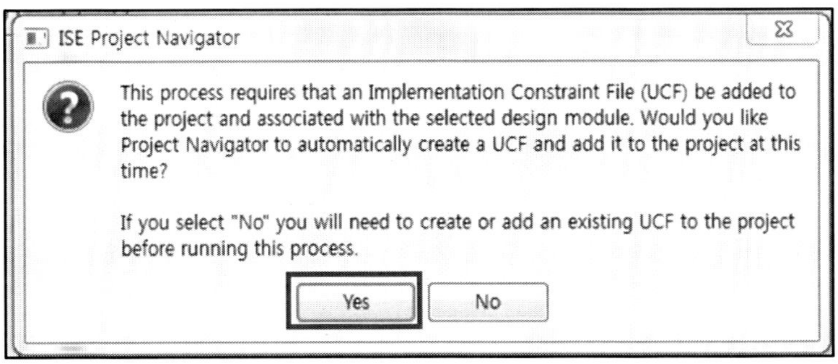

5) 아래의 그림은 UCF 파일이 생성됨을 알려주는 메시지이다. OK 버튼을 누른다.

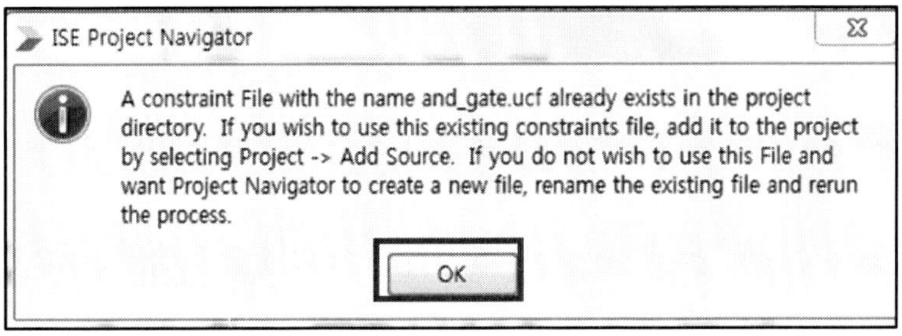

6) PlanAhead를 실행하면 다음과 같은 메시지가 나오고 Close를 누른다. 그러면 맨 아래 그림과 같이 PIN설정을 위한 프로그램이 실행됨을 알 수 있다.

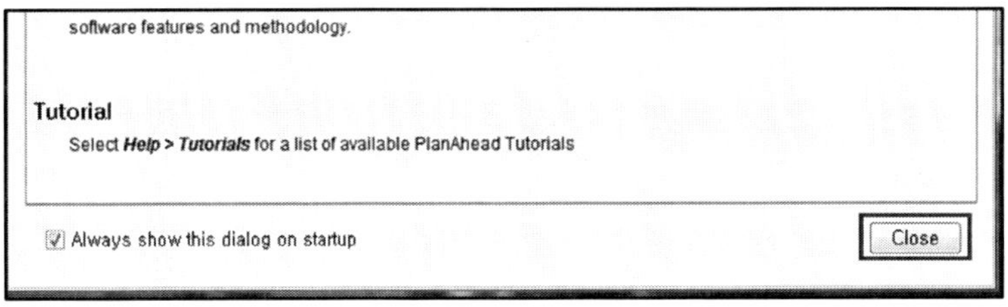

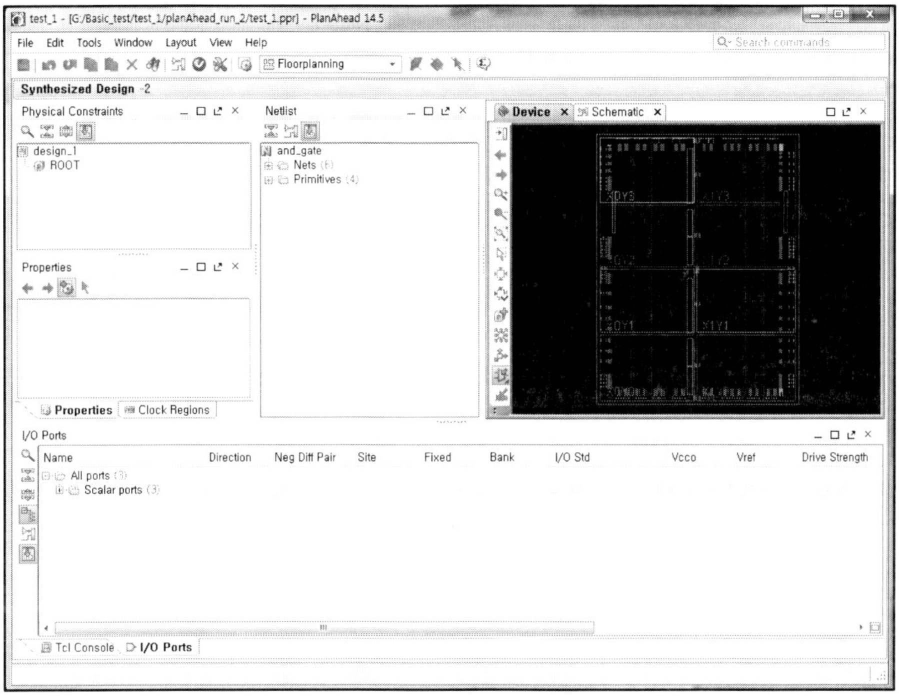

7) Pin 설정에 앞어 FPGA 보드는 아래 그램과 같이 구성되어 있다.

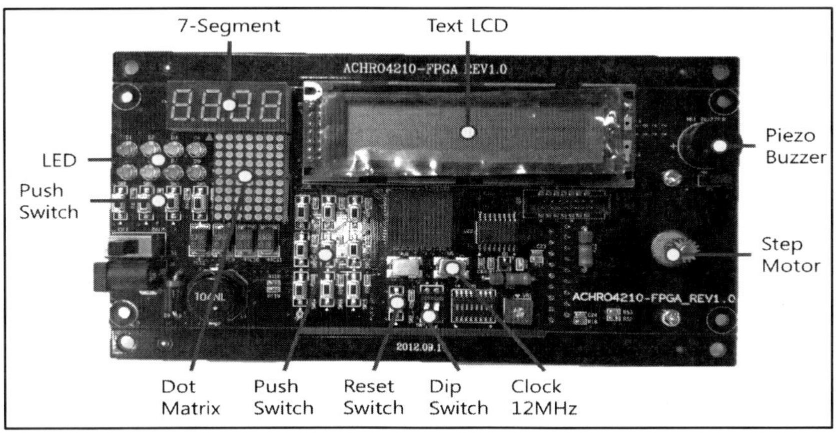

사용할 FPGA 보드에서 Dip Switch와 LED를 사용할 것이다. 사용할 Pin에 대한 번호는 아래와 같다.

❐ Dip Switch

이름	Pin 번호
Dip_Switch[1]	R9
Dip_Switch[2]	T9

❐ LED

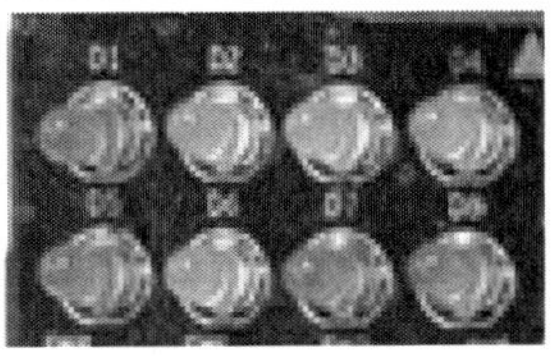

LED[7]	LED[6]	LED[5]	LED[4]
LED[3]	LED[2]	LED[1]	LED[0]

이름	Pin 번호	이름	Pin 번호
LED[0]	F7	LED[4]	D5
LED[1]	A6	LED[5]	A5
LED[2]	B6	LED[6]	B5
LED[3]	C5	LED[7]	A4

여기서 Pin 입력 A = R9, B = T9, 출력 C = F7 으로 설정한다.

※ LED 출력의 유의 점으로, C = 1 이면 LED가 Off이고, C = 0 이면 LED가 On이 됨을 유의한다.

8) 아래 I/O Ports 창에서 Scalar ports를 클릭하면 아래와 같은 창이 나오게 된다. 여기서 위에서 정해준 Pin 번호를 Site 항목에 입력한다.

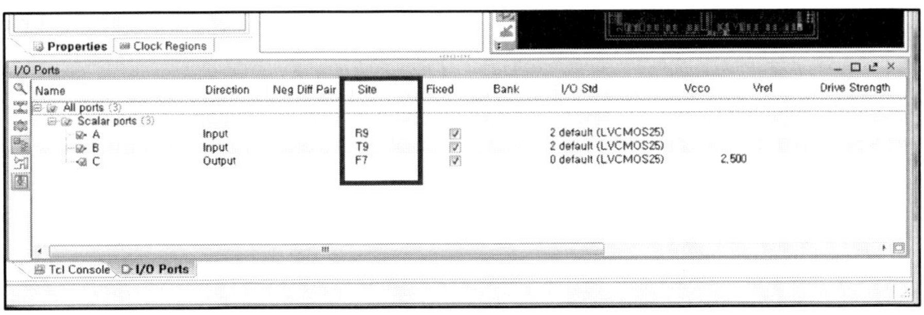

9) 그리고 버튼을 누르거나, 아래 Save Constraints를 누른다. 저장이 되고나서 Exit를 누르고 PlanAhead를 마친다. 그리고 Design 창에 and_gate.ucf 파일이 생성됨을 확인할 수 있다.

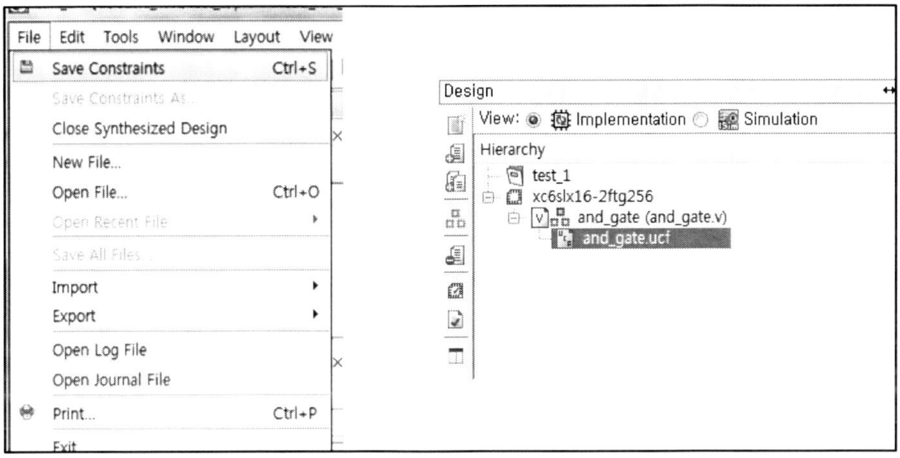

10) UCF 파일을 읽고자 하면, and_gate.ucf를 더블클릭하고 아래 메시지에서 Yes를 누르면 오른쪽 그림에서와 같이 UCF 파일의 내용을 확인할 수 있다.

(오른쪽 화면에서 PlanAhead로 들어가지 않고 직접 수정이 가능하다.)

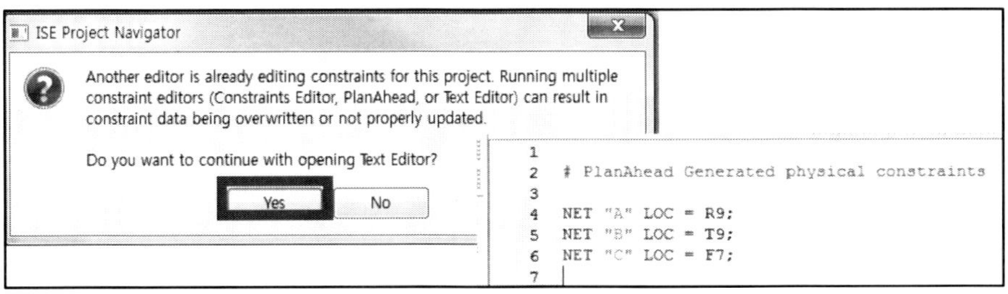

11) 위의 과정을 마치면 Compile을 해야 한다. Compile을 하는 방법으로는 아래 Processes창의 Generate Programming File을 더블 클릭하거나 또는 우클릭 후 Run을 클릭한다.

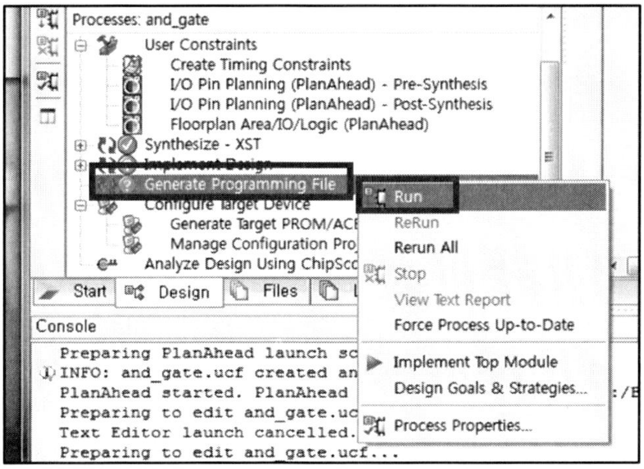

12) Compile이 완료되면, 확장자가 bit(and_gate.bit)인 파일이 생성되며, 아래 그림과 같이 Compile이 완료되었다는 메시지와 화면을 얻는다. 다음으로 Manage Configuration Project(iMPACT)를 더블 클릭 또는 우클릭 후 Run을 누른다.

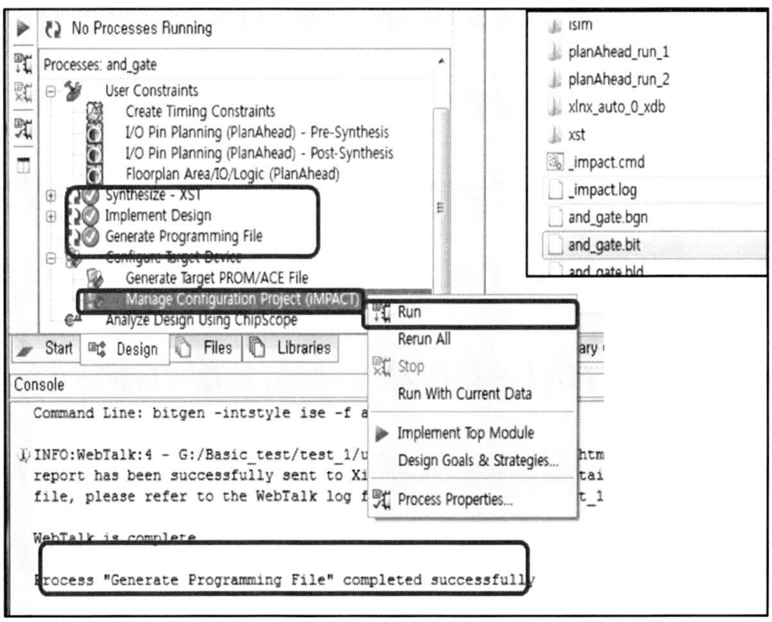

13) iMPACT가 아래와 같이 실행되며, 프로그램을 올리기 전에 FPGA 보드와 JTAG케이블을 연결해야 한다.

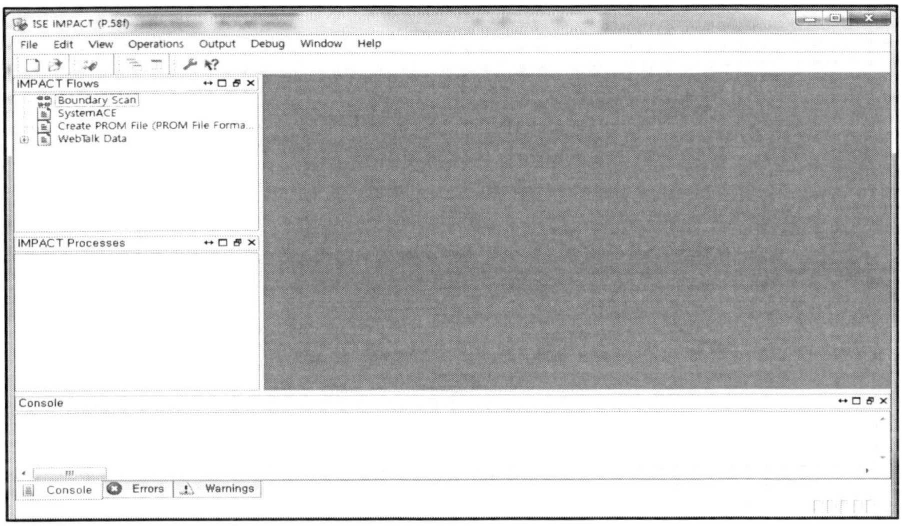

14) 아래 그림과 같이 JTAG Cable과 FPGA 보드를 연결한다. 그리고 전원을 인가하면 JTAG에 녹색불이 들어오면 제대로 연결된 것이다. 주황이면 제대로 연결이 되었는지 확인해야 한다.

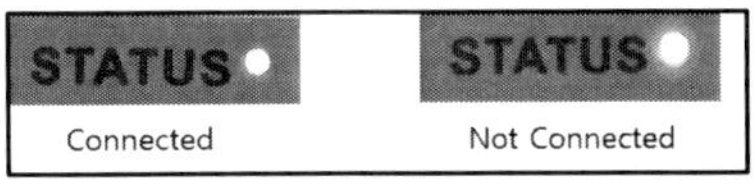

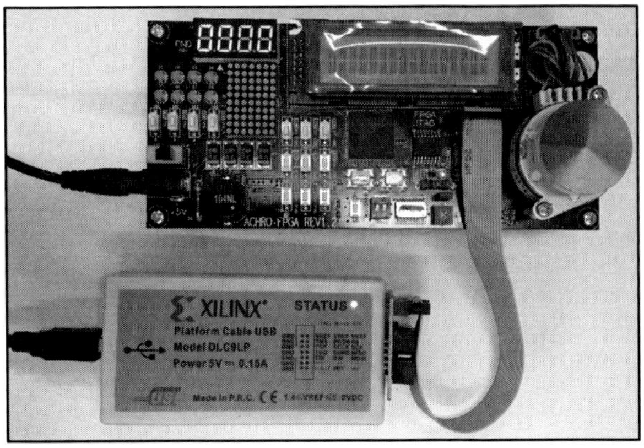

15) iMPACT에서 iMPACT Flow창에서 Boundary Scan 더블클릭 하고 ⊞ 을 클릭한다. 메시지가 하나가 나타나면 Yes 버튼을 누른다. Assign Name Configuration File 창에서 bit 파일이 저장된 경로로 가서 bit 파일을 선택하고 Open을 누른다.

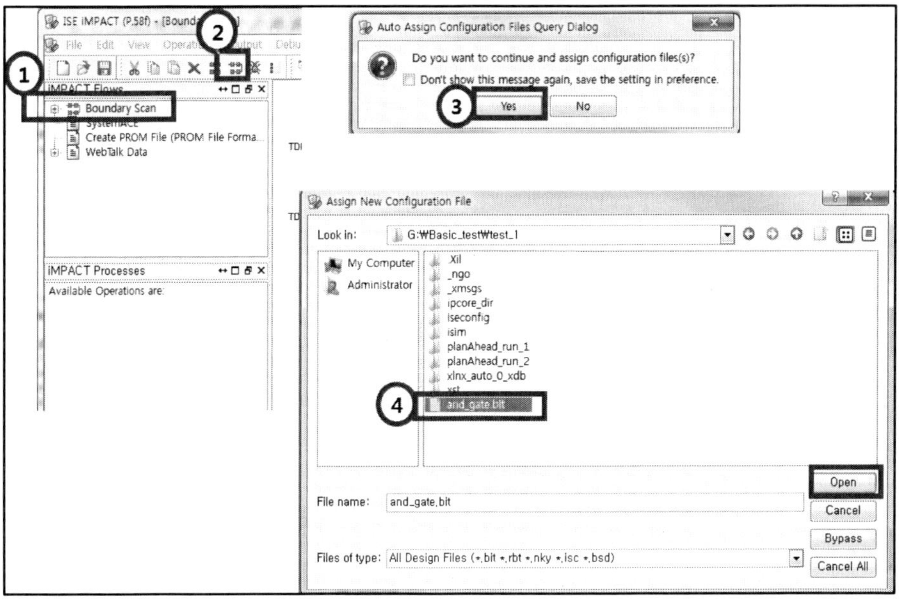

16) 아래 그림에서 PROM을 사용 유무에 관한 메시지가 뜨면 No를 클릭한다. 그리고 다음 창에서 별도로 추가할 것 없이 OK를 누른다.

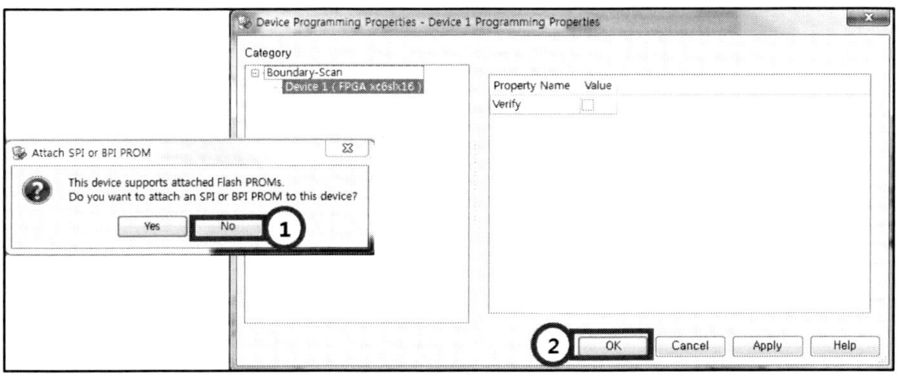

17) 아래 그림과 같이 버튼을 클릭하거나 아래 칩에서 우클릭한 다음 Program을 선택하면 board에 프로그램을 올린다. Program이 완료되면 Identify succeeded라는 메시지가 뜬다.

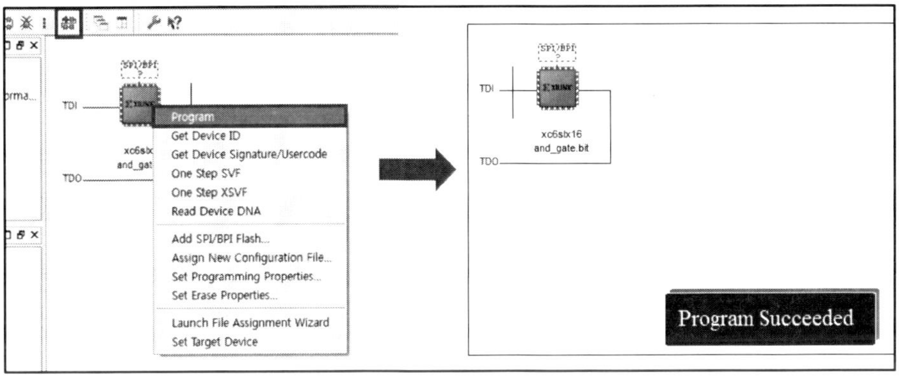

18) FPGA 보드에서 Dip 스위치를 조정하며 LED를 On/Off 시키며 동작여부를 확인한다.

제4장
Verilog HDL 기초

4.1 Introduction

1) HDL의 개발 배경

HDL(Hardware Description Language)은 1980대에 복잡한 디지털시스템을 효율적으로 설계하고 검증하기 위해 개발되었다. 현재 반도체 칩설계 및 디지털 하드웨어 설계를 위해 주로 Verilog HDL과 VHDL 2가지 HDL이 주로 사용된다. VHDL이 먼저 개발되었지만 문법이 간단하여 사용하기 용이하기 때문에 Verilog가 더욱 많이 사용되고 있다. 특히 반도체설계 개발자들은 Verilog와 그 후속 버전인 SystemVerilog를 주로 사용하고 있다. 따라서 본 실습교재에서는 디지털시스템설계에 가장 많이 사용되고 있는 Verilog를 사용한다.

본 장에서는 실습에 필요한 Verilog의 기초를 소개한다.

2) Verilog의 사용 목적

Verilog HDL은 다음과 같은 목적으로 사용된다:

- 디지털시스템의 입력과 출력, 기능 및 동작 Spec의 정의 및 정확한 기술
- 디지털시스템의 Functional Simulation: 모든 기능과 동작의 검증(주로 Behavioral Verilog code를 이용) ⇒ 본 실습교재에서는 Xilinx의 ISE isim을 사용함
- 디지털시스템의 Timing Simulation: gate delay등의 Hardware timing 정보를 포함한 동작 검증(주로 Gate level Verilog code를 이용)
- 디지털시스템의 회로합성: Function level의 Verilog code를 분석하여 목표로 하는 동작과 Timing을 가지는 Gate level circuit으로 합성을 하는 과정(EDA tool set의 Synthesis tool을 주로 사용) ⇒ 본 실습교재에서는 Xilinx의 ISE Synthesis Tool을 사용함

4.2 Verilog의 기본 문법

1) Module의 기본 구성

Verilog에서는 모든 hardware 단위 block을 module로 정의하며 module은 입력신호, 출력신호, functional description을 포함한다. 복잡한 디지털시스템을 설계할 경우 여

러개의 module들로 나누어 설계하고 이들 module들을 상위 단계에서 연결하여 전체 시스템을 구성하는 방법을 주로 사용한다.

그림 4-1에 Verilog의 Module의 기존 구조의 예를 보인다. 첫 부분은 Module의 이름과 port list(입력, 출력포트의 이름 나열)로 구성되고, 마지막에는 end module로 마무리 한다. Module의 내부에는 우선 port의 정의, Wire의 정의를 기술한다.(Register와 Parameter는 나중에 설명함). Port의 종류는 input과 output이 있다. Wire는 module내부에서 각 신호들을 연결하는 connection을 의미한다.

다음은 module의 동작 기술이며 이는 다른 sub module call, procedural 기술(always, initial), data flow 기술(assign), gate-level 기술, behavioral 기술(function, task) 등으로 기술 한다. 그림 4-1의 Half adder 설계의 예에서는 module의 port는 input A와 B, output sum과 cout으로 정의를 하였다. module의 동작 기술은 gate-level 기술을 이용하여 XOR gate와 AND gate를 사용하고 각 신호들을 wire를 이용하여 연결하였다.

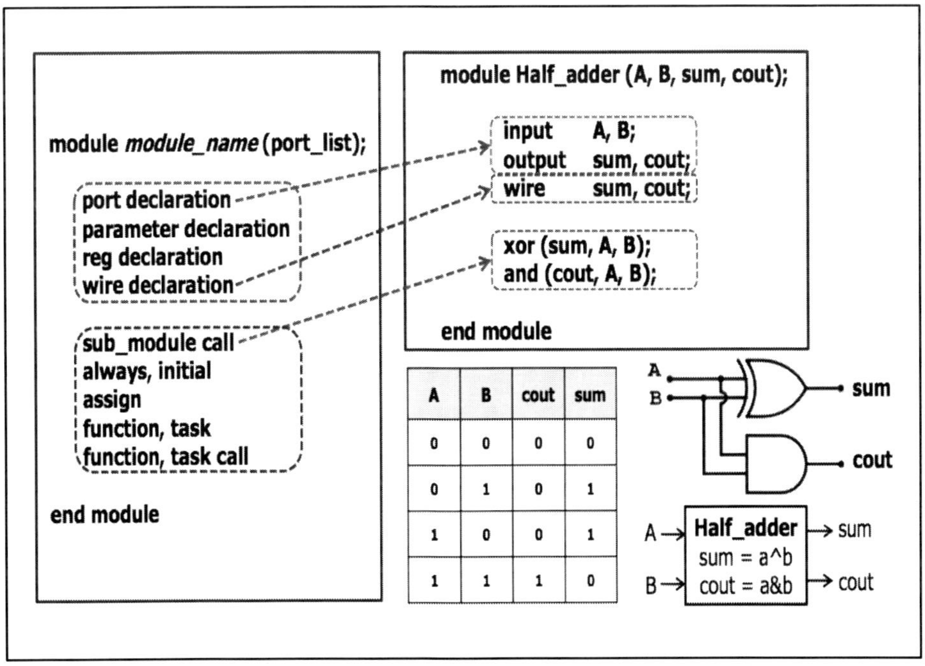

A	B	cout	sum
0	0	0	0
0	1	0	1
1	0	0	1
1	1	1	0

[그림 4-1] Verilog의 Module 구조 및 Half Adder의 Module 예

2) Port의 기본 문법

Verilog의 Port에는 input, output, inout, 3가지 종류가 있다. inout은 input과 ouput 특성을 모두 가지는 bidirectional port이다. 각 port는 1 bit 또는 multi-bit으로 정의할 수 있다. Multi-bit인 경우 그림 4-2와 같이 [range]로 시작 bit와 끝 bit를 정의하여 사용할 bit수를 결정한다.

```
Syntax:  input [range]       list_of_identifiers;
         output [range]      list_of_identifiers;
         inout [range]       list_of_identifiers;

Ex :     input               clk;
         input [15:0]        data_in;
         output [7:0]        data_out;
         inout               data_bidirection;
```

[그림 4-2] Verilog의 Port의 정의

3) Wire, Reg, Parameter 의 기본 문법

그림 4-3에 Verilog의 wire, reg, parameter의 사용법을 나타낸다. port의 정의와 같이 1 bit 또는 multi bit을 나타낼 수 있다. Wire는 신호사이의 연결을 나타내며, Reg는 latch 또는 flipflop과 같은 memory 소자를 나타내거나 procedural 기술내에서의 신호를 나타낸다. Parameter는 반복적으로 사용되는 상수(constant)를 대체하여 사용의 편의 및 상수값 수정을 용이하게 하는 역할을 한다.

```
Syntax:  wire [range]       list_of_identifiers;

Ex :     wire               cout;      // a scalar wire
         wire [15:0]        sum;       // a 16-bit vector wire
```

```
Syntax:  reg [range]        list_of_identifiers;

Ex :     reg                a;         // a scalar reg
         reg [15:0]         b;         // a 16-bit vector reg
```

```
Syntax:  parameter [range]    identifier = value;

Ex :     parameter            port_id = 3;
         prarmeter [2:0]      A = 3'h2;
```

[그림 4-3] wire, reg, parameter의 기본 문법

그림 4-3에 Verilog에서 허용하는 number들의 표현법을 보인다. 다양한 진수를 표시하기 위해 radix indicator를 사용하며, 2진수는 "b"를 사용하고, 16진수는 "h"를 사용한다. 10진수는 "d"를 사용하거난 생략할 수 있다. 그림 4-3의 예에서 radix indicator 앞의 수는 사용되는 bit수를 정의한다.

```
4'b 1001                    // 4-bit binary number
123                         // a decimal number
32'h12ab_f001               // 32-bit hexadecimal number
```

[그림 4-4] Verilog에서 number 표현법

4) Sub module의 기본 문법

Verilog에서는 상위 단계 module에서 하위 단계 module(sub module)을 C program의 function call과 유사하게 Sub module을 call 할 수 있다. 그림 4-5에 sub module을 call하는 문법을 보인다. Sub module은 call 하고자 하는 하위 단계의 module name이며, instance는 상위 단계 module 내에 sub module의 복사해 와서 새로 생성할 고유이름이다. instance의 고유이름을 이용하여 다수의 sub module을 call해도 서로 구분할 수 있다. 여기서 중요한 Software language와 HDL의 차이점을 알 수 있다. Software에서는 function call은 function 자체를 복사하지 않고 sub function을 순차적으로 수행한 후 상위 function으로 복귀하는 특성이 있다. 반면에 HDL에서는 상위 module에서 하위 sub module을 새로운 instance로 call 할 때마다 하위 module이 복사되어서 상위 module 내에 삽입이 된다. 이러한 특성이 다수의 instance들을 동시에 Simulation 구동을 시킬 수 있으므로 Hardware의 동시 동작을 그대로 simulation할 수 있게 된다.

그리고 instance 이름 다음에 port list를 기술한다. Port list의 상세한 문법은 나중에 설명한다. Verilog에는 특별한 sub module로 Primitive Gate들이 정의되어 있으며 and, or, xor, nand, nor, xnor, not등의 기본 gate들을 포함한다. 이 primitive gate들을 sub module로 call 할 경우는 instance name을 생략하여 call 할 수 있다. 그림 4-5에 primitive gate인 and module의 instance 사용 예를 보인다.

```
Syntax:  Sub-module name [instance_name]  (ports);
         Primitive gate name [instance_name]  (output, input_1, ... , input_N);

Ex :     Half_Adder HA1 (sum, cout, A, B);        // sub-module(Half-Adder) call
         and (out, a, b, c, d);                   // and gate call
```

[그림 4-5] Sub module(instance) 사용 문법

5) Data-flow 기술의 기본 문법

o assign

Verilog에서 wire로 선언된 신호에 값을 지정하는 방법은 assign 문을 사용하는 것이다. 그림 4-6에 assign 문을 사용하는 문법과 예를 보인다. assign 후에 wire 또는 output 신호 이름을 기입하고 상수를 할당하거나 boolean equation을 할당할 수 있다. 그림6에 3가지 예를 보인다. 2번째 예에 wire_b에 a&b의 boolean equation을 할당하는 예를 보인다. Boolean equation을 기술하면, verilog simulator가 이 equation을 계산하여 그 결과값을 wire에 할당하게 된다. wire 이름 앞에 #10와 같이 delay 값을 지정할 수 있으며, 이 경우 assign은 이 delay값 만큼 시간 지연 후에 wire에 지정값을 할당한다.

```
Syntax:  assign [net_type] [delay] net_name = (value or states);

Ex :     assign wire #10 wire_a = 4'b1001;
         assign #10 wire_b = a & b;
         assign a = 2'b01;
```

[그림 4-6] assign 문의 사용법

5) Procedural 기술의 기본 문법

상기의 Data-flow 기술과 다르게 Procedural 기술은 다양한 조건문들을 사용하여 반복적인 기술이나 if-then-else와 같은 분기문 구조를 허용한다. 또한 반복적인 기술 부분은 하위구조로 분리하여 설계와 분석을 효율적인 구조을 제공한다. Procedural 기술을 위해 verilog는 always, initial, function, task 등의 문구를 제공한다.

o always

always 문은 procedural 기술방법의 대표적인 문구이며, 특정 기능동작을 무한히 반복적으로 동작시키는 역할을 한다. 그림 4-7에 always 문의 사용문법과 예를 보인다. always @ 다음에 sensitivity list가 온다. sensitivity list는 always 문의 동작을 시작시키는 신호들의 나열이다. Sensitivity list의 신호 중 하나의 값에 변화가 발생할 때마다 always 문이 반복적으로 동작된다. always의 sensitivity list 내에 사용되는 특별한 keyword 2가지가 있다. posedege와 negedeg이다. posedge는 그 다음의 신호가 positive (rising) edge인 경우 sensitivity로 인식되게 한다, 반면에 negedeg는 그 다음의 신호가 negative (falling) edge인 경우 sensitivity로 인식되게 한다.

always 문의 begin과 end 사이에 if-then-else 등의 조건문과 신호에 값을 할당하는 문구를 사용하여 원하는 기능과 동작을 기술할 수 있다. always 문은 simulation과 회로합성에 모두 사용할 수 있다.

```
Syntax:  always    [@(sensitivity_list)]   begin
                             blocking_or_nonblocking statements;
         end

Ex :     always    @(a or b)               begin
                   if (a==1 || b==1)                 out = 1;   // blocking
                   else                              out = 0;
         end

         always    @(posedge clk)
                   out <= din;                       // non blocking
```

[그림 4-7] always 문의 사용법

o initial

initial 문은 procedural 기술방법의 하나로서 특정 기능동작을 simulation 시작 시에 한번만 동작시키는 역할을 한다. 그림 4-8에 initial 문의 사용문법과 예를 보인다. initial 다음에는 sensitivity list가 없다. initial 문의 begin과 end 사이에 if-then-else 등의 조건문과 신호에 값을 할당하는 문구를 사용하여 원하는 기능과 동작을 기술할 수 있다. 신호 값 할당 문구 앞에 #지연값을 기술하면 신호할당을 원하는 값만큼 지연시킬 수 있다.

initial 문은 simulation만을 위해서 사용되며, 회로합성에는 사용하지 않는다. 특히

initial 문은 simulation의 입력파형을 만들기 위한 test bench에 유용하게 사용된다. test bench에 대해서는 나중에 설명한다.

```
Syntax:  initial    begin
                    blocking_or_nonblocking statements;
         end

Ex :     initial    begin
                    preset = 0; clear = 1;
                    #10 preset = 1;
                    #10 clear = 0;
                    #10 $finish;
         end
```

[그림 4-8] initial 문의 사용법

o function

function 문은 procedural 기술방법의 하나로서 자주 사용되는 기술내용을 단위 function으로 묶어서 function call로 대체하기 위해 사용된다. function 문은 C program의 function과 유사하게 입력을 받고 동작이 완료되면 출력값을 return한다. 그림 4-9에 function의 사용문법과 사용 예를 보인다. 입력은 function port list에 기술하고 출력은 function 이름이 출력신호 이름으로 사용되며 출력신호의 bit width는 function 이름 앞에 [7:0]와 같이 정의한다. function 문은 simulation과 회로합성에 모두 사용가능하다.(일반적으로는 simulation에만 주로 사용함)

```
Syntax:  function [signed] [range_type] function_identifier (function_port_list);
                   (function_item_declaration)
                   statement;
         endfunction

Call :   function_identifier (expression);
Ex :     function [7:0] getbyte(input [15:0]     address);
             begin
                   ...
                   getbyte = result_expression;
             end
         endfunction

Ex call : word = getbyte(addr);
```

[그림 4-9] function 문의 사용법

o task

task 문은 procedural 기술방법의 하나로서 function 문과 사용 목적과 사용법이 유사하다. 단 function과의 차이점은 task는 input 입력신호 뿐만 아니라 output 출력신호, inout type의 신호도 port list에 기술한다. 그리고 task는 output return을 생략할 수 있으며, 또한 다수의 출력신호를 return 할 수도 있다. 그림10에 task의 사용문법과 사용 예를 보인다. 출력은 port list에 기술한 출력신호에 출력값 또는 Equation을 할당하여 return한다. task 문은 simulation과 회로합성에 모두 사용가능하다.(일반적으로는 simulation에만 주로 사용함)

```
Syntax:  task task_identifier (task_port_list);
                    (task_item_declaration)
                    statement;
         endtask

Call :   task_identifier (expression);

Ex :     task my_task(input a, b, inout c, output d, e);
              begin
                    ...                          // task
              end
          endtask

Ex call : my_task(v, w, x, y, z);
```

[그림 4-10] task 문의 사용법

4.3 Verilog의 Modeling 방법

o Verilog Modeling의 3가지 Style

Verilog HDL은 사용 용도와 편의성에 따라 3가지 modeling style을 제공한다.

o Gate-level(또는 Structural) Modeling

Gate-level modeling은 이미 gate-level 회로를 알고 있는 경우 회로의 구조를 미리 정의되어 있는 primitive logic gate들을 이용해서 verilog를 기술하는 방법이다. 그림 4-11과 같이 gate-level modeling은 primitive gate module들을 instance로 call 하여 기술한다. 사용되는 신호들은 wire, input, 또는 output port로 정의 하여 사용한다. 만약에 primitive gate를 포함하여 설계자가 정의한 sub module들만을 이용하여 새로운 module을 기술하게 되면 이 module은 Structural Modeling이라고 부른다.

```
and(out, in_1, ... , in_N);        // out = in_1 and in_2 ... and in_N
or(out, in_1, ... , in_N);         // out = in_1 or in_2 ... or in_N
xor(out, in_1, ... , in_N);        // out = in_1 xor in_2 ... xor in_N
```

[그림 4-11] Gate-level modeling의 예

o Data-flow(또는 Continuous) Modeling

Data-flow modeling은 boolean equation으로 기술되어 있는 combinational circuit을 modeling 하는데 유용하다. 각 출력신호를 assign 문을 사용하여 boolean equation으로 기술하면 된다. 그림 4-12에 assign 문을 사용한 data-flow modeling의 예를 보인다. 각 출력신호들은 wire, input, 또는 output port로 정의 하여 사용한다. Reg type의 신호는 입력으로는 사용가능하지만 출력으로는 사용 할 수 없다. assign 문은 clock을 필요로 하는 sequential circuit을 modeling 할 수 없다.

```
assign C = A & B;                  // C = A and B
assign C = A | B;                  // C = A or B
assign C[9:0] = A[9:0] ^ B[9:0];   // C(10-bit) = A(10-bit) xor B(10-bit)
```

[그림 4-12] Data-flow modeling의 예

o Behavior-level(또는 Procedural) Modeling

Behavior-level modeling은 algorithm등의 디지털시스템의 복잡한 동작을 최상위 단계로 abstract해서 시스템의 동작을 modeling 하는 방법이다. 주로 always 문을 사용하며 필요시 initial, function, task 문도 사용가능하다. 모든 sequential circuit은 대부분

behavior-level modeling으로 주로 설계한다.(Gate-level 회로를 알 경우는 gate-level로도 기술은 가능함)

그림 4-13에 behavior-level modeling의 예를 보인다. 이 경우 always 문을 사용하여 입력 신호 in에 변화가 발생할 때 begin과 end 사이의 동작을 반복적으로 수행한다.

```
always @(in)          // All behavioral statements must be in initial or always blocks
    begin
          if (in == 1'b1)
              out = 1'b0;
    end
end
```

[그림 4-13] Behavioral modeling의 예

o 혼합(Mixed) Modeling

상기 3가지 modeling 방식은 서로 섞어서 사용가능하다. 예를 들어 data-flow modeling과 Behavioral modeling을 섞어서 사용한 예를 그림 4-13A에 보인다. 2-input mux를 always 구문으로 behavioral modeling을 하고, outbar를 assign 구문을 사용하여 data-flow modeling을 하였다.

```
module mux_2_to_1(a, b, out,
                  outbar, sel);
  input a, b, sel;
  output out, outbar;
  reg out;

  always @ (a or b or sel)
  begin
    if (sel) out = a;
    else out = b;
  end

  assign outbar = ~out;

endmodule
```

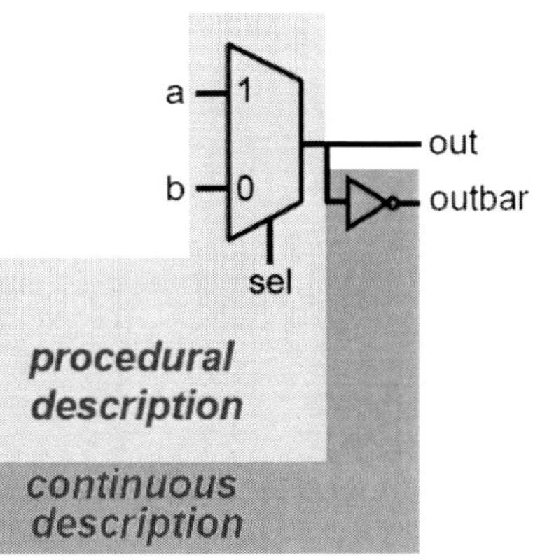

[그림 4-13A] Behavioral modeling의 예

4.4 Verilog의 Test Bench 기술 방법

o Test bench

Verilog HDL의 사용 목적 중 simulation 및 동작 검증을 위해서는 modeling한 디지털시스템에 입력신호를 구동시켜고 출력을 monitoring 하는 과정이 필요하다. 이 경우 입력신호를 순차적으로 구동시키고 출력신호를 check하고 결과를 display하는 verilog code를 test bench라고 한다. Test bench는 simulation만을 목적으로 기술하며 따라서 설계를 목표로 하는 hardware 부분에 포함되지 않으며 회로 합성과정에서는 제외 되어야 한다.

o Time Scale

Timescale은 Simulation을 수행할 때 refence 시간단위와 시간정밀도를 정의할 때 사용한다. 그림 4-14에 timescale의 사용 예를 보인다. `timescale 후에 2개의 시간단위를 기술해 준다. 첫 번째 시간단위는 reference time unit으로 verilog code내에서 #지연값을 사용할 때 지연값의 시간단위를 나타낸다. 2번째 시간단위는 time precision으로 simulator가 사용하는 최소 시간단위이며, #지연값은 이 time precision보다 작은 값을 지정할 경우 반올림되어 사용된다.

```
Syntax:  `timescale assign [reference time unit] [time precision]

Ex :     `timescale  100ns/1ns
         `timescale  1us/10ns
```

[그림 4-14] timescale 문의 사용 예

o 기본 시스템 function

Test bench를 기술하는데 유용하게 사용되는 함수들로서 verilog library로 미리 정의되어 제공되는 함수들이다. 주요 시스템 function으로 다음과 같은 함수를 주로 사용한다.

- $display : 원하는 문구를 한번만 화면에 출력한다.
- $monitor : 지정된 신호의 값이 변할 때 마다 원하는 문구를 화면에 반복해서 출력한다.
- $stop : Simulation을 일시 중지 시킨다.
- $finish: Simulation을 종료 시킨다.

4.5 Verilog의 Modeling 및 Test bench Example

지금까지 소개한 verilog의 기본 작성방법을 이용하여 아래에 간단한 4-bit adder를 설계하고 test bench를 작성하고 simulation을 수행하는 예를 보인다.

o 목표 adder의 Spec

4-bit simple ripple carry adder를 설계한다.

- input: x[3:0], y[3:0], c_in
- output: sum[3:0], c_out
- Block diagram: 그림

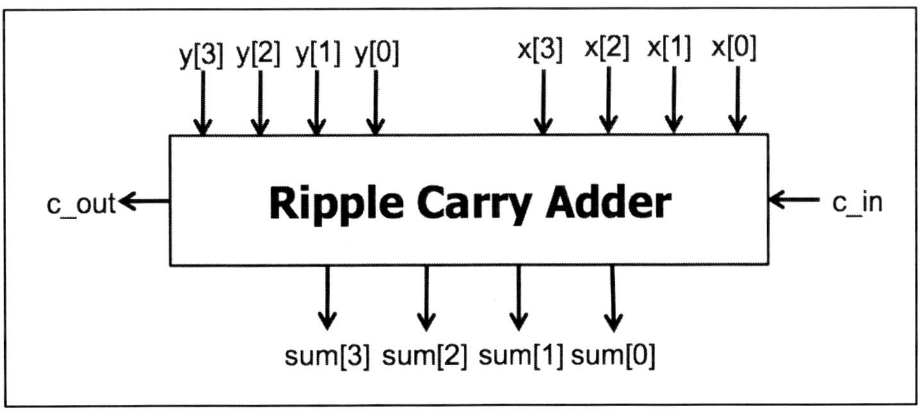

[그림 4-15] 설계목표 adder의 block diagram

o 4-bit adder에 사용할 1-bit full adder의 설계

우선 half adder를 설계한 후에 2개의 half adder를 sub module로 call하여 Full adder를 설계한다. 그림 4-16에서 half adder는 data-flow modeling 기법으로 기술하였다. Full adder는 이 half adder의 sub module을 call하여 2개의 instance를 정의하고 그림의 block diagram과 같이 wire들을 연결하여 full adder를 구성한다. 그 후에 OR gate를 call하여 c_out 신호를 출력한다. 이 Full adder의 modeling 기법은 Structural modeling에 해당된다.

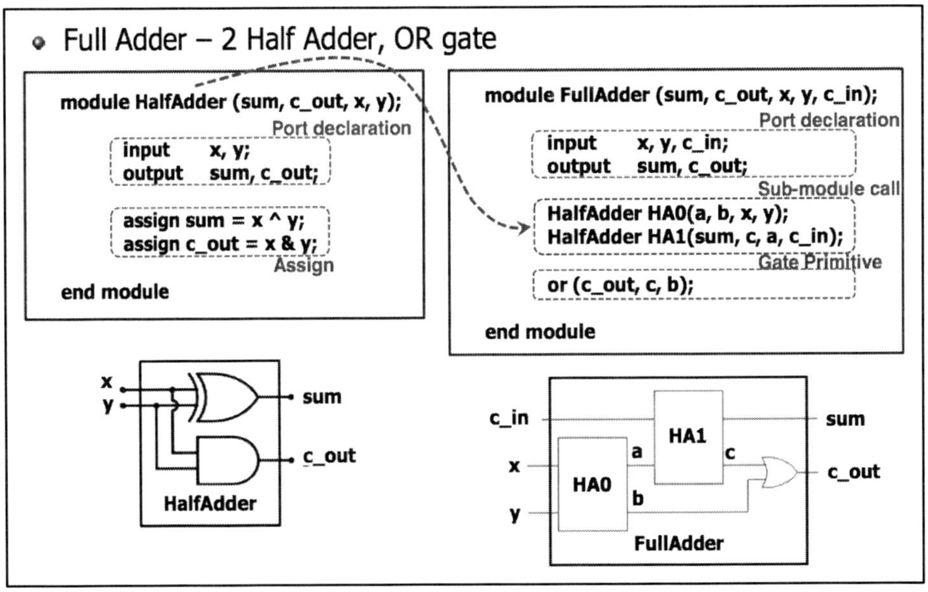

[그림 4-16] Half adder 및 Full adder의 설계

o 4-bit Ripple Carry Adder의 설계

그림 4-17에 1-bit Full Adder 4개를 sub module로 call 하여 4-bit ripple carry adder (RCA)를 구성하는 예를 보인다. 그림 4-17의 아래 block diagram과 같이 4개의 Full Adder의 신호들을 연결한다. 이 module의 modeling 방법은 structural modeling에 해당된다.

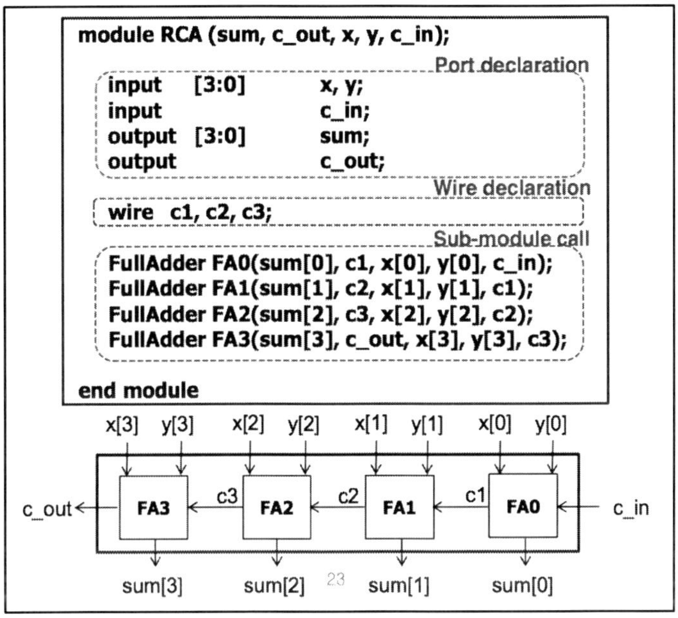

[그림 4-17] 4-bit Ripple Carry Adder의 설계

o 4-bit Ripple Carry Adder의 Test bench 기술

그림 4-18은 설계한 4-bit RCA의 hardware의 동작을 simulation하기 위한 입력신호 구동과 출력 monitoring을 기술하는 Test bench의 예이다. Test bench의 첫줄은 simulation의 단위시간을 정의하는 `timescale 문으로 시작한다. Test bench의 module 이름은 tb_RCA로 정의하였으며, test bench의 경우 hardware가 아니므로 입출력 신호가 없으니 port list도 없다. 대신 구동할 입력신호들은 reg로 정의하며 monitoring 할 출력신호들은 wire로 정의한다. 그 후에 4-bit RCA의 hardware model에 해당되는 RCA의 sub module을 instance myRCA로 call 한다. test bench 내에서 회로합성을 위한 실제 hardware block은 myRCA이며 나머지 부분은 입력구동 및 출력 monitoring 만은 위한 code이다.

```
`timescale 1ps/1ps                       Time scale
module tb_RCA;
                                         Internal signal declaration
reg  [3:0]    x, y;
reg           c_in;

wire [3:0]    sum;
wire          c_out;
                                         Module instantiation
RCA myRCA(sum, c_out, x, y, c_in);
                                         Output signal monitor
initial
  begin
   $monitor($time, "X=%b, Y=%b,
         C_IN = %b, -- SUM = %b,
        C_OUT = %b\ n", x, y, c_in,
                         sum, c_out);
  end

initial                                  Stimulus via input signal
  begin
    x = 4'b0000; y = 4'b0000; c_in = 1'b0;
    #5  x = 4'b0011; y = 4'b0100;
    #5  x = 4'b0010; y = 4'b0101;
    #5  x = 4'b1001; y = 4'b1001;
    #5  x = 4'b1010; y = 4'b1111;
    #5  x = 4'b1010; y = 4'b0101; c_in = 1'b1;
  end

endmodule
```

[그림 4-18] 4-bit Ripple Carry Adder의 test bench 기술의 예

o 4-bit Ripple Carry Adder Test bench의 Simulation 결과

그림 4-19는 4-bit RCA Test bench의 Simulation결과이다. 앞부분은 $monitor 문구에 의해 출력된 text 출력내용이다. 뒷부분은 입력과 출력신호들의 waveform display 결과이다.

```
VSIM 76> run 30ps
#                     0X = 0000, Y = 0000, C_IN = 0, -- SUM = 0000, C_OUT = 0
#
#                     5X = 0011, Y = 0100, C_IN = 0, -- SUM = 0111, C_OUT = 0
#
#                    10X = 0010, Y = 0101, C_IN = 0, -- SUM = 0111, C_OUT = 0
#
#                    15X = 1001, Y = 1001, C_IN = 0, -- SUM = 0010, C_OUT = 1
#
#                    20X = 1010, Y = 1111, C_IN = 0, -- SUM = 1001, C_OUT = 1
#
#                    25X = 1010, Y = 0101, C_IN = 1, -- SUM = 0000, C_OUT = 1
#
```

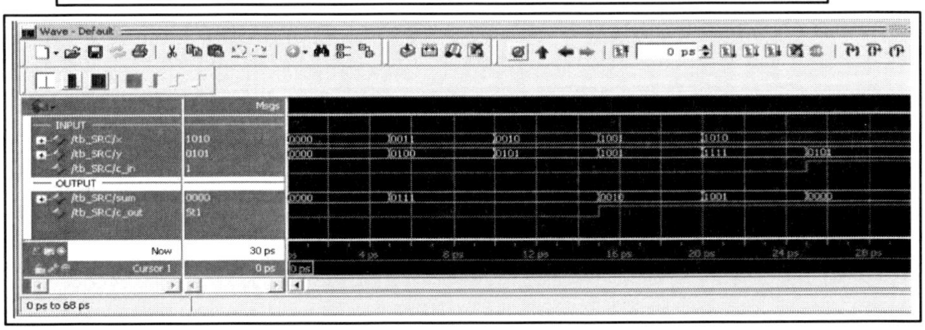

[그림 4-18A] 4-bit Ripple Carry Adder의 test bench의 Simulation 결과

4.6 Verilog의 다른 주요 기술방법

Verilog는 아래와 같은 다양한 coding의 편리성 및 효율적인 behavioral 기술 방법을 제공한다.

o Case Statement

Verilog의 always 또는 initial statement 내에서 아래와 같이 case statement를 사용하여 if-else if-else를 대체할 수 있다.

그림 19에 always 문 내에서 if-else의 예와 case의 사용 예를 보인다. 이 2가지 verilog code는 동일한 결과를 만든다.

```
module mux_2_to_1(a, b, out,
                  outbar, sel);
  input a, b, sel;
  output out, outbar;
  reg out;

  always @ (a or b or sel)
  begin
    if (sel) out = a;
    else out = b;
  end

  assign outbar = ~out;

endmodule
```

```
module mux_2_to_1(a, b, out,
                  outbar, sel);
  input a, b, sel;
  output out, outbar;
  reg out;

  always @ (a or b or sel)
  begin
    case (sel)
      1'b1: out = a;
      1'b0: out = b;
    endcase
  end

  assign outbar = ~out;

endmodule
```

Note: Number specification notation: <size>'<base><number>
(4'b1010 if a 4-bit binary value, 16'h6cda is a 16 bit hex number, and 8'd40 is an 8-bit decimal value)

[그림 4-19] if-else 와 case statement의 비교

o Verilog의 연산지 지원(integer Arithmetic operator)

Verilog는 data-flow 또는 Behavioral modeling에서 정수 연산자를 지원한다. "+", "-", "*", "/" 는 각각 더하기, 빼기, 곱하기, 나누기 연산자를 뜻한다. 그림 4-20에 32-bit signal들의 더하기 연산과 carry-in/carry-out을 포함한 32-bit adder의 verilog coding 예를 보인다.

- **Verilog's built-in arithmetic makes a 32-bit adder easy:**

```
module add32(a, b, sum);
  input[31:0] a,b;
  output[31:0] sum;
  assign sum = a + b;
endmodule
```

- **A 32-bit adder with carry-in and carry-out:**

```
module add32_carry(a, b, cin, sum, cout);
  input[31:0] a,b;
  input cin;
  output[31:0] sum;
  output cout;
  assign {cout, sum} = a + b + cin;
endmodule
```

[그림 4-20] Arithmetic operator를 사용하여 32-bit adder 구현

o Sequential circuit description(Sequential always statement)

Verilog에서 Flip-flop을 이용하는 Sequential circuit을 기술하는 방법으로 sequential always statement 방식이 있다. Sequential always statement는 sensitivity list에 clock 신호를 포함 시키고, 이 clock이 positive edge trigger 인지 negative edge trigger인지를 명시해 주는 방법이다. 여기서 2가지 keyword를 사용한다. "posedge"는 positive (rising) edge trigger를 나타내고, "negedge"는 negative (falling) edge trigger를 나타낸다.

그림 4-21에 combinational circuit을 기술하는 always 와 sequential circuit을 기술하는 always의 비교를 보인다. 2번째 always 예는 positive edge trigger flip-flop을 기술하며, synthesis하면 flip-flop을 생성한다.

Combinational

```
module combinational(a, b, sel,
                     out);
  input a, b;
  input sel;
  output out;
  reg out;
  always @ (a or b or sel)
  begin
    if (sel) out = a;
    else out = b;
  end
endmodule
```

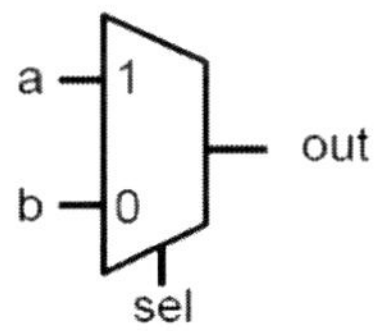

Sequential

```
module sequential(a, b, sel,
                  clk, out);
  input a, b;
  input sel, clk;
  output out;
  reg out;
  always @ (posedge clk)
  begin
    if (sel) out <= a;
    else out <= b;
  end
endmodule
```

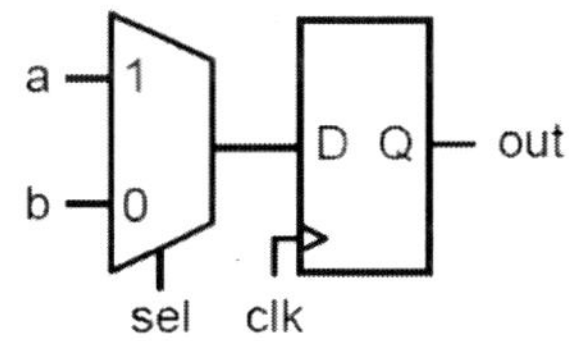

[그림 4-21] Combinational always와 sequential always statement의 비교

o Blocking vs. Non-blocking assignment

Verilog의 behavioral modeling 기법에는 2가지 assignment 방법이 있다. blocking assignment와 non-blocking assignment이다. 그림 4-22에 blocking assignment와 non-blocking assignment의 비교를 보인다.

- ***Blocking assignment:*** **evaluation and assignment are immediate**

```
always @ (a or b or c)
begin
  x = a | b;        1. Evaluate a | b, assign result to x
  y = a ^ b ^ c;    2. Evaluate a^b^c, assign result to y
  z = b & ~c;       3. Evaluate b&(~c), assign result to z
end
```

- ***Nonblocking assignment:*** **all assignments deferred until all right-hand sides have been evaluated (end of simulation timestep)**

```
always @ (a or b or c)
begin
  x <= a | b;       1. Evaluate a | b but defer assignment of x
  y <= a ^ b ^ c;   2. Evaluate a^b^c but defer assignment of y
  z <= b & ~c;      3. Evaluate b&(~c) but defer assignment of z
end                 4. Assign x, y, and z with their new values
```

[그림 4-22] Blocking assignment와 Non-blocking assignment의 비교

- Blocking Assignment: 각각의 equation의 계산과 해당 신호에 계산값 전달이 바로 발생하며 다수의 assignment의 경우는 이들이 순차적으로 실행된다.
  따라서, 먼저 계산되는 equation과 신호전달이 그 다음의 계산에 영향을 준다.
- Non-blocking Assignment: 각각의 equation의 계산은 동시에 실행되며 모든 equation들의 계산이 끝날 때까지 해당 신호에 계산값 전달은 지연된다. 모든 equation의 계산이 완료되면 모든 신호전달은 한번에 실행된다.
  따라서, 먼저 계산되는 equation이 없고 모두 동시에 계산이 되므로, equation들의 순서에 상관없이 서로 전혀 영향을 주지 않는다.

따라서 일반적으로 Blocking assignment는 combinational circuit을 기술할 때 사용하고, Non-blocking assignment는 sequential circuit을 기술할 때 사용한다.

그림 4-23에 2가지 assignment 사용 예를 보인다. 만약 3개의 flip-flop을 생성해서 input 신호를 3개의 clock만큼 지연을 시키는 sequential circuit을 설계하기를 원한다면, 그림의 첫 번째 coding이 옳은 예이다. always 내의 모든 assignment들이 non-blocking 방식으로 기술되어서 모든 신호전달이 clk의 positivie edge에 맞추어서 동시에 발생되므로 3개의 flip-flop의 동작과 일치한다. 반면에 2번째 coding은 그른 예이다. always 내의 모든 assignment들이 blocking 방식으로 기술되어서 신호전달이 순차적으로 발생된다. 따라서 clk의 positive edge 때 마다 최종 output인 out에는 in의 값이 항상 전달된다. 따라서 1개의 flip-flop의 동작을 기술하게 된다.

따라서 특수한 경우를 제외하고는 Sequential circuit의 기술에는 항상 non-blocking assignment만 사용하는 것이 안전하다.

```
always @ (posedge clk)
begin
  q1 <= in;
  q2 <= q1;
  out <= q2;
end
```

"At each rising clock edge, *q1*, *q2*, and *out* simultaneously receive the old values of *in*, *q1*, and *q2*."

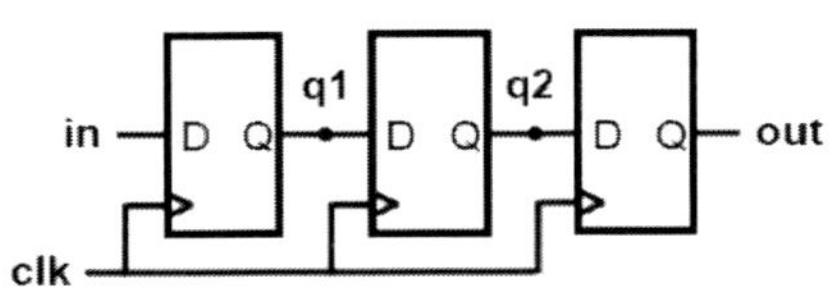


```
always @ (posedge clk)
begin
  q1 = in;
  q2 = q1;
  out = q2;
end
```

"At each rising clock edge, *q1* = *in*.
After that, *q2* = *q1* = *in*.
After that, *out* = *q2* = *q1* = *in*.
Therefore *out* = *in*."

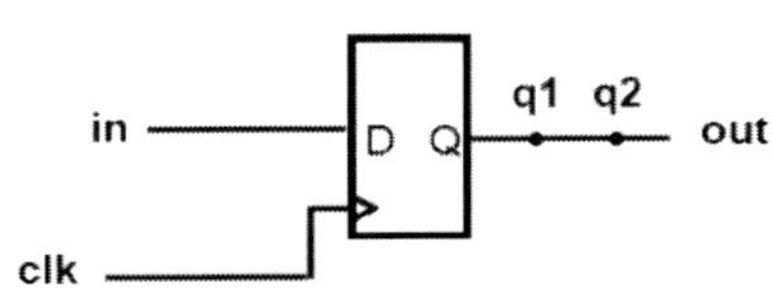

[그림 4-23] Non-Blocking assignment의 옳은 사용 예와 잘못된 사용 예

제5장

Adder Design in Verilog

5.1 Introduction

Adder는 가산기로서 Half Adder, Full Adder가 있다. 이번 5장에서는 Full Adder에 대해 실습할 것이다. 먼저 1-bit Full Adder에 대해 실습해보고 이를 사용하여 4-bit Adder를 설계해본다. 1-bit Full Adder에는 1 bit의 입력 A, B, Cin이 있으며, 1 bit의 출력 S, Co을 사용하여 설계하도록 한다.

1) Full Adder의 논리식

$$S = A \oplus B \oplus C_i$$
$$C_o = AB \oplus BC_i \oplus C_i A$$

Full Adder의 논리식은 위와 같으며, S는 Adder의 결과 값인 Sum 값이고, Co는 Carry Out의 값이다. 이를 통해 아래 진리표를 작성하고 Verilog 코드를 작성하도록 한다.

2) Full Adder에 대한 진리표

Input			Output	
A	B	Cin	S	Carry_out
0	0	0	0	0
1	0	0	1	0
0	1	0	1	0
1	1	0	0	1

[표 5-1] 1bit Full Adder 진리표

위 표 5-1은 Full Adder의 진리표이며, S는 A와 B, Cin의 값을 더한 값이고, Carry_out은 S의 bit 값을 초과하였을 때 출력되는 값이다. 위 표의 경우 S가 1 bit (1,0)이기 때문에 A와 B를 합하였을 때, S가 나타낼 수 있는 값을 초과하였기 때문에 Carry_out에 1이 출력된다.

5.2 Verilog implementation

1) chap5_verilog project 생성

먼저 chap5_verilog라는 ISE new project를 작성한다.

2) Input : A, B, Ci / Output : S, Co 인 Full Adder 설계

chap5_fulladder.v인 Verilog 모듈을 생성하고 아래 그림 1의 Gate Level Modeling 코드를 참고하여 Verilog 코드를 작성한다.

2) Test Bench 설계

Test Bench 설계를 위해 chap5_testbench(1).v인 Verilog 모듈을 생성하고 아래 그림 3의 Test Bench의 코드를 참고하여 Test Bench 코드를 작성하고 시뮬레이션을 통해 결과를 확인한다.

3) 다른 형식의 Test Bench 코드를 사용하여 Test 실행

1)에서 작성한 chap5_fulladder.v를 사용하고 다른 형식의 Test Bench 설계를 위해 chap5_testbench(2).v라는 새로운 Verilog 모듈을 생성하고 그림 5-4를 참고하여 Test Bench를 작성하고 시뮬레이션을 통해 결과를 확인한다.

4) Behavior Level Modeling을 사용한 Full Adder 설계

chap5_fulladder_behavior.v인 새로운 Verilog Module을 생성하고 그림 5-2를 참고하여 Verilog 코드를 작성한다. chap5_fulladder_behavior.v와 chap5_testbench(1).v를 사용하여 시뮬레이션하고 결과를 확인한다.

5) Behavior Level Modeling을 사용한 Full Adder 설계(2)

4)에서 작성한 chap5_fulladder_behavior.v와 3)에서 작성한 chap5_testbench(2).v를 사용하여 시뮬레이션하고 결과를 확인한다.

6) 두 가지 다른 형식의 Verilog 코드, Test Bench의 특징과 차이점을 살펴본다.

```
`timescale 1ns / 1ps
//////////////////////////////////////////////////////////////////////////////////
// Company:
// Engineer:
//
// Create Date:    14:44:43 07/24/2015
// Design Name:
// Module Name:    fulladder
// Project Name:
// Target Devices:
// Tool versions:
// Description:
//
// Dependencies:
//
// Revision:
// Revision 0.01 - File Created
// Additional Comments:
//
//////////////////////////////////////////////////////////////////////////////////
module fulladder(
   input A, B, Ci,
   output S, Co,
   wire s1, c1, c2, c3
);

xor(s1, A, B);     //s1에 A와 B를 XOR연산한 값 출력, xor(출력,입력1,입력2) 순으로 작성
xor(S, s1, Ci);    //S에 s1과 Ci를 XOR연산한 값 출력
and(c1, A, B);     //c1에 A와 B를 AND연산한 값 출력,  and(출력,입력1,입력2) 순으로 작성
and(c2, B, Ci);
and(c3, Ci, A);
or(Co, c1, c2, c3);  //Co에 c1, c2, c3를 OR연산하며 출력, or(출력, 입력1, 입력2, 입력3) 순으로 작성
                     //2개의 입력을 설정할 경우 or(출력, 입력1, 입력2) 순으로 작성


endmodule
```

[그림 5-1] Full Adder의 Gate Level Modeling

```
`timescale 1ns / 1ps
//////////////////////////////////////////////////////////////////////////////////
// Company:
// Engineer:
//
// Create Date:    15:26:19 07/24/2015
// Design Name:
// Module Name:    fulladder_behavior
// Project Name:
// Target Devices:
// Tool versions:
// Description:
//
// Dependencies:
//
// Revision:
// Revision 0.01 - File Created
// Additional Comments:
//
//////////////////////////////////////////////////////////////////////////////////
module fulladder_behavior(
   input A, B, Ci,   //input 설정
   output reg S, Co  //output 설정
   );

    always @ ( A or B or Ci)  //always문 사용, A, B, Ci의 상태가 바뀔 때마다 always문 실행
    begin
      S = A^B^Ci; //S라는 값은 A와 B, Ci를 XOR연산 실행
      Co = (A&B)|(A&Ci)|(B&Ci);  //Co라는 값은 각 입력 값을 AND 연산 후 OR 연산 실행
    end

endmodule
```

[그림 5-2] Full Adder의 Behavior Level Modeling

```
`timescale 1ns / 1ps
////////////////////////////////////////////////////////////////////////////////
// Company:
// Engineer:
//
// Create Date:    14:44:33 07/24/2015
// Design Name:
// Module Name:    TB_fulladder
// Project Name:
// Target Devices:
// Tool versions:
// Description:
//
// Dependencies:
//
// Revision:
// Revision 0.01 - File Created
// Additional Comments:
//
////////////////////////////////////////////////////////////////////////////////
module TB_fulladder(
    );
reg A, B, Ci;  //Test Bench에서 사용될 input 선언
wire S, Co;    //Test Bench에서 사용될 output 선언

fulladder_behavior fulladder_behavior(A, B, Ci, S, Co);  //1bit Full Adder 호출

initial begin

   A = 0;   //초기값 설정
   B = 0;
   Ci = 0;

   #5 A = 1;   //변경하고자 하는 입력값 설정 -> A = 1, B = 0
   #5 A = 0; B = 1;  //-> A = 0, B = 1
   #5 A = 1;         //-> A = 1, B = 1
   #5 A = 0; B = 0;
   #5 A = 1;
   #5 A = 0; B = 1;
   #5 A = 1;
   #5 A = 0; B = 0;

end
   endmodule
```

[그림 5-3] Full Adder의 Test Bench 코드(1)

```
`timescale 1ns / 1ps
//////////////////////////////////////////////////////////////////////////////////
// Company:
// Engineer:
//
// Create Date:    14:44:33 07/24/2015
// Design Name:
// Module Name:    TB_fulladder
// Project Name:
// Target Devices:
// Tool versions:
// Description:
//
// Dependencies:
//
// Revision:
// Revision 0.01 - File Created
// Additional Comments:
//
//////////////////////////////////////////////////////////////////////////////////
module TB_fulladder(
    );
reg A, B, Ci;  //Test Bench에서 사용될 input 선언
wire S, Co;    //Test Bench에서 사용될 output 선언

fulladder_behavior fulladder_behavior(A, B, Ci, S, Co);  //1bit Full Adder 호출

initial begin

   A = 0;   //초기값 설정
   B = 0;
   Ci = 0;

end

   always #5 A = ~A;      //5ns마다 반전된 값으로 저장 -> 200MHz로 동작
   always #10 B = ~B;     //10ns마다 반전된 값으로 저장 -> 100MHz로 동작

endmodule
```

[그림 5-4] Full Adder의 Test Bench 코드(2)

5.3 Verilog Behavioral Simulation

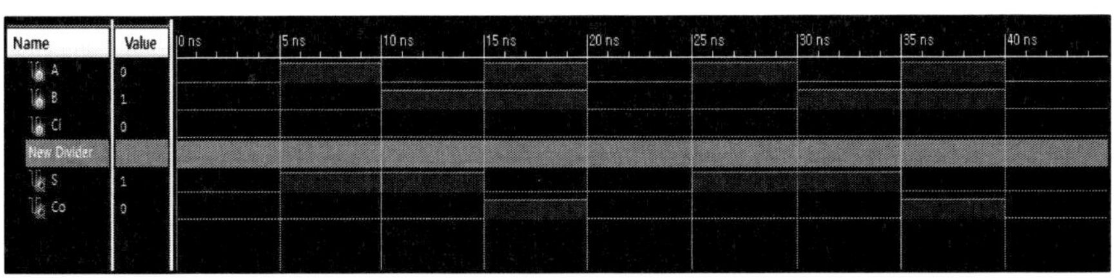

[그림 5-5] Full Adder 시뮬레이션 결과

위 그림 5-5는 1.2에서 소개된 Verilog Code를 사용하여 Full Adder의 ISim 결과이다. 0~5ns에서는 입력 A와 B가 모두 0이기 때문에, 출력 S, Cout의 값이 0이다. 5ns~10ns에서는 A, B 중 1개의 입력이 1이기 때문에 S는 1, Cout은 0이다. A와 B가 모두 1일 때에는 2이지만 Full Adder의 출력 S가 1bit이기 때문에 S는 0, Cout이 1이 되어 디지털 코드로 10의 값을 가지므로 정수 2와 같다. 1.2에서 소개된 Verolog Code 2가지, Test Bench 2가지를 각각 사용해보고 숙지해야 한다.

5.4 Howe Work

1.2에서 설계한 1-bit Full Adder를 사용하고 새로운 chap5_homework.v 라는 Verilog code를 작성한다. 4-bit 입력 A,B / 4-bit 출력 S를 갖는 4-bit Adder를 설계하고 시뮬레이션을 통해 결과 값을 확인해본다.

1) Input : A [3:0], B [3:0], Ci / Output : S [3:0], Co 인 4bit Full Adder 설계

4bit 입력인 A, B와 1bit 입력 Ci, 4-bit 출력 S, 1-bit 출력 Co인 chap5_4bitadder.v Verilog 코드를 작성한다.

2) 4-bit Full Adder 논리식 및 구조

$$\{Co, S[3:0]\} = A[3:0] + B[3:0] + Cin$$

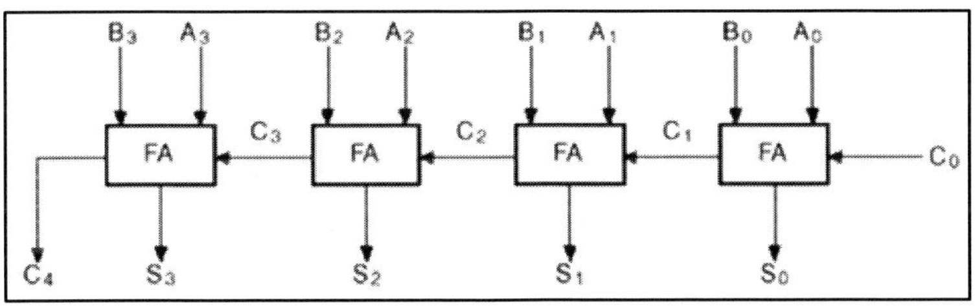

[그림 5-6] 4bit Full Adder의 Block Diagram

2) Gate Level Modeling을 사용하여 Simulation 실행

1.2에서 Gate Level Modeling로 설계한 그림 5-1의 Verilog 코드를 불러와 4-bit Full Adder를 설계한다.(chap5_4bitadder.v)

3) Behavior Level Modeling을 사용하여 Simulation 실행

1.2에서 Behavior Level Modeling로 설계한 그림 5-2의 Verilog 코드를 불러와 4-bit Full Adder를 설계한다.(chap5_4bitadder_behavior.v)

4) 아래 그림 5-7을 참고하여 A값을 0~15까지 1MHz의 Clock Speed로 동작하도록 하고, B값은 0~15까지 2MHz의 Clock Speed로 동작하도록 하여 결과 값을 확인해본다.

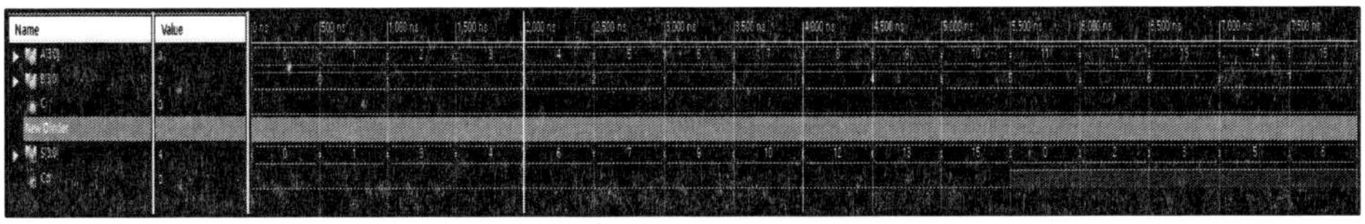

[그림 5-7] 4)의 시뮬레이션 결과

5) 아래 그림 5-8을 참고하여 A와 B의 Clock Speed를 반대로 (A가 2MHz, B가 1MHz로 동작)하도록 하여 결과 값을 확인해본다.

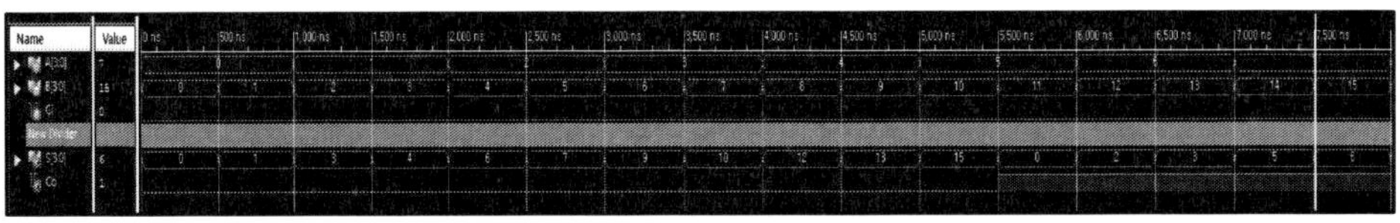

[그림 5-8] 5)의 시뮬레이션 결과

제6장

Multiplier Design in Verilog

6.1 Introduction

이번 6장에서는 4bit 입력의 Multiplier를 설계한다. Multiplier는 곱셈기이고, Verilog로 설계할 경우 2진수의 입력 값을 받아 곱셈연산을 진행 할 것이기 때문에, 2진 덧셈, 곱셈 등에 대해 숙지해야 실습을 진행하기에 수월하다.

1)에서는 4bit Multiplier의 예제에 대해 설명하고 2)에서는 그에 대한 회로 예제를 설명한다.

1) Multiplication 예제

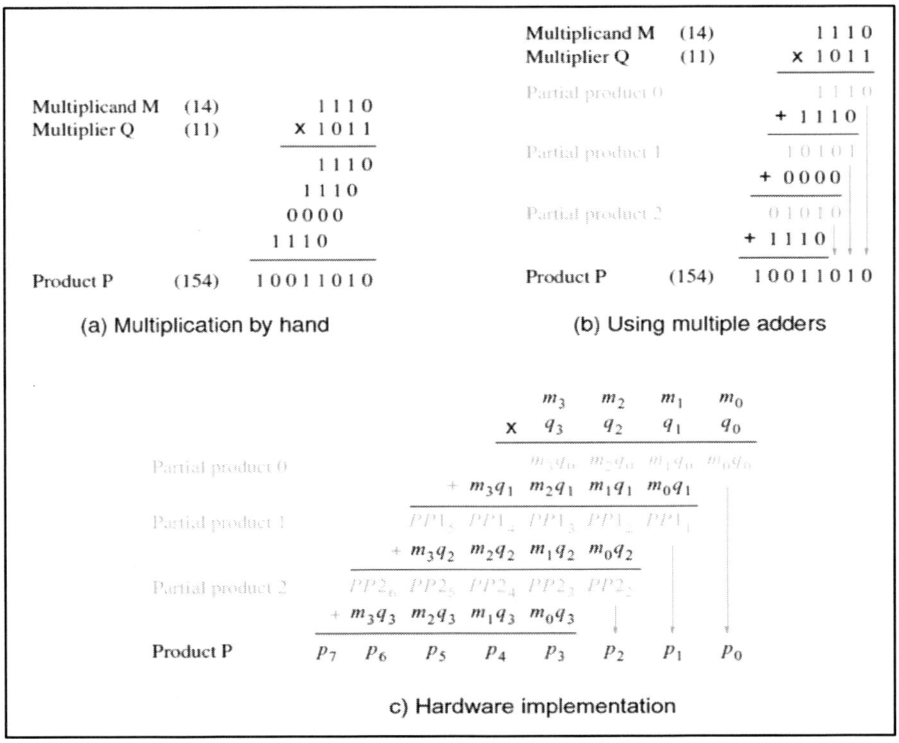

[그림 6-1] Multiplication 예제

그림 6-1은 10진수 14와 11의 곱을 4bit의 2진수로 변환하여 2진 곱셈 연산에 대한 예를 나타낸 것이다. c)는 a)와 b)를 문자로 나타낸 예제이며, 각 자릿수가 어떻게 연산되는 것인지 나타낸 것이다.

2) Multiplier 회로 예제

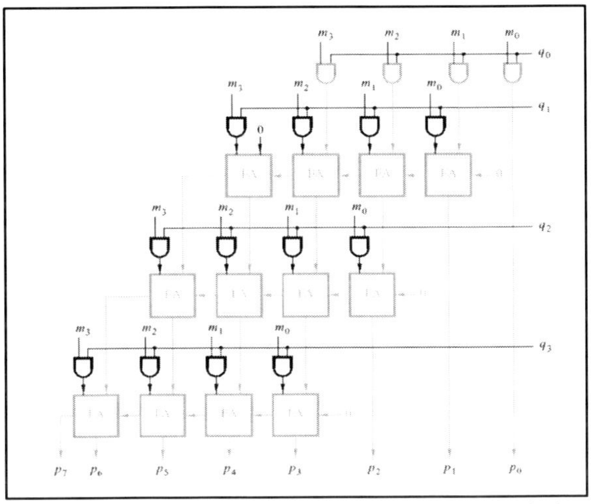

[그림 6-2] 4bit x 4bit Multiplier 회로 예제

그림 6-2는 4bit 입력 m과 q의 곱셈 연산에 대한 회로 예제를 Block Diagram으로 나타낸 것이다. 출력은 8bit인 p이고, q의 각 자릿수와 4bit 입력 m을 차례대로 연산하여 출력값을 나타낸다.

6.2 Verilog implementation

1) chap6_verilog라는 라이브러리 생성

2) Input : m [3:0], q [3:0] / Output : q [7:0] 인 4bit x 4bit Multiplier 설계

chap6_multiplier.v의 Verilog Module을 생성하고, 그림 6-3을 참고하여 Verilog 코드를 작성한다.

3) 하위 모듈 추가(5장에서 설계한 Full Adder 추가)

chap6_multiplier.v에서 사용된 하위 모듈을 추가하기 위한 단계로서 5장에서 설계하였던 4bit Full Adder(chap5_4bitadder_behavior.v) 및 1bit Full Adder (chap5_fulladder_behavior.v) Verilog 코드를 불러온다.

4) 4bit Multiplier의 Test Bench 설계

chap6_testbench.v라는 새로운 Verilog Module을 생성하고, 그림 6-4를 참고하여 Test Bench를 작성한다.

5) 시뮬레이션을 통해 결과 확인

Test Bench에서 여러 가지 입력 값을 사용하여 Multiplier 동작하고 동작원리에 대해 이해한다.

```
`timescale 1ns / 1ps
//////////////////////////////////////////////////////////////////////////////////
// Company:
// Engineer:
//
// Create Date:    15:59:18 07/25/2015
// Design Name:
// Module Name:    multiplier
// Project Name:
// Target Devices:
// Tool versions:
// Description:
//
// Dependencies:
//
// Revision:
// Revision 0.01 - File Created
// Additional Comments:
//
//////////////////////////////////////////////////////////////////////////////////
module mult4(p, m, q);

  input [3:0] m, q; //입력 port 설정
  output [7:0] p;    //출력 port 설정

  //Internal Wires
  wire [3:0] p0;
  wire [3:0] p1;
  wire [3:0] p2;
  wire [3:0] p3;
  wire c1, c2, c3;
  wire [3:0] s1,s2,s3;

  assign p0 = m &{q[0],q[0],q[0],q[0]};   //q의 0번 bit와 4bit m을 곱셈하여 p0에 저장
  assign p1 = m &{q[1],q[1],q[1],q[1]};   //q의 1번 bit와 4bit m을 곱셈하여 p1에 저장
  assign p2 = m &{q[2],q[2],q[2],q[2]};   //q의 2번 bit와 4bit m을 곱셈하여 p2에 저장
  assign p3 = m &{q[3],q[3],q[3],q[3]};   //q의 3번 bit와 4bit m을 곱셈하여 p3에 저장

  fourbit_adder add4_1 (.A({1'b0,p0[3:1]}), .B(p1), .Ci(1'b0), .S(s1), .Co(c1)); //4bit Adder를 사용하여 muliplier 실행하는 과정
  fourbit_adder add4_2 (.A({c1,s1[3:1]}), .B(p2), .Ci(1'b0), .S(s2), .Co(c2));
  fourbit_adder add4_3 (.A({c2,s2[3:1]}), .B(p3), .Ci(1'b0), .S(s3), .Co(c3));

  assign p[7:0] = {c3, s3[3:0], s2[0], s1[0], p0[0]};  //최종 multiply된 값을 p에 저장하고 출력

endmodule
```

[그림 6-3] 4bit Multiplier의 Verilog 코드

```
`timescale 1ns / 1ps
//////////////////////////////////////////////////////////////////////////////////
// Company:
// Engineer:
//
// Create Date:    15:59:00 07/25/2015
// Design Name:
// Module Name:    TB_multiplier
// Project Name:
// Target Devices:
// Tool versions:
// Description:
//
// Dependencies:
//
// Revision:
// Revision 0.01 - File Created
// Additional Comments:
//
//////////////////////////////////////////////////////////////////////////////////
module TB_multiplier(
    );

   reg [3:0] m;
   reg [3:0] q;
   wire [7:0] p;

   mult4 mult4_module(.p(p), .m(m), .q(q));  //4bit Multiplier 호출


   initial begin
   m = 4'b0000; q = 4'b0000;  //초기값 설정

   #5 m = 14 ; q = 11 ; //Multiply 실행할 입력 값 설정
   #5 m = 7 ; q = 9 ;
   #5 m = 14 ; q = 14 ;
   #5 m = 16 ; q = 16 ;

   end

endmodule
```

[그림 6-4] 4bit Multiplier의 Test Bench

6.3 Verilog Behavioral Simulation

초기에 두 입력이 0이었을 경우 출력은 0이고, m을 14, q를 11일 때, 두 수가 곱해져 출력 p에는 154가 출력되고, 마찬가지로 7*9 = 63, 14*14 = 196을 출력하는 것을 볼 수 있다.

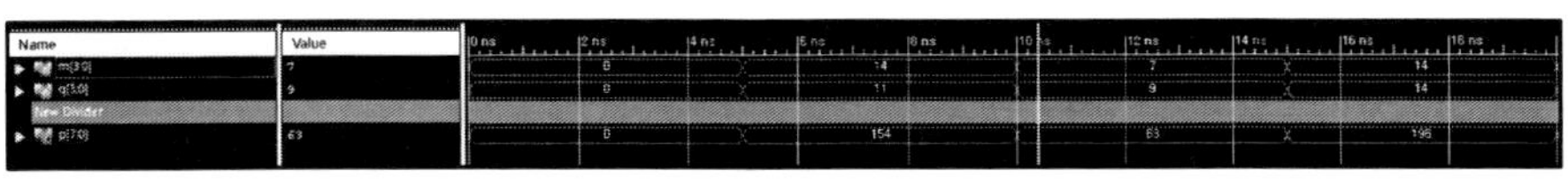

6.4 Howe Work

5장에서 설계한 4bit Adder와 6장에서 설계한 4x4 Multiplier(chap6_multiplier.v)를 사용하여 4bit ALU(chap6_ALU)를 설계한다.

1) 새로운 라이브러리를 생성한다.(chap6_homework)

2) Input : A [3:0], B [3:0], sel / Output : aluout [7:0]인 ALU 설계

chap6_ALU.v라는 Verilog 모듈을 생성하고 ALU의 Verilog 코드를 작성한다.

3) 4bit ALU의 논리식

aluout = A + B (when sel = 0)

aluout = A x B (when sel = 1)

3) 4bit ALU의 Block Diagram

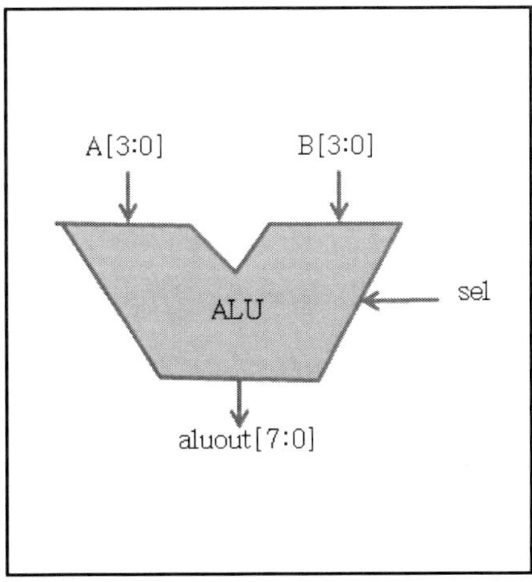

[그림 6-5] 4bit ALU의 전체 Block Diagram

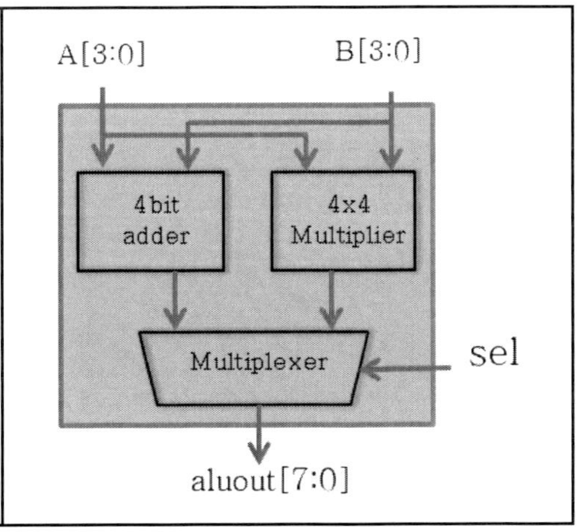

[그림 6-6] 4bit ALU의 내부 Block Diagram

4) 하위 모듈 불러오기

4bit Adder는 5장에서 설계한 Adder 사용(chap5_4bitadder_behavior.v), 4x4 Multiplier는 6장에서 설계한 Multiplier 사용(chap6_multiplier.v)

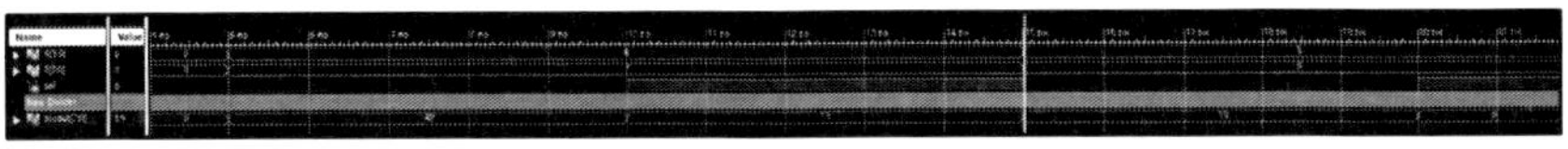

[그림 6-7] 4bit ALU 시뮬레이션 결과

위 그림 6-7에서와 같이 6과 7이 입력되고 sel이 0일 경우 multiplier가 실행되어 곱한 값 42가 출력되고, sel이 0일 경우 adder가 실행되어 출력은 13, 입력이 5와 3일 경우, sel이 0이면 15, sel이 1이면 8이 출력된다.

제7장

LED Controller Design in Verilog using FPGA

7.1 Introduction

이번 7장에서는 Verilog 코드로 FPGA 내부의 LED를 켜고 끄는 실습을 진행한다. FPGA를 시작하는 단계인 만큼 간단한 코드를 사용하여 정확히 이해하고 실습할 수 있도록 한다.

FPGA 내부의 LED 제어 관련 Block Diagram은 다음과 같다.

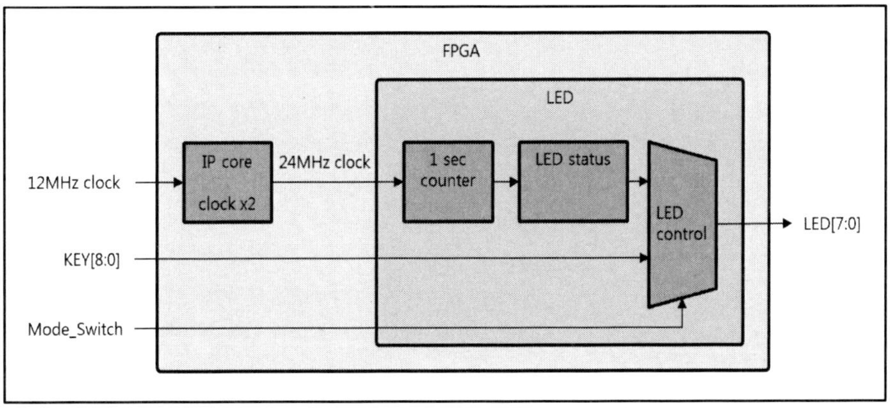

[그림 7-1] FPGA 내부 LED Block Diagram

외부로부터 FPGA에 입력되는 Clock은 12MHz이다. 하지만, LED 제어 모듈을 구동시키기 위한 Clock은 24MHz이기 때문에 ISE의 Core Generator에서 생성한 IP를 사용하여 외부의 12MHz의 Clock을 24MHz로 Clock Rate를 변경하여 LED 제어 모듈에 전달하도록 한다. LED 제어 모듈에서는 입력받은 Clock으로 Counter를 동작시켜 1초마다 LED를 제어한다. 또한, 그림 7-1에서 볼 수 있듯이 Mode_Switch를 사용하여 Mode를 변경하고 KEY [8:0] 입력을 통해 LED를 제어한다.

[그림 7-2] LED 제어를 위한 I/O Pin 구성

LED 제어를 위해 필요한 I/O는 다음과 같다. 우선 FPGA에 기본으로 입력되어야 할 RESET과 Clock이 있고, Mode를 선택한 수 있는 Mode_Switch와 LED제어에 필요한 KEY가 입력으로 쓰인다. 최종적으로 LED가 출력으로 사용된다.

1) RESET

NAME	Pin 번호
RESET	F10

LED를 RESET하기 위한 스위치로서 사용자가 LED를 리셋시키고자 할 때 스위치를 누른다. Verilog 코드 내에서는 RESET을 눌렀을 때, 1이 입력되고 눌리지 않았을 때 0이 입력된다.

2) Clock_12MHz

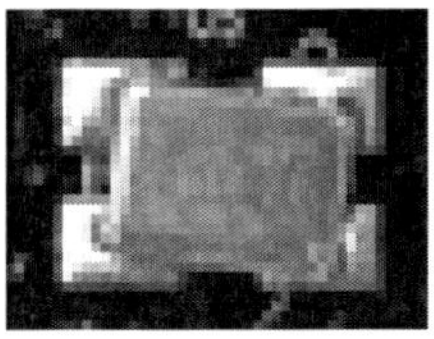

NAME	Pin 번호
Clock_12MHz의 Reset	T8

1.1에서 설명한 외부에서부터 12MHz Clock을 발생시키는 소자이다. 12MHz의 Clock이 출력되며 이를 PLL24X2라는 IP에 입력시켜 24MHz의 Clock으로 변환시킨다.

3) LED

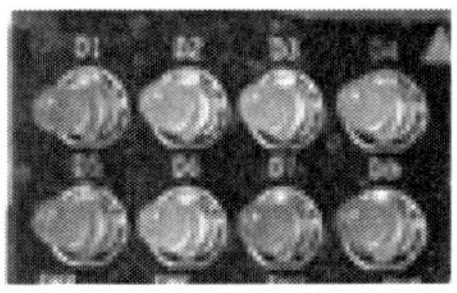

LED[7]	LED[6]	LED[5]	LED[4]
LED[3]	LED[2]	LED[1]	LED[0]

NAME	Pin 번호	NAME	Pin 번호
LED[0]	F7	LED[4]	D5
LED[1]	A6	LED[5]	A5
LED[2]	B6	LED[6]	B5
LED[3]	C5	LED[7]	A4

LED로서 KEY버튼을 눌렀을 때 해당하는 LED에 불이 들어온다. 혹은 사용자에 의해 KEY값을 누르지 않고 불이 들어오도록 할 수도 있다.

4) Mode_Switch

NAME	Pin 번호
Mode_Switch	R9

Mode_Switch 혹은 DIP 스위치로서 왼쪽의 스위치만 사용할 것이며, Verilog 내에서는 아래로 내렸을 때 1의 값을 갖고 올린 상태가 0이다.

5) KEY

KEY[0]	KEY[1]	KEY[2]
KEY[3]	KEY[4]	KEY[5]
KEY[6]	KEY[7]	KEY[8]

NAME	Pin 번호	NAME	Pin 번호
KEY[0]	F2	KEY[5]	H5
KEY[1]	F1	KEY[6]	H4
KEY[2]	K3	KEY[7]	H3
KEY[3]	J4	KEY[8]	L4
KEY[4]	J6		

LED를 제어할 수 있는 스위치 중의 하나로서 UCF내에서 각 Pin 번호를 LED에 연결하게 되면 스위치가 눌렸을 때 불이 들어온다. Verilog 내에서는 스위치가 눌렸을 때 KEY가 0이 되어야 하고, 눌리지 않았을 때, KEY값이 1이 되어야 한다.

7.2 Verilog implementation

1) 새로운 라이브러리 생성

chap7_verilog 라이브러리를 생성한다.

2) LED Controller Verilog 코드 생성

chap7_LED_ctrl.v라는 Verilog 모듈을 생성하고 그림 7-3을 참고하여 LED Controller Verilog 코드를 작성한다.

2) LED TOP Verilog 코드 생성

chap7_LED_top.v라는 Verilog 모듈을 생성한다. 이는 Top level Verilog Code이다. 그림 7-4를 참고하여 LED Top Verilog를 작성한다.(이 TOP Verilog 코드의 하위 모듈로는 chap7_LED_ctrl.v와 chap7_pin_config.ucf , PLL24X2.xco가 있다.)

3) LED TOP UCF 코드 생성

chap7_pin_config.ucf를 생성하고 그림 7-5를 참고하여 UCF 코드를 작성한다.

4) 부록에서 PLL24X2의 IP 코드를 참고하여 코드를 작성

PLL24X2.xco 파일을 받지 못한 경우 부록을 참고하여 PLL24X2 코드를 작성하도록 한다.

```verilog
`timescale 1ns / 1ps

// LED 제어 모듈 선언, 입/출력 pin 할당
module led_ctrl(
   input              RESET,
   input              CLK,
   input              Mode_Switch,
   input       [8:0]     KEY,
   output   wire  [7:0]     LED
);

// 내부 레지스터(reg) 선언
reg   [2:0]     status_led;
reg   [24:0]    cnt;
reg   [7:0]     regLED;

// 24MHz clock 기준으로 1초에 해당하는 카운터
always @ (posedge CLK or posedge RESET)
begin
   if (RESET)
      cnt <= 25'd0;
   else
      begin
         if (cnt < 25'd23999999)
                 cnt <= cnt + 25'd1;
         else
                 cnt <= 25'd0;
      end
end

// cnt가 23999999가되어, 1초가 되었을 때 1씩 증가하는 카운터
always @ (posedge CLK or posedge RESET)
begin
   if (RESET)
      status_led <= 3'd0;
   else
      begin
         if (cnt == 25'd23999999)
            status_led <= status_led + 3'd1;
      end
end

// led는 status_led 신호 값을 판단하여 동작
always @ (status_led)
begin
   case (status_led)
      3'd1      :  regLED   <= 8'b11111110;    //0일때 LED가 켜짐, 1은 꺼진 상태
      3'd2      :  regLED   <= 8'b11111101;
      3'd3      :  regLED   <= 8'b11111011;
      3'd4      :  regLED   <= 8'b11110111;
      3'd5      :  regLED   <= 8'b11101111;
      3'd6      :  regLED   <= 8'b11011111;
      3'd7      :  regLED   <= 8'b10111111;
      default   :  regLED   <= 8'b01111111;
   endcase
end

// LED 출력
assign LED = (!Mode_Switch) ? regLED : (KEY[8]) ? 8'h0 : (8'hff ^ KEY[7:0]);

endmodule
```

[그림 7-3] LED Controller Verilog 코드

```
`timescale 1ns / 1ps

// Top 모듈을 선언하고, 각 입/출력 pin 할당
module top(
    input               clock_12MHz,       // 12MHz
    input               RESET,          // active high

    input               Mode_Switch,

    input        [8:0]    KEY,

    output   wire   [7:0]     LED
);

// 내부 신호(wire)를 선언
wire  clock_24MHz;   // 24MHz
wire  PLL_locked; // active high

// PLL 모듈을 사용하여 12MHz clock을 24MHz로 변경
PLL24X2 PLL24X2(
    .RESET(RESET),
    .CLK_IN1(clock_12MHz),
    .CLK_OUT1(clock_24MHz)
);

// LED 제어 모듈을 불러온다.
led_ctrl led_ctrl(
    .RESET(SystemRESET_Reset),
    .CLK(clock_24MHz),
    .Mode_Switch(Mode_Switch),
    .KEY(KEY),
    .LED(LED)
);

endmodule
```

[그림 7-4] LED TOP Verilog 코드

```
############################################
### reset
############################################
NET "RESET" LOC = "F10";

############################################
### clk
############################################
NET "clock_12MHz" LOC = "T8";

############################################
### mode_switch
############################################
NET "Mode_Switch" LOC = "R9";

############################################
### KEY
############################################
NET "KEY[8]" LOC = "L4";
NET "KEY[7]" LOC = "H3";
NET "KEY[6]" LOC = "H4";
NET "KEY[5]" LOC = "H5";
NET "KEY[4]" LOC = "J6";
NET "KEY[3]" LOC = "J4";
NET "KEY[2]" LOC = "K3";
NET "KEY[1]" LOC = "F1";
NET "KEY[0]" LOC = "F2";

############################################
### LED
############################################
NET "LED[7]" LOC = "A4";
NET "LED[6]" LOC = "B5";
NET "LED[5]" LOC = "A5";
NET "LED[4]" LOC = "D5";
NET "LED[3]" LOC = "C5";
NET "LED[2]" LOC = "B6";
NET "LED[1]" LOC = "A6";
NET "LED[0]" LOC = "F7";

############################################
### timing constraint
############################################
NET "clock_12MHz" TNM_NET = "clock_12MHz";
TIMESPEC "TS_clock_12MHz" = PERIOD "clock_12MHz" 83333.333 ps HIGH 50 %;

NET "clock_24MHz" TNM_NET = "clock_24MHz";
TIMESPEC "TS_clock_24MHz" = PERIOD "clock_24MHz" 41666.666 ps HIGH 50 %;
```

[그림 7-5] LED TOP UCF 코드

7.3 Verilog Behavioral Simulation

```
`timescale 1ns / 1ps
//////////////////////////////////////////////////////////////////////////////////
// Company:
// Engineer:
//
// Create Date:    11:08:41 07/29/2015
// Design Name:
// Module Name:    TB_chapter_4_LED
// Project Name:
// Target Devices:
// Tool versions:
// Description:
//
// Dependencies:
//
// Revision:
// Revision 0.01 - File Created
// Additional Comments:
//
//////////////////////////////////////////////////////////////////////////////////
module TB_chapter_4_LED(
    );
    reg clock_12MHz;      // 12MHz
    reg RESET;          // active high일 때 동작, 시뮬레이션 시에는 100ns정도 후에 0으로 해줘야 함
    reg Mode_Switch;  // DIP switch signal
    reg [8:0] KEY;     // 9개 스위치 버튼 신호
    wire [7:0] LED;    // 출력 값

    top TB_top( .clock_12MHz(clock_12MHz), .RESET(RESET), .Mode_Switch(Mode_Switch), .KEY(KEY), .LED(LED));

    initial begin
    RESET = 0; Mode_Switch = 0; KEY = 0; clock_12MHz = 0;
    #100 RESET = 1;   //RESET high
    #100 RESET = 0;   //100ns 후 RESET low
    #260 KEY = 9'b000000001;   //KEY 값 입력
    #16 KEY = 9'b000000010;
    #16 KEY = 9'b000000100;
    #16 KEY = 9'b000001000;
    #16 KEY = 9'b000010000;
    #16 KEY = 9'b000100000;
    #16 KEY = 9'b001000000;
    #16 KEY = 9'b010000000;
    #16 KEY = 9'b100000000;

    #16 Mode_Switch = 1;       //DIP 스위치 상태 변경
    #16 KEY = 8'b0100000;

    end


    always #8.333 clock_12MHz = ~clock_12MHz;

endmodule
```

[그림 7-6] LED Test Bench 코드

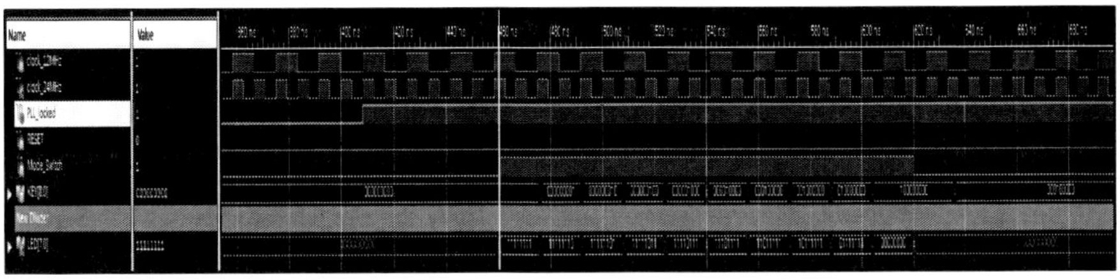

[그림 7-7] LED 시뮬레이션 결과

7.4 FPGA Program

1) Xilinx의 ISE program 중 [Project Navigator]를 실행하고, [New Project...] 버튼을 눌러 새로운 프로젝트를 생성한다.

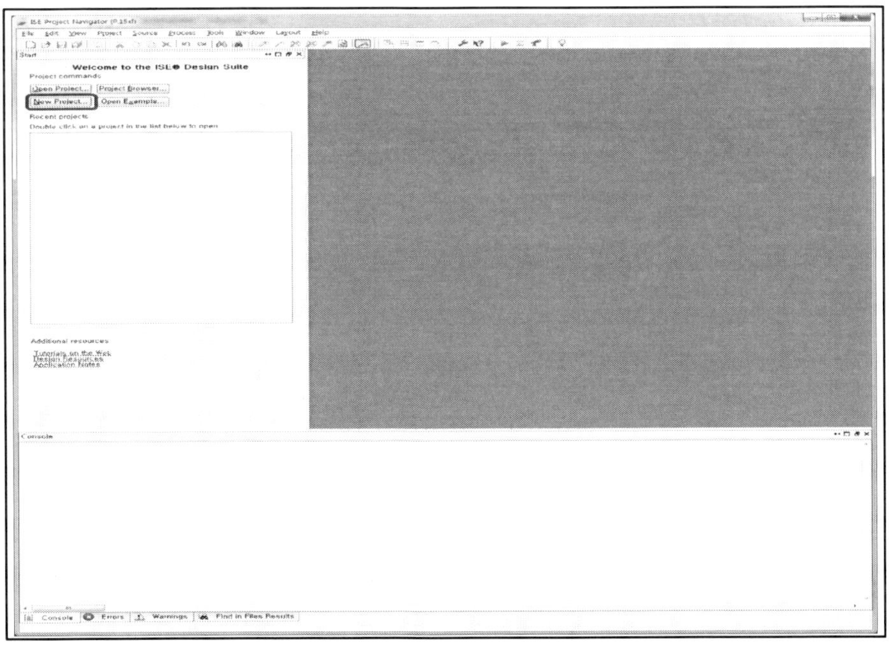

2) Location에 프로젝트를 생성할 폴더를 선택한다. Name에 생성할 프로젝트의 이름을 입력한다. Next 버튼을 눌러 다음으로 진행한다.

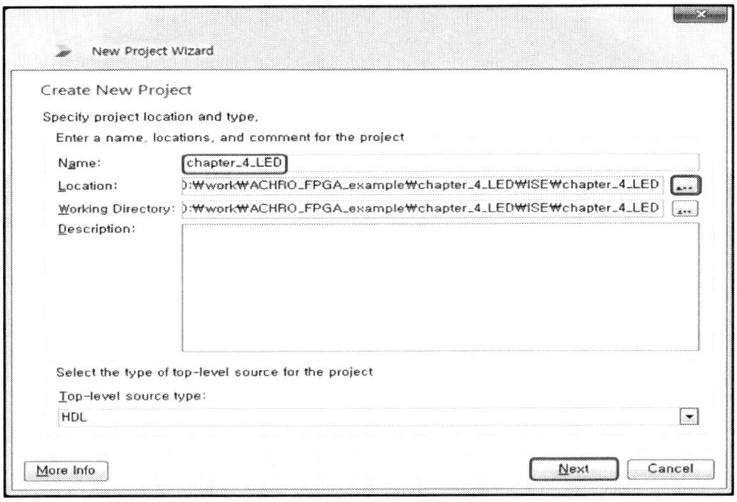

3) 해당하는 Device를 선택한 후, Next 버튼을 눌러 다음으로 진행한다.

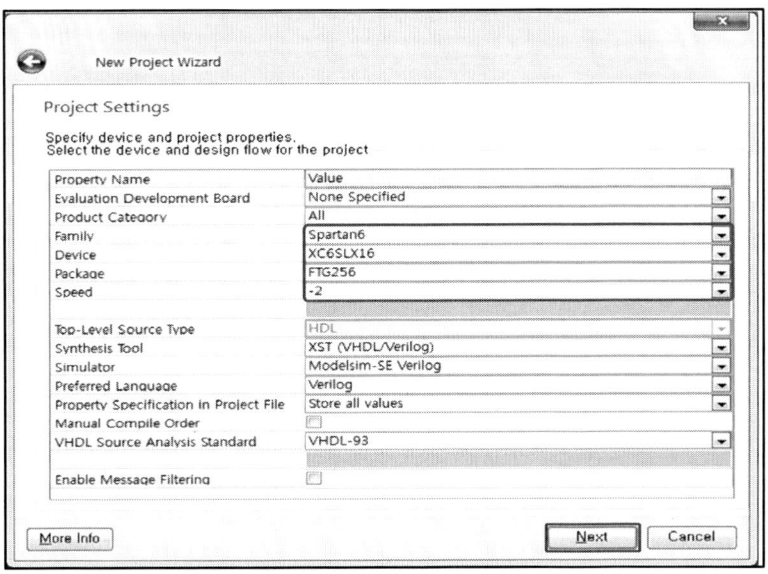

3) Finish 버튼을 눌러 프로젝트를 생성한다.

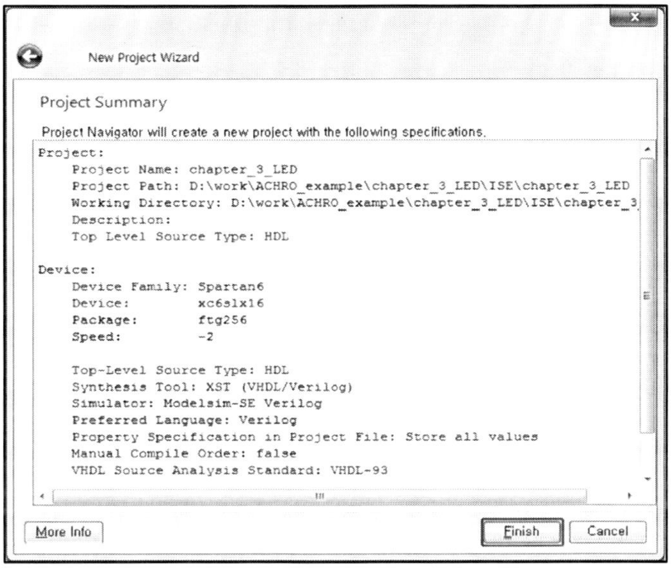

4) 메뉴 바에서 [Project -> Add Source...]을 선택하여 작성한 Source Code를 추가한다.

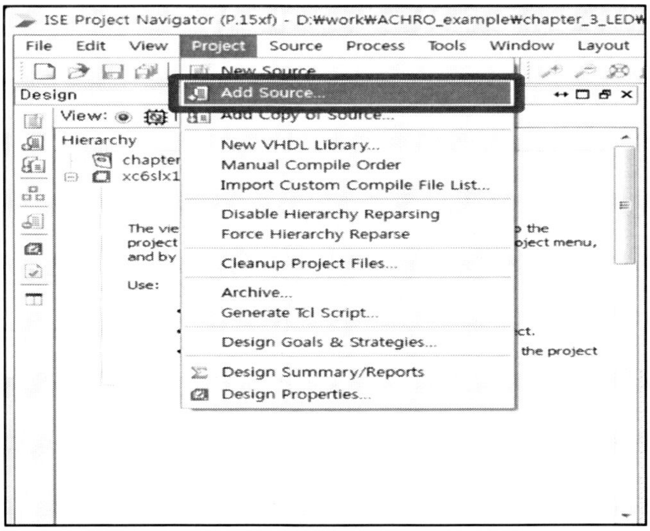

추가해야 할 File은 다음과 같다.

ACHRO_FPGA_example\chapter_4_LED\source_code\top.v

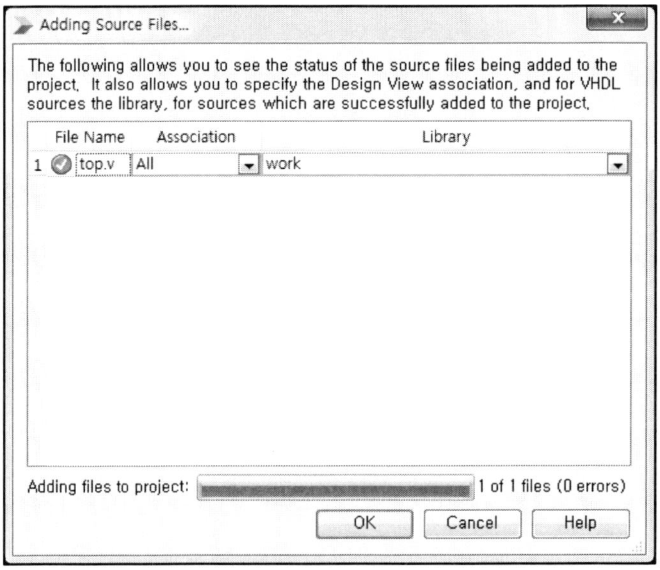

ACHRO_FPGA_example\chapter_4_LED\source_code\IP_core\PLL24X2.xco

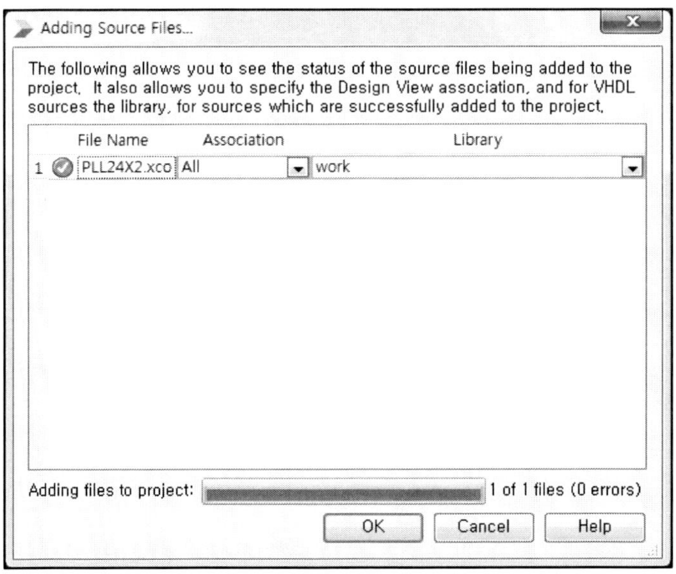

ACHRO_FPGA_example\chapter_4_LED\source_code\LED\led_ctrl.v

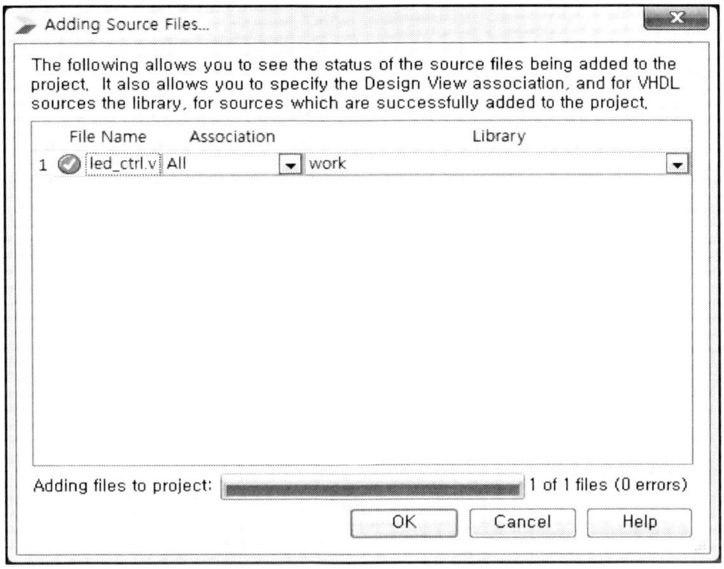

ACHRO_FPGA_example\chapter_4_LED\ucf\top.ucf

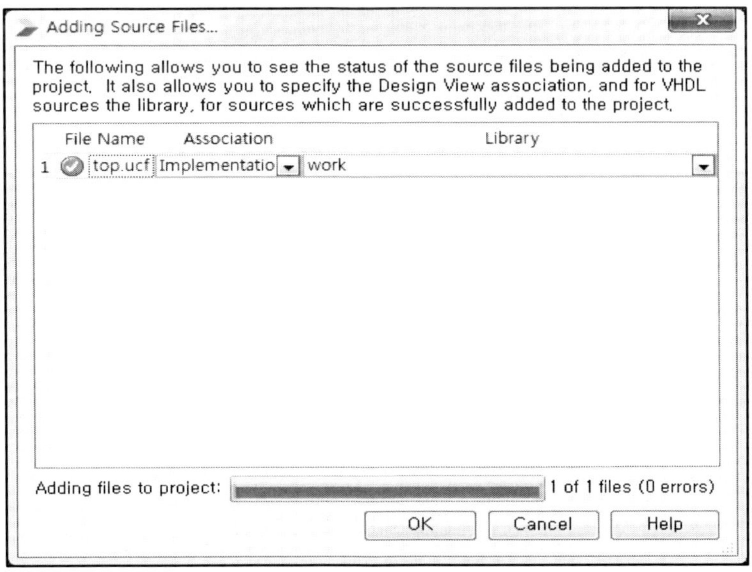

5) [Generate Programming File]을 더블 클릭하여, 합성을 진행한다.

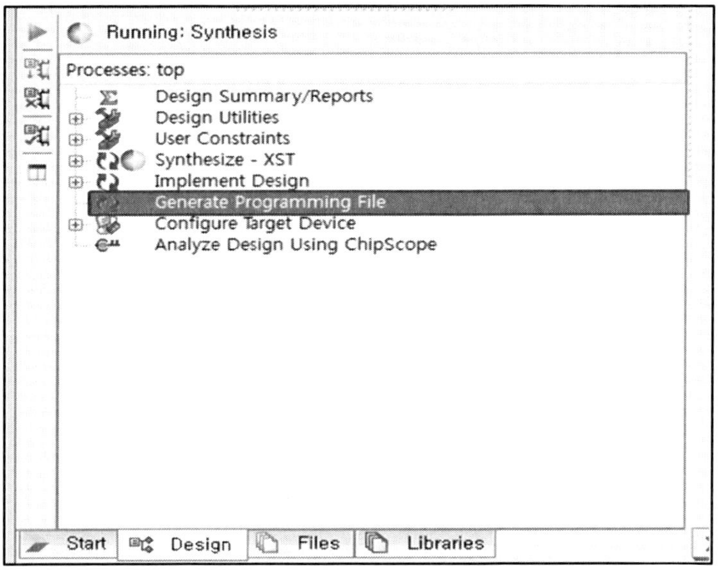

6) 별다른 문제가 없다면 다음과 같이 Programming file이 생성될 것이다.

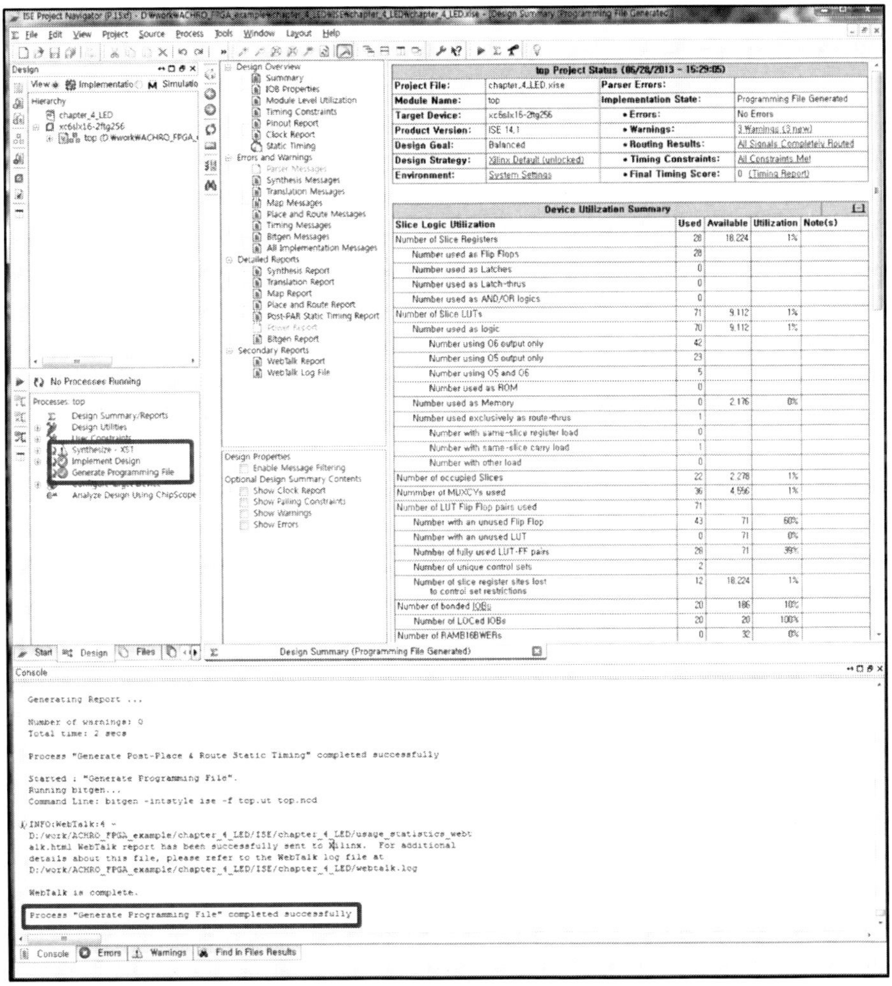

7) 생성된 Bit 파일을 FPGA에 다운로드 하기 위해 ISE Program 중 iMPACT를 실행한다. 새로운 프로젝트를 생성하기 위해 [create a new project]를 선택하고, [Browse...] 버튼을 눌러 새로 생성할 프로젝트의 폴더와 이름을 입력한다.

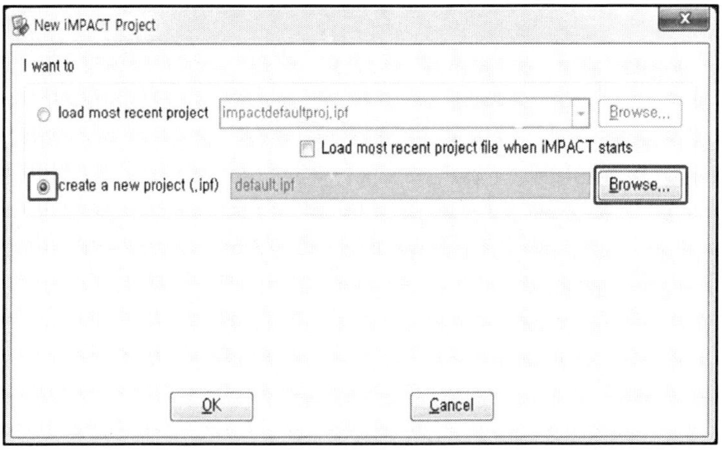

8) OK 버튼을 눌러 JTAG으로 연결된 디바이스를 자동으로 감지한다.

단, 이때 FPGA 보드에 Xilinx USB Platform Cable이 연결되어 있어야 하고, 보드의 전원 또한 On 상태이여야 한다.

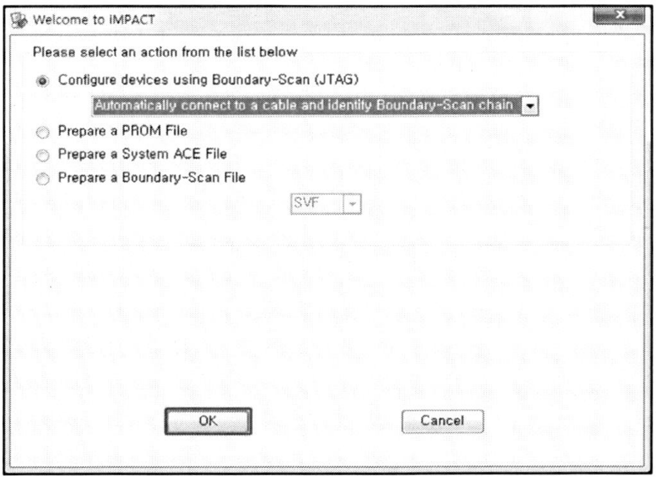

9) 다운로드할 Bit 파일을 선택하고, OPEN 버튼을 누른다.

* Bit 파일은 ISE의 Project Navigator에서 생성한 프로젝트 폴더에 있다.

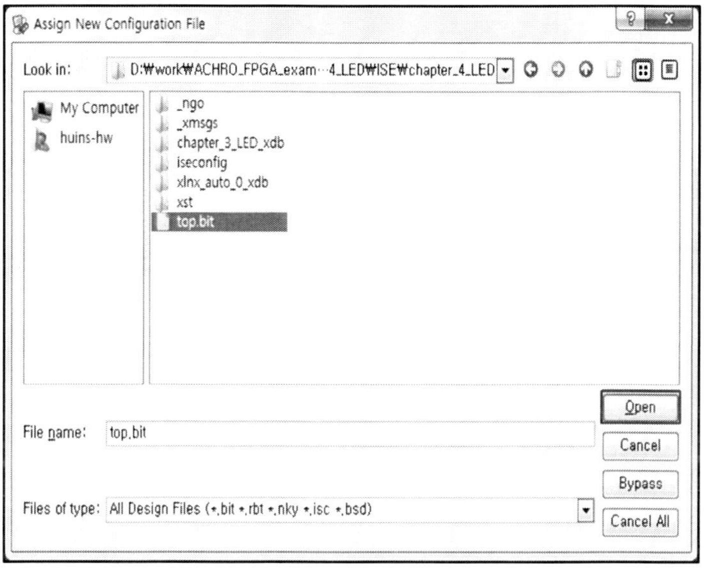

10) 이번 Test에서는 PROM을 사용하지 않으므로, No를 선택하여 다음으로 진행한다.

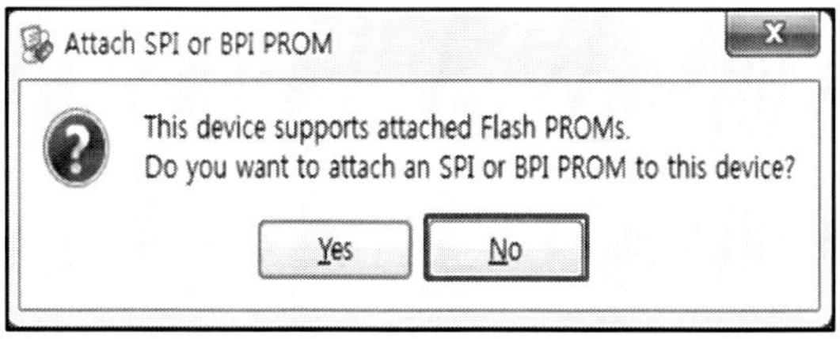

11) 모든 준비가 끝났으므로, OK 버튼을 누른다.

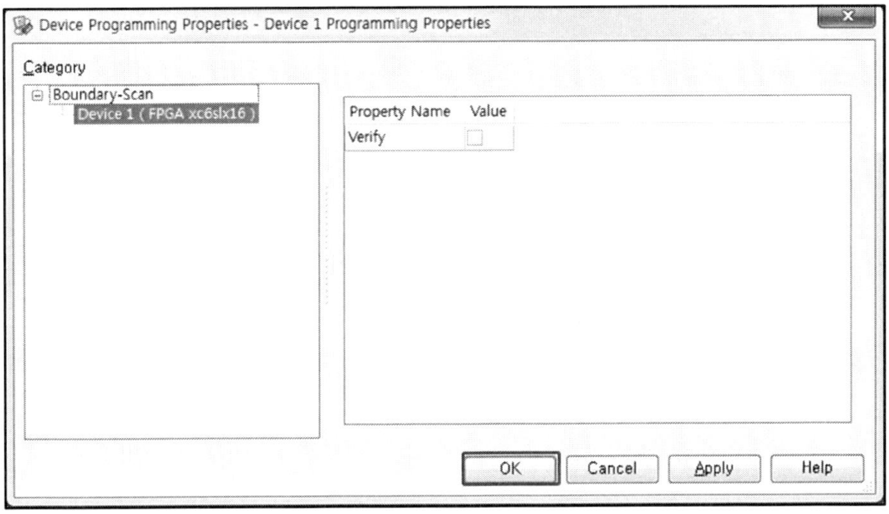

12) iMPACT 왼쪽의 iMPACT Processes 메뉴에서 Program을 더블 클릭하여 이미지를 다운로드한다.

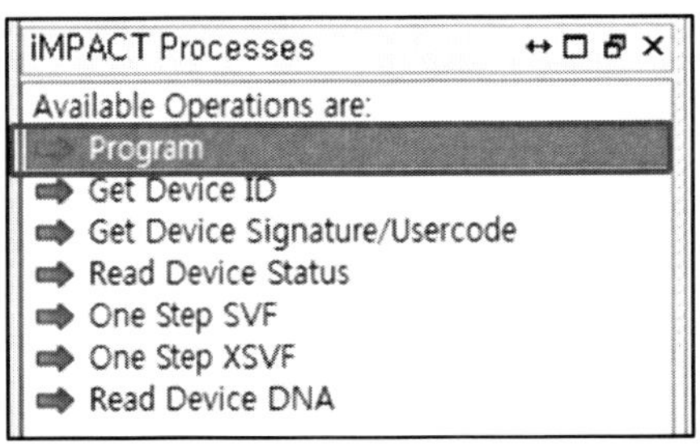

13) 모든 다운로드가 끝나면 [Program Succeeded]가 출력된다.

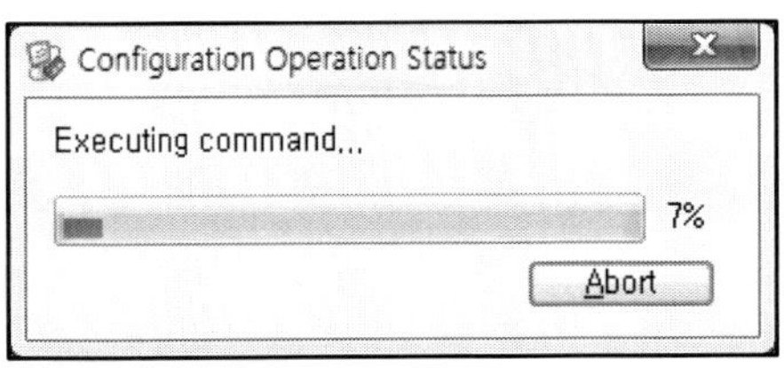

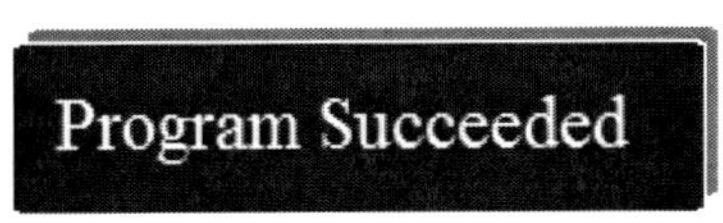

14) 모든 과정이 정상적으로 끝났다면, ACHRO-FPGA 보드의 KEY 버튼은 누르면 해당 LED가 On 될 것이다. 또한, Mode_Switch를 변경하면, 매 1초마다 LED가 순차적으로 점등되는 것을 볼 수 있다.

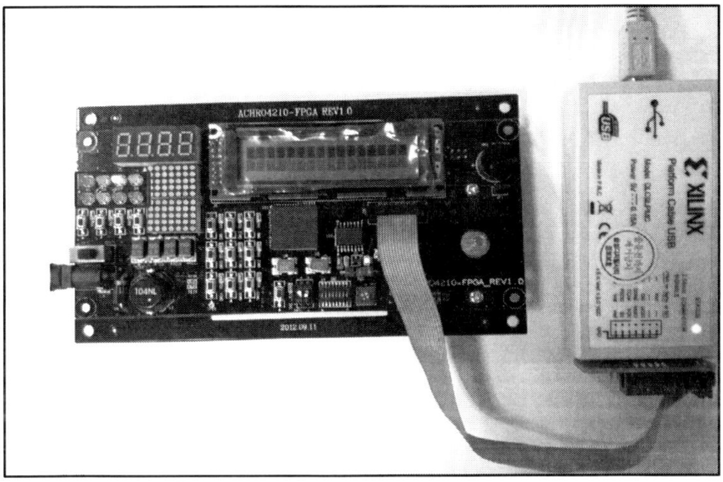

7.5 LED Test 결과

1) Mode_Switch = 0 일 때 :

Mode_Switch가 0일 때에는 누른 KEY값에 해당되는 LED가 켜지게 되며 KEY[8](Switch15)번이 선택되면 모든 LED가 켜지게 된다.

2) Mode_Switch = 1 일 때 :

Mode_Switch가 1일 때에는 KEY값에 상관없이 LED가 순서대로 켜지게 된다.

7.6 Howe Work

1) Mode_Switch = 0 일 때 :

상기 실습과 같이 누른 KEY값에 해당되는 LED가 켜지게 되며 KEY[8] (Switch15)번이 선택되면 모든 LED가 켜지게 한다.

2) Mode_Switch = 1 일 때 : 상기 실습내용을 아래와 같이 수정하시오:

[1] RESET이 눌리고 KEY값이 선택되기 전까지 기본 세팅으로는 1.4의 2)의 동작을 계속 반복한다.

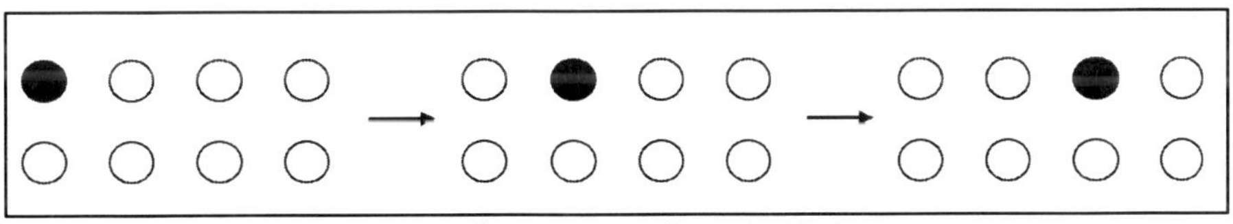

[그림 7-8] [1]의 동작 설명

[2] KEY [0]가 눌리면 LED가 한 개씩 차오른다.(스위치 선택된 후 다음 스위치 선택 전까지 계속 반복)

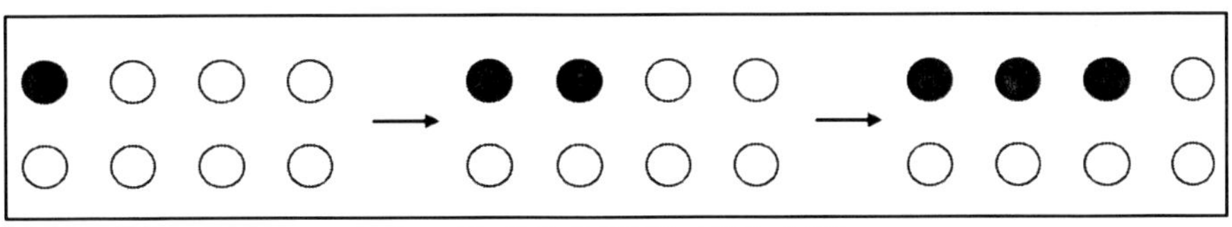

[그림 7-9] [2]의 동작 설명

[3] KEY [1]이 눌리면 LED가 2개씩 차오른다.(스위치 선택된 후 다음 스위치 선택 전까지 계속 반복)

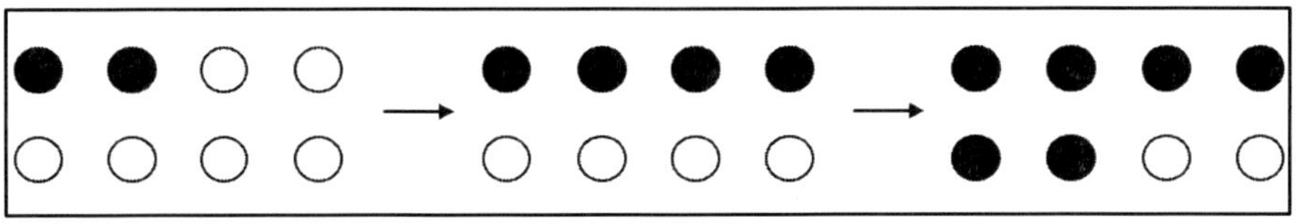

[그림 7-10] [3]의 동작 설명

[4] KEY [2]가 눌리면 LED가 4개씩 차오른다.(스위치 선택된 후 다음 스위치 선택 전까지 계속 반복)

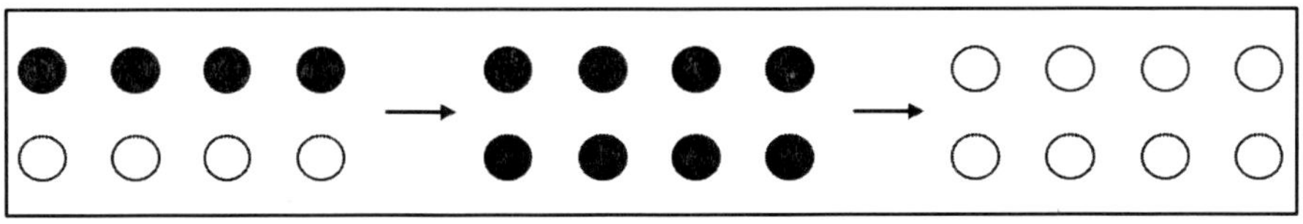

[그림 7-11] [4]의 동작 설명

[5] KEY [3]이 눌리면 LED의 4개는 켜지고 4개는 꺼짐을 반복한다.(스위치 선택된 후 다음 스위치 선택 전까지 계속 반복)

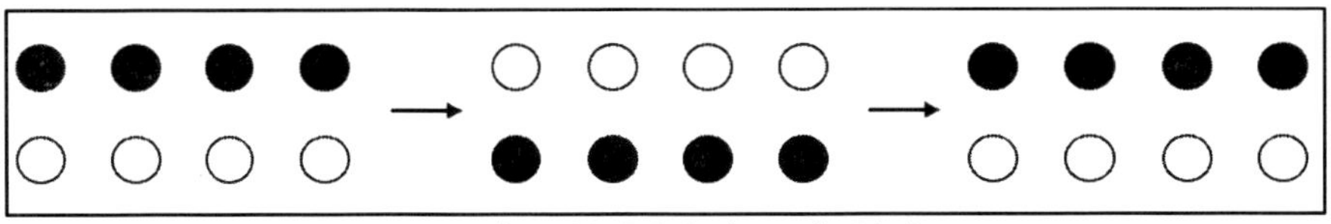

[그림 7-12] [5]의 동작 설명

제8장

FND Timer Design Using FPGA

8.1 Introduction

본 실습에서는 FND(7-Segment)를 사용하여 1초마다 숫자가 1씩 증가하는 Timer를 FPGA를 사용하여, Segment의 동작원리 및 사용방법, 그리고 실제 Verilog code를 작성하여 이를 응용하여 설계하는 방법을 실습 및 과정을 설명할 것이다.

8.2 Verilog implementation

■ FND(Flexible Numeric Display)

먼저 Verilog code 작성하기 전에 FND에 대하여 설명한다. FND(Flexible Numeric Display)는 LED를 사용하여 숫자를 표시하는 디스플레이로 7-Segment 라고 불린다. 7-Segment는 A부터 G 그리고 DP를 포함하여 총 8개의 LED로 구성되어 있다. 이러한 7-Segment는 0~9, A~F 의 숫자와 문자를 표현할 수 있으며, 16개의 문자를 표현이 가능하므로 BCD 또는 16 진수 표현에 많이 이용된다. 7-Segment는 종류가 2가지가 있는데 Anode형과 Cathod형이 있으며, 본 실습에서 사용할 Segment는 Anode형이다. 아래 그림과 같이 Anode형의 경우, 입력이 0일 때 LED가 On된다. 그리고 오른쪽 표에 0~9, Dot을 디스플레이하기 위한 Data 설정 값이다.

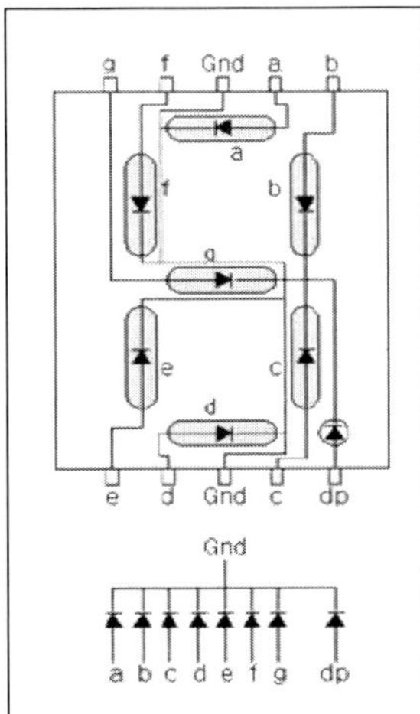

숫자	a	b	c	d	e	f	g	DP
0	0	0	0	0	0	0	1	1
1	1	0	0	1	1	1	1	1
2	0	0	1	0	0	1	0	1
3	0	0	0	0	1	1	0	1
4	1	0	0	1	1	0	0	1
5	0	1	0	0	1	0	0	1
6	0	1	0	0	0	0	0	1
7	0	0	0	1	1	0	0	1
8	0	0	0	0	0	0	0	1
9	0	0	0	0	1	0	0	1
dot	0	1	1	1	1	1	1	0

■ 4 digit 7-Segment의 동작

FPGA는 4 digit 7-Segment를 사용한다. 이 FND의 경우 숫자를 디스플레이하기 위해서는 아래 그림과 같이 순서1 → 순서2 → 순서3 → 순서4 → 순서1의 순으로 LED가 켜지게 되고, 이 순서대로 빠르게 반복되면 잔상에 의해 한 번에 숫자들이 디스플레이 되는 것처럼 보이게 된다.

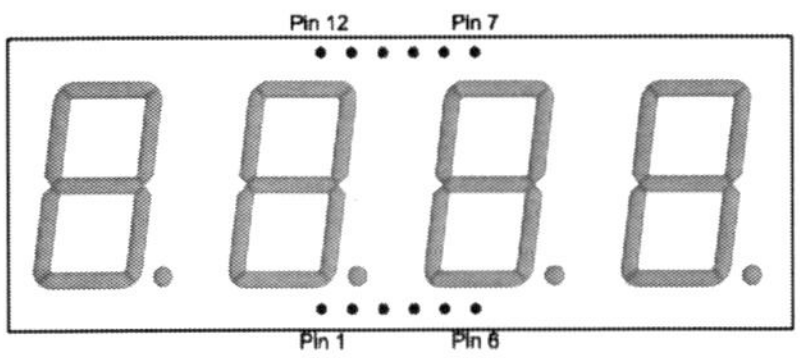

순서	숫자	DATA 설정 값								COM 설정 값			
		A	B	C	D	E	F	G	DP	DIG 1	DIG 2	DIG 3	DIG 4
1	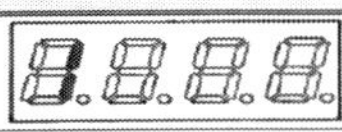	1	0	0	1	1	1	1	1	1	0	0	0
2	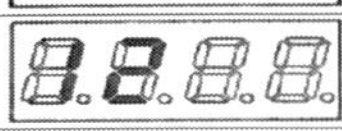	0	0	1	0	0	1	0	1	0	1	0	0
3		0	0	0	0	1	1	0	1	0	0	1	0
4	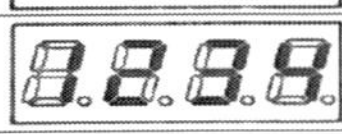	1	0	0	1	1	0	0	1	0	0	0	1

■ 7-Segment의 I/O PIN

이름	Pin 번호	이름	Pin 번호
FND_DATA[0]	C9	FND_DATA[6]	C7
FND_DATA[1]	A8	FND_DATA[7]	E6
FND_DATA[2]	B8	FND_COM[0]	E7
FND_DATA[3]	C6	FND_COM[1]	A10
FND_DATA[4]	D6	FND_COM[2]	B10
FND_DATA[5]	A7	FND_COM[3]	A9

■ Verilog Source code

실습하기에 앞서 아래 Verilog 및 UCF 파일을 typing하여 작성한다.

1) chap8_FND_top.v

```
`timescale 1ns / 1ps

// Top 모듈을 선언하고, 각 입/출력 pin 할당
module top(
    input                   clock_12MHz,        // 12MHz
    input                   RESET,          // active high

    output  wire    [3:0]       FND_COM,
    output  wire    [7:0]       FND_DATA
);

// 내부 신호(wire)를 선언
wire    clock_24MHz;    // 24MHz
wire    PLL_locked; // active high

// PLL 모듈을 사용하여 12MHz clock을 24MHz로 변경
PLL24X2 PLL24X2(
    .RESET(RESET),
    .CLK_IN1(clock_12MHz),
    .CLK_OUT1(clock_24MHz)
);

// 7-Segment 구현 모듈을 불러온다.
segment segment(
    .RESET(RESET),
    .CLK(clock_24MHz),
    .FND_COM(FND_COM),
    .FND_DATA(FND_DATA)
);

endmodule
```

2) chap8_bin2seg.v

```
`timescale 1ns / 1ps

// bin2seg 모듈을 선언하고, 각 입/출력 pin 할당
module bin2seg(
    input           [3:0]       bin_data,   //입력 값 -> 입력 숫자
    output  wire    [7:0]       seg_data    //출력 값 -> 7 세그먼트 표시
);

// 입력된 데이터를 7-segment에 맞게 변환
assign  seg_data =      (bin_data==0)?8'b00000011:   //숫자 0
                        (bin_data==1)?8'b10011111:   //숫자 1
                        (bin_data==2)?8'b00100101:   //숫자 2
                        (bin_data==3)?8'b00001101:   //숫자 3
                        (bin_data==4)?8'b10011001:   //숫자 4
                        (bin_data==5)?8'b01001001:   //숫자 5
                        (bin_data==6)?8'b01000001:   //숫자 6
                        (bin_data==7)?8'b00011011:   //숫자 7
                        (bin_data==8)?8'b00000001:   //숫자 8
                        8'b00001001;                 //숫자 9


endmodule
```

3) chap8_segment.v

```
`timescale 1ns / 1ps

//7-segment 모듈을 선언하고, 각 입/출력 pin 할당
module segment(
    input                   CLK,
    input                   RESET,
    output  reg [3:0]       FND_COM,
    output  reg [7:0]       FND_DATA
);

// 내부 신호 선언
reg [31:0]  cnt_time0;
reg [15:0]  cnt64k;
reg [1:0]       cnt4;

reg [3:0]       regseg0;
reg [3:0]       regseg1;
reg [3:0]       regseg2;
reg [3:0]       regseg3;

wire    [7:0]       seg0;
wire    [7:0]       seg1;
wire    [7:0]       seg2;
wire    [7:0]       seg3;

// 24MHz clock 기준으로 1초를 세는 카운터
always @ (posedge RESET or posedge CLK)
begin
    if(RESET)
        cnt_time0 <= 22'd0;
    else
        begin
            if (cnt_time0 < 32'd23999999)   //24MHz 이므로, 23999999번 count하면 1초이
                cnt_time0 <= cnt_time0 + 22'd1;
            else
                cnt_time0 <= 22'd0;
        end
end

// 7-segment의 표시를 위한 카운터
always @ (posedge RESET or posedge CLK)
begin
    if (RESET)
        cnt64k <= 16'd0;
    else
        begin
            if (cnt64k < 16'hffff)
                cnt64k <= cnt64k + 16'd1;
            else
                cnt64k <= 16'd0;
        end
end

// 4개의 7-segment중에 하나를 선택하기 위한 카운터
always @ (posedge RESET or posedge CLK)
begin
    if (RESET)
        cnt4 <= 2'b00;
    else
        begin
            if (cnt64k == 16'hffff)
                begin
                    if (cnt4 < 2'b11)
                        cnt4 <= cnt4 + 2'b01;
                    else
                        cnt4 <= 2'b00;
                end
        end
end
```

```
// 1초 단위의 counter를 통해 7-segment에 출력할 데이터 계산
always @ (posedge RESET or posedge CLK)
begin
    if(RESET)
        //초기화, 초기값 0000
        begin
            regseg0 <= 4'd0;
            regseg1 <= 4'd0;
            regseg2 <= 4'd0;
            regseg3 <= 4'd0;
        end
    else
        begin
            //일 단위 : 가장 왼쪽 7-Segment
            if (cnt_time0 == 32'd23999999)
                begin
                    if (regseg3 < 9)
                        regseg3 <= regseg3 + 4'd1;
                    else
                        regseg3 <= 4'd0;
                end
            //십 단위 : 두번째 7-Segment
            if ((cnt_time0 == 32'd23999999) && (regseg3 == 9))
                begin
                    if (regseg2 < 9)
                        regseg2 <= regseg2 + 4'd1;
                    else
                        regseg2 <= 4'd0;
                end
            //백 단위 : 세번째 7-Segment
            if ((cnt_time0 == 32'd23999999) && (regseg2 == 9) && (regseg3 == 9))
                begin
                    if (regseg1 < 9)
                        regseg1 <= regseg1 + 4'd1;
                    else
                        regseg1 <= 4'd0;
                end
            //천 단위 : 가장 오른쪽 7-Segment
            if ((cnt_time0 == 32'd23999999) && (regseg1 == 9) && (regseg2 == 9) && (regseg3 == 9))
                begin
                    if (regseg0 < 9)
                        regseg0 <= regseg0 + 4'd1;
                    else
                        regseg0 <= 4'd0;
                end
        end
end

// 카운터에 따라 4개의 7-segment중에서 왼쪽에서 오른쪽으로 하나씩 선택 (순서 반복)
always @ (cnt4)
begin
    case (cnt4)
        2'b00       :   FND_COM <= 4'b1000;
        2'b01       :   FND_COM <= 4'b0100;
        2'b10       :   FND_COM <= 4'b0010;
        default :   FND_COM <= 4'b0001;
    endcase
end

// 7-segment에 숫자를 출력하는 모듈 불러오기
bin2seg u0 (.bin_data(regseg0), .seg_data(seg0)); // 가장 왼쪽 7-Segment
bin2seg u1 (.bin_data(regseg1), .seg_data(seg1)); // 두번째 7-Segment
bin2seg u2 (.bin_data(regseg2), .seg_data(seg2)); // 세번째 7-Segment
bin2seg u3 (.bin_data(regseg3), .seg_data(seg3)); // 가장 오른쪽 7-Segment

// 7-segment 출력
always @ (FND_COM or seg0 or seg1 or seg2 or seg3)
begin
    case (FND_COM)
        4'b1000 :   FND_DATA    <=  seg0; // 가장 왼쪽 7-Segment   (순서1)
        4'b0100 :   FND_DATA    <=  seg1; // 두번째 7-Segment      (순서2)
        4'b0010 :   FND_DATA    <=  seg2; // 세번째 7-Segment      (순서3)
        default :   FND_DATA    <=  seg3; // 가장 오른쪽 7-Segment  (순서4)
    endcase
end

endmodule
```

4) chap8_pin_config.ucf

```
#############################################
### reset
#############################################
NET "RESET" LOC = "F10";

#############################################
### clk
#############################################
NET "clock_12MHz" LOC = "T8";

#############################################
### FND_COM
#############################################
NET "FND_COM[3]" LOC = "A9";
NET "FND_COM[2]" LOC = "B10";
NET "FND_COM[1]" LOC = "A10";
NET "FND_COM[0]" LOC = "E7";

#############################################
### FND_DATA
#############################################
NET "FND_DATA[7]" LOC = "E6";
NET "FND_DATA[6]" LOC = "C7";
NET "FND_DATA[5]" LOC = "A7";
NET "FND_DATA[4]" LOC = "D6";
NET "FND_DATA[3]" LOC = "C6";
NET "FND_DATA[2]" LOC = "B8";
NET "FND_DATA[1]" LOC = "A8";
NET "FND_DATA[0]" LOC = "C9";

#############################################
### timing constraint
#############################################
NET "clock_12MHz" TNM_NET = "clock_12MHz";
TIMESPEC "TS_clock_12MHz" = PERIOD "clock_12MHz" 83333.333 ps HIGH 50 %;

NET "clock_24MHz" TNM_NET = "clock_24MHz";
TIMESPEC "TS_clock_24MHz" = PERIOD "clock_24MHz" 41666.666 ps HIGH 50 %;
```

5) PLL24X2.xco(*부록 참조)

8.3 Verilog Behavioral Simulation

위의 Verilog code의 동작을 확인하기 위해 앞서 Test bench code를 통하여 먼저 동작을 확인해 본다. Test bench code는 아래와 같다.

■ chap8_testbench.v

```
`timescale 1ns / 1ps

module tb_top;

    reg             clock_12MHz;        // 12MHz
    reg             RESET;              // active high

    wire    [3:0]       FND_COM;
    wire    [7:0]       FND_DATA;

    always #8 clock_12MHz = ~clock_12MHz;

    initial begin

    clock_12MHz = 0;
    RESET = 0;

    #20
    RESET = 1;

    #100
    RESET = 0;

    end

top top(
    .clock_12MHz,       // 12MHz
    .RESET,         // active high
    .FND_COM,
    .FND_DATA
);

endmodule
```

기존 코드로 Simulation을 하면 결과를 보기위해서 많은 시간이 필요하므로 아래의 Verilog 코드를 수정하여 Simulation 한다.

■ chap8_segment.v(Testbench 용도)

Simulation 결과를 보기위하여 **32‘d23999999** ⇒ **32’d2399, 16‘hffff** ⇒ **16’hf** 로 수정한다.

※ Simulation 이후, FPGA서 실행하려면
32’d2399 ⇒ **32‘d23999999, 16‘hf** ⇒ **16’hffff** 로 다시 수정한다.

```
// 24MHz clock 기준으로 1초를 세는 카운터
always @ (posedge RESET or posedge CLK)
begin
    if(RESET)
        cnt_time0 <= 22'd0;
    else
        begin
            if (cnt_time0 < 32'd2399)   //24MHz 이므로, 23999999번 count하면 1초 | testbench 에서는 32'd2399, 실제 FPGA에 올릴시에 32'd23
                cnt_time0 <= cnt_time0 + 22'd1;
            else
                cnt_time0 <= 22'd0;
        end
end
```

```
// 7-segment의 표시를 위한 카운터
always @ (posedge RESET or posedge CLK)
begin
    if (RESET)
        cnt64k <= 16'd0;
    else
        begin
            if (cnt64k < 16'hf)  //testbench 에서는 16'hf | 실제 FPGA에 올릴시에는 16'hffff
                cnt64k <= cnt64k + 16'd1;
            else
                cnt64k <= 16'd0;
        end
end

// 4개의 7-segment중에 하나를 선택하기 위한 카운터
always @ (posedge RESET or posedge CLK)
begin
    if (RESET)
        cnt4 <= 2'b00;
    else
        begin
            if (cnt64k == 16'hf) //testbench 에서는 16'hf | 실제 FPGA에 올릴시에는 16'hffff
                begin
                    if (cnt4 < 2'b11)
                        cnt4 <= cnt4 + 2'b01;
                    else
                        cnt4 <= 2'b00;
                end
        end
end
```

```verilog
// 1초 단위의 counter를 통해 7-segment에 출력할 데이터 계산
always @ (posedge RESET or posedge CLK)
begin
    if(RESET)
        //초기화, 초기값 0000
        begin
            regseg0 <= 4'd0;
            regseg1 <= 4'd0;
            regseg2 <= 4'd0;
            regseg3 <= 4'd0;
        end
    else
        begin
            //일 단위 : 가장 왼쪽 7-Segment
            if (cnt_time0 == 32'd2399)   //testench : 32'd2399 으로, 실게 FPGA에 올릴시에 32'd23999999
                begin
                    if (regseg3 < 9)
                        regseg3 <= regseg3 + 4'd1;
                    else
                        regseg3 <= 4'd0;
                end
            //십 단위 : 두번째 7-Segment
            if ((cnt_time0 == 32'd2399) && (regseg3 == 9))  //testench : 32'd2399 으로, 실제 FPGA에 올릴시에 32'd23999999
                begin
                    if (regseg2 < 9)
                        regseg2 <= regseg2 + 4'd1;
                    else
                        regseg2 <= 4'd0;
                end
            //백 단위 : 세번째 7-Segment
            if ((cnt_time0 == 32'd2399) && (regseg2 == 9) && (regseg3 == 9)) //testench : 32'd2399 으로, 실게 FPGA에 올릴시에 32'd23999999
                begin
                    if (regseg1 < 9)
                        regseg1 <= regseg1 + 4'd1;
                    else
                        regseg1 <= 4'd0;
                end
            //천 단위 : 가장 오른쪽 7-Segment
            if ((cnt_time0 == 32'd2399) && (regseg1 == 9) && (regseg2 == 9) && (regseg3 == 9))  //testench : 32'd2399 으로, 실제 FPGA에 올릴시에 32'd23999999
                begin
                    if (regseg0 < 9)
                        regseg0 <= regseg0 + 4'd1;
                    else
                        regseg0 <= 4'd0;
                end
        end
end
```

■ Simulation 결과

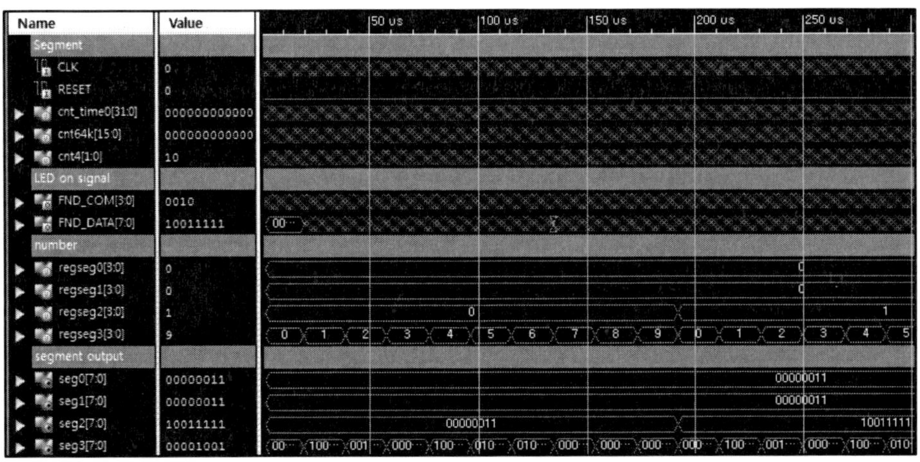

아래 파형 결과를 보면 숫자에 따라 LED로 display하기 위한 Data가 출력되고 있음을 알 수 있다.

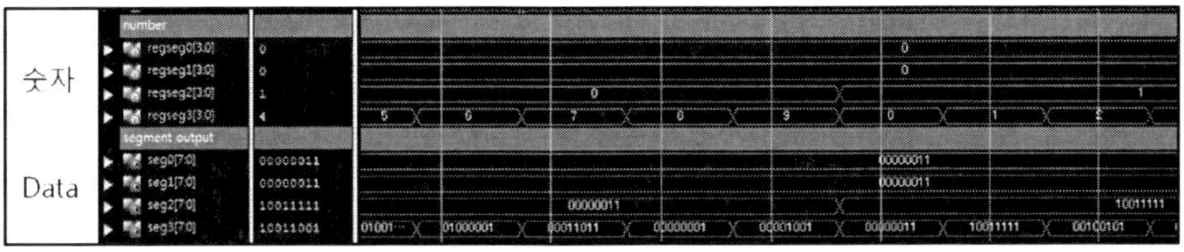

아래 그림에서와 같이, Segment로 숫자를 표시하기 위하여 순서가 계속 바뀌면서 반복되며(1000 → 0100 → 0010 → 0001 → 1000), 순서에 따라 해당하는 숫자의 데이터가 출력됨을 확인할 수 있다.

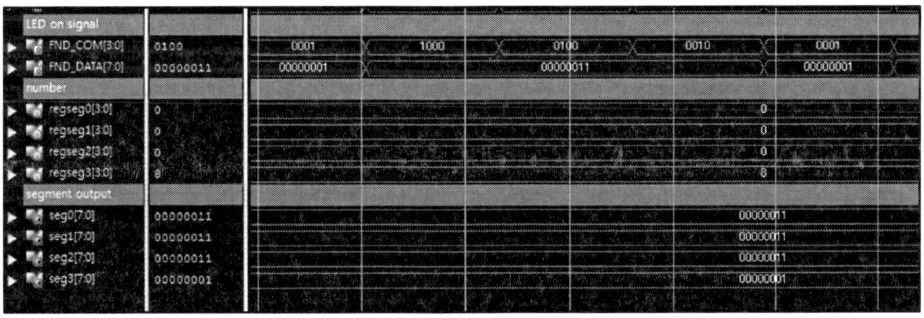

8.4 FPGA Test

1) 합성 및 compile을 통하여 bit 파일을 생성한다.

(processes 창에서 Generate Programming file 더블 클릭 또는 Run 실행)

* top.v 가 반드시 top이어야함. ( 표시가 되어 있어야함)
tb_top은 Testbench로 Simulation용도의 Verilog 코드이다.

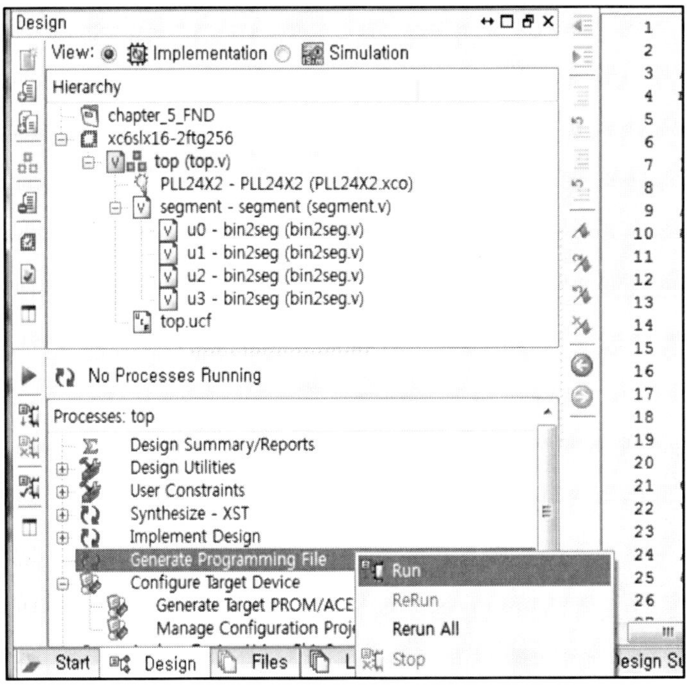

2) compile 완료 확인 후 Manage Configuration project(iMPACT) 실행.

(더블 클릭 또는 Run 클릭하여 실행)

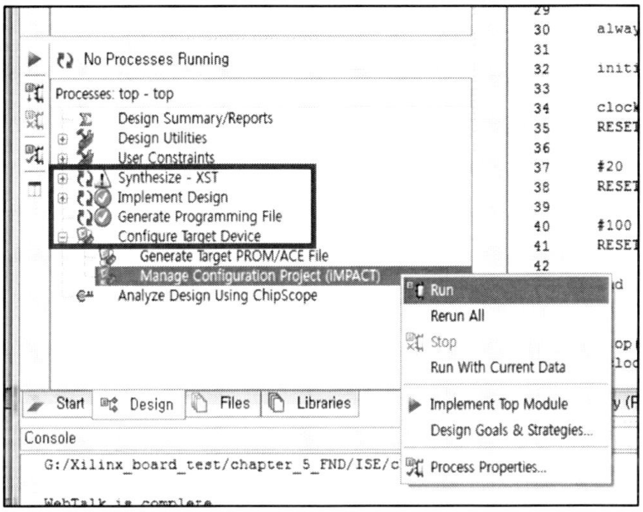

3) iMPACT가 아래와 같이 실행되며, 프로그램을 올리기 전에 FPGA 보드와 JTAG 케이블을 연결해야 한다.

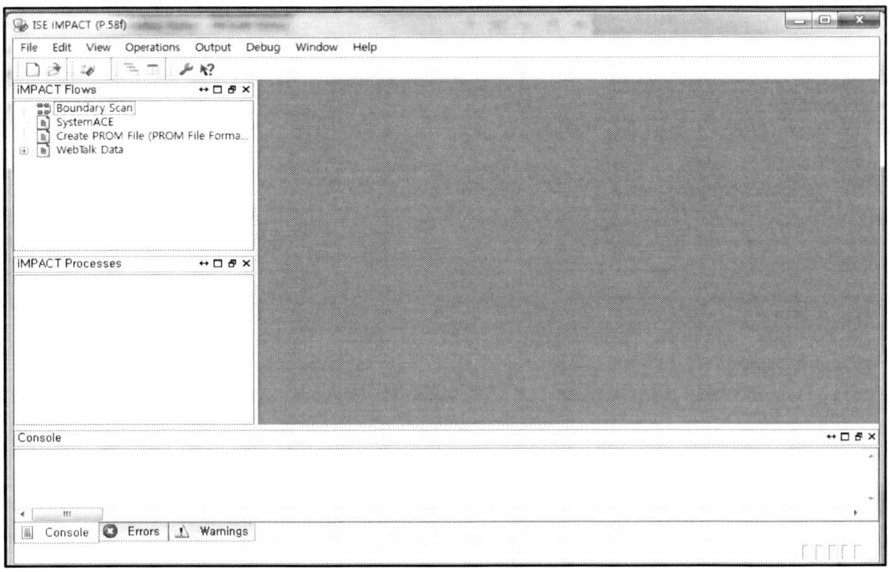

4) 아래 그림과 같이 JTAG Cable과 FPGA 보드를 연결한다. 그리고 전원을 인가하면 JTAG에 녹색불이 들어오면 제대로 연결된 것이다. 주황이면 제대로 연결이 되었는지 확인해야 한다.

Connected

Not Connected

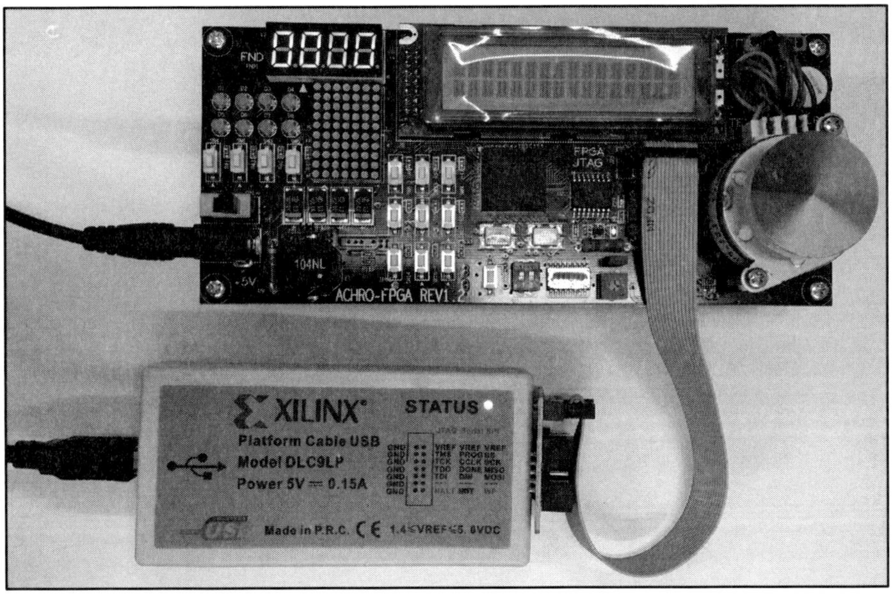

5) iMPACT에서 iMPACT Flow창에서 Boundary Scan 더블클릭 하고 을 클릭한다. 메시지가 하나가 나타나면 Yes 버튼을 누른다. Assign Name Configuration File 창에서 bit 파일이 저장된 경로로 가서 bit 파일을 선택하고 Open을 누른다.

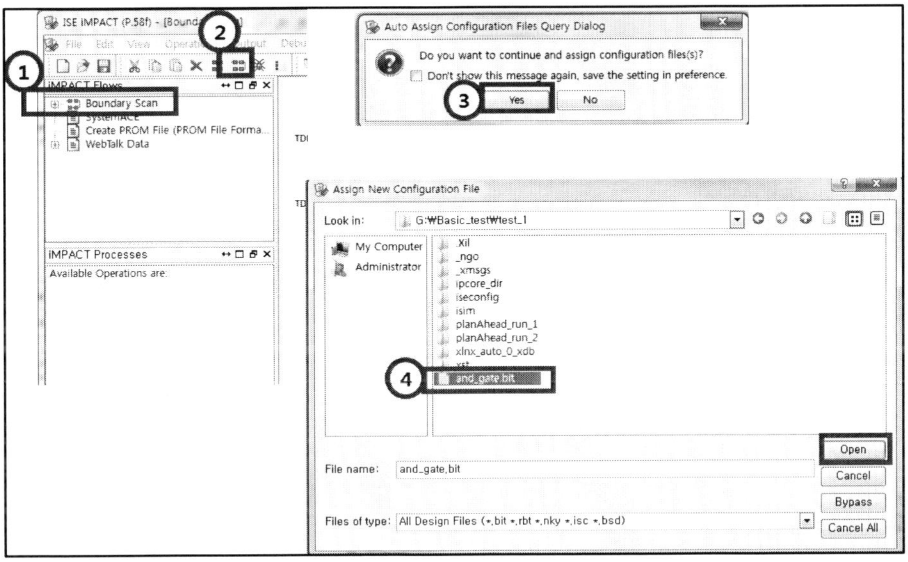

6) 아래 그림에서 PROM을 사용 유무에 관한 메시지가 뜨면 No를 클릭한다. 그리고 다음 창에서 별도로 추가할 것 없이 OK를 누른다.

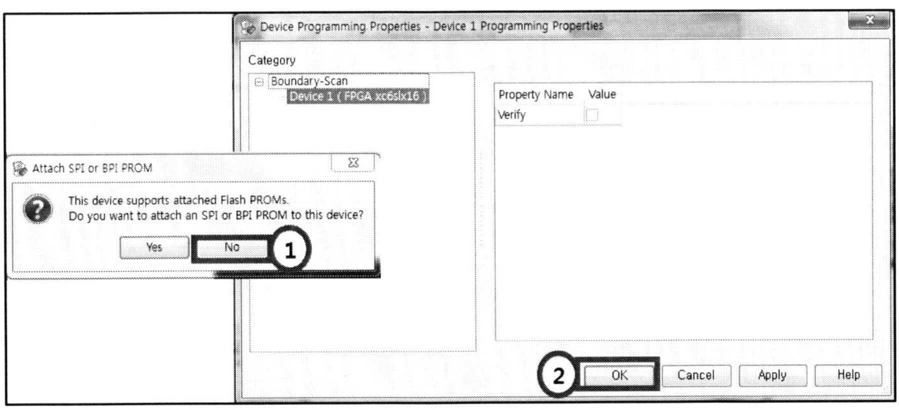

7) 아래 그림과 같이 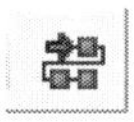 버튼을 클릭하거나 아래 칩에서 우클릭한 다음 Program을 선택하면 board에 프로그램을 올린다. Program이 완료되면 Identify succeeded라는 메시지가 뜬다.

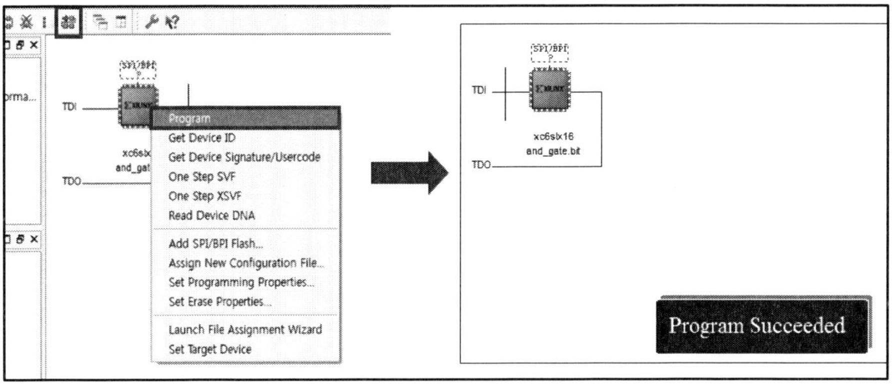

- 실행 결과

  0 → 1 → 2 → … 순서대로 Count된다.

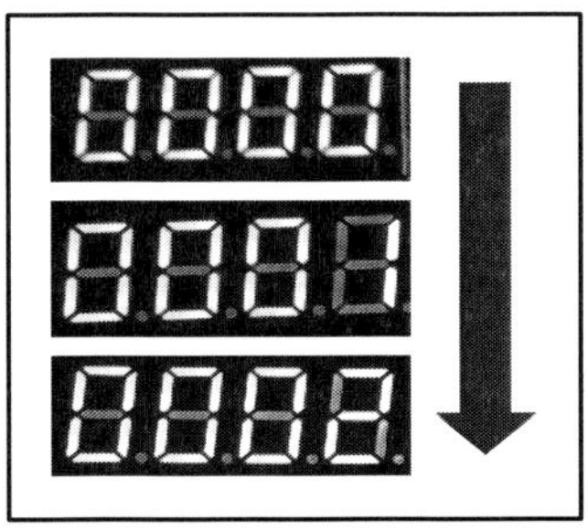

8.5 Howe Work

1) 1000부터 시작하고 1초마다 1만큼 감소하는 Led Timer를 만드시오.

   (Reset을 누를 때 1000부터 시작. 1000 → 999 → 998 → …)

2) 기존 timer는 숫자를 0~9를 사용한다. 0~F를 사용하는 16진 timer를 만드시오.

   (Ex. 0 → 1 → … → E → F → 10 → 11 → … → 1F → 20 → …)

3) LED의 앞의 두 자리는 분, 뒤의 두 자리는 초로 하여 60초가 되면 1분이 증가하는 Timer를 만드시오.

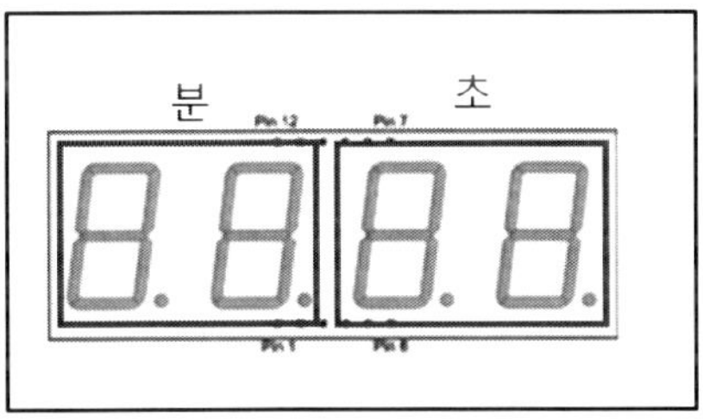

제9장

Dot-Matrix Display Design Using FPGA

9.1 Introduction

본 장에서는 Dot-Matrix display를 구동하는 logic을 설계하고 FPGA에 구현하여 실습을 한다. Dot-matrix display는 낮은 해상도의 간단한 정보를 출력하는데 사용한다. 본 장에서는 Dot-matrix display를 구동하는 Verilog code를 설계하고 simulation을 통해 검증한 후 synthesis(합성)를 하여 FPGA 보드에서 실행을 시키는 단계로 실습을 한다.

Dot-Matrix는 화면 또는 프린터를 통하여 출력되는 정보를 2차원 배열 형태의 점으로 표현하는 디바이스이다. 가로와 세로 사이에 사용되는 점의 개수가 많을수록 깨끗하고 선명하게 정보를 표현할 수 있다. Dot Matrix 역시 7-Segment와 같이 Common Cathode Type과 Common Anode Type이 있다.

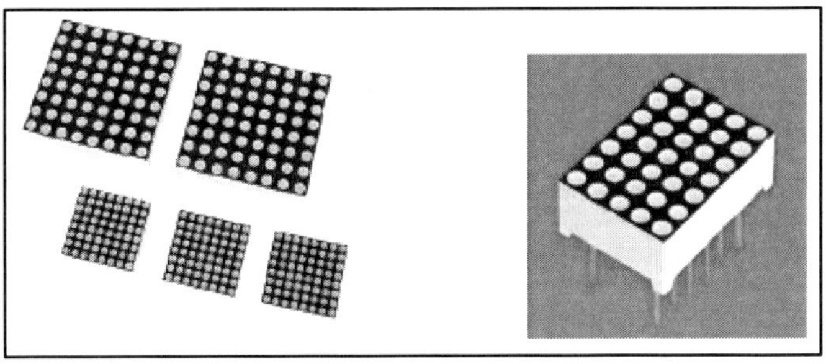

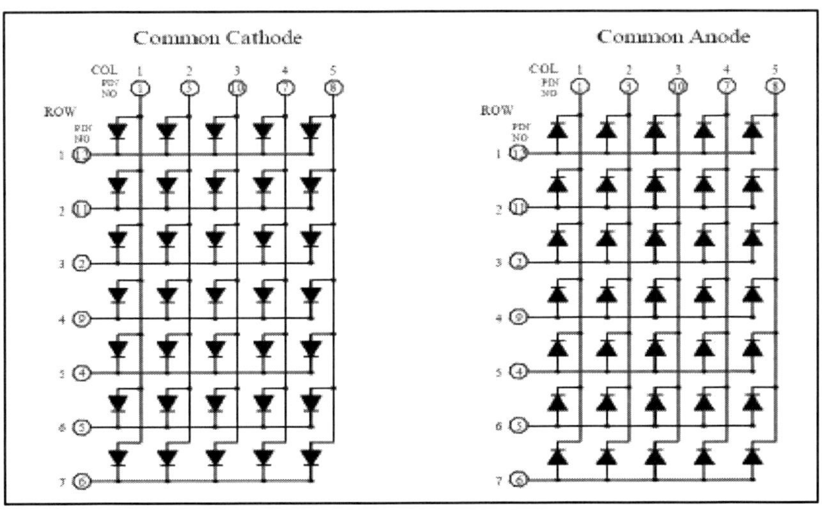

Dot Matrix 제어 관련 FPGA Block Diagram은 다음과 같다.

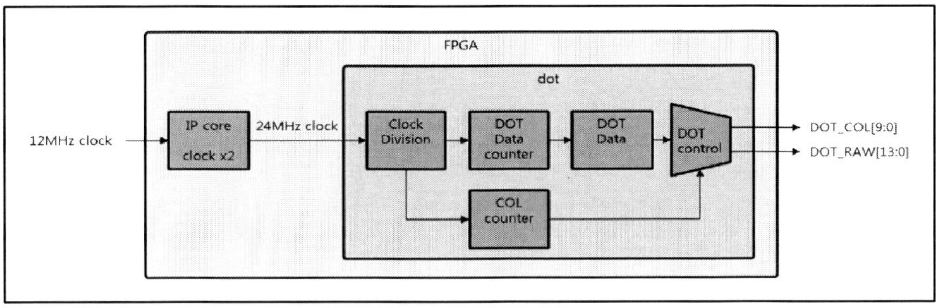

ACHRO-FPGA 보드에서는 Common cathode type의 5 X 7 Dot LED 패키지를 2개 사용하여 7 X 10 Dot와 같이 사용할 수 있도록 구성되다. Dot LED에 불을 켜기 위해서는 ROW PIN에 '0'을 인가하고 켜기를 원하는 COL PIN에 '1'을 인가해 주면 된다. 예를 들어 3번째 COL에서 ROW의 1/2/3을 켜기 위해서는 "00100"값을 COL PIN에 인가하고 "0001111"값을 ROW PIN에 인가해주면 된다.

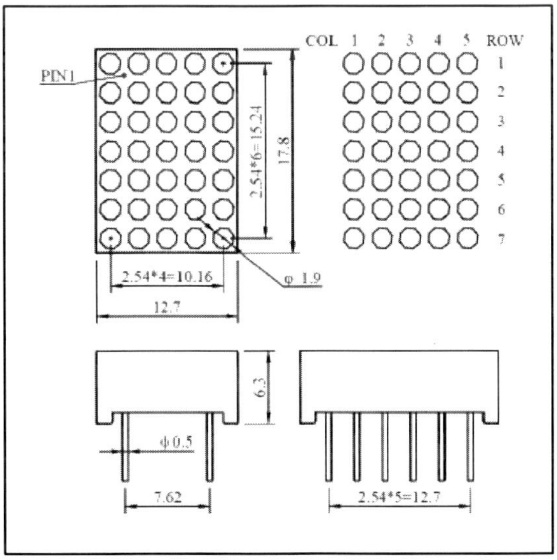

위의 방법을 이용해 아주 빠른 시간에 COL을 순차적으로 변경하여 Dot LED를 켜두면 잔상효과를 이용해 글씨를 나타낼 수 있다.

9.2 Verilog implementation

본 실습에서는 4개의 입력과 5개의 출력포트를 사용한다. RESET과 Clock은 FPGA의 기본 입력 포트이다. 2개의 추가 입력포트인 KEY와 Mode_Switch를 이용하여 Dot-Matrix를 제어하기 위한 Mode를 선택한다. 출력으로는 Dot-Matrix를 이용한다. 앞 장에서 사용한 LED나 7-Segment와 유사한 방법으로 출력한다.

Dot-Matrix의 Top module에서의 입력 및 출력 포트의 정의는 아래와 같다:

```
module top(
      input                       clock_12MHz,        // 12MHz
      input                       RESET,              // active high

      input                       Mode_Switch,

      input            [8:0]      KEY,

      output    wire   [7:0]      LED,

      output    wire   [3:0]      FND_COM,
      output    wire   [7:0]      FND_DATA,

      output    wire   [9:0]      DOT_COL,
      output    wire   [13:0]     DOT_RAW
);
```

Inputs:

RESET

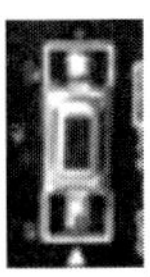

NAME	Pin 번호
RESET	F10

Mode_Switch

NAME	Pin 번호
Mode_Switch	R9

Push Botton KEYs

NAME	Pin 번호	NAME	Pin 번호
KEY[0]	F2	KEY[5]	H5
KEY[1]	F1	KEY[6]	H4
KEY[2]	K3	KEY[7]	H3
KEY[3]	J4	KEY[8]	L4
KEY[4]	J6		

KEY[0]	KEY[1]	KEY[2]
KEY[3]	KEY[4]	KEY[5]
KEY[6]	KEY[7]	KEY[8]

Dip Switch

NAME	Pin 번호
Dip_Switch[0]	E11
Dip_Switch[1]	B14
Dip_Switch[2]	A14
Dip_Switch[3]	D11

Dip_Switch[0]	Dip_Switch[1]	Dip_Switch[2]	Dip_Switch[3]

Outputs:

Dot Matrix

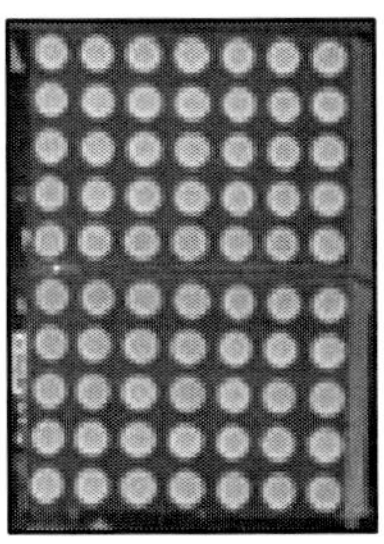

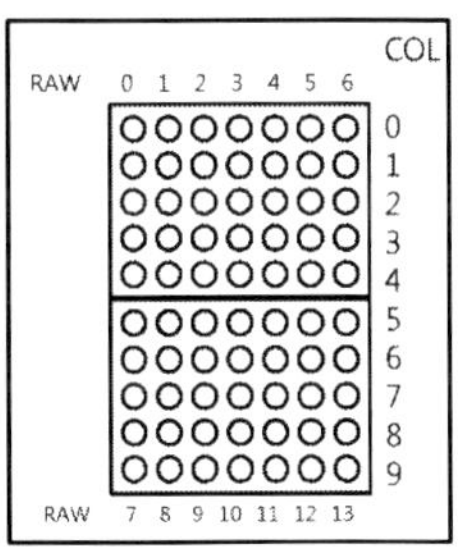

NAME	Pin	NAME	Pin
DOT_RAW[0]	P16	DOT_RAW[7]	N1
DOT_RAW[1]	P15	DOT_RAW[8]	N3
DOT_RAW[2]	L16	DOT_RAW[9]	P1
DOT_RAW[3]	L14	DOT_RAW[10]	P2
DOT_RAW[4]	M16	DOT_RAW[11]	R1
DOT_RAW[5]	M15	DOT_RAW[12]	R2
DOT_RAW[6]	N16	DOT_RAW[13]	N4

NAME	Pin	NAME	Pin
DOT_COL[0]	T14	DOT_COL[5]	K2
DOT_COL[1]	T15	DOT_COL[6]	L1
DOT_COL[2]	R14	DOT_COL[7]	L3
DOT_COL[3]	R16	DOT_COL[8]	M1
DOT_COL[4]	R15	DOT_COL[9]	M2

LED

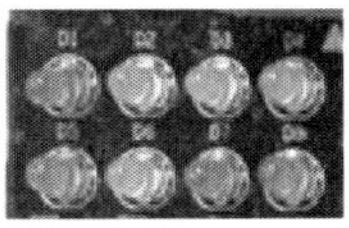

NAME	Pin	NAME	Pin
LED[0]	F7	LED[4]	D5
LED[1]	A6	LED[5]	A5
LED[2]	B6	LED[6]	B5
LED[3]	C5	LED[7]	A4

LED[7]	LED[6]	LED[5]	LED[4]
LED[3]	LED[2]	LED[1]	LED[0]

7-Segment

NAME	Pin	NAME	Pin
FND_COM[0]	E7	FND_COM[2]	B10
FND_COM[1]	A10	FND_COM[3]	A9

NAME	Pin	NAME	Pin
FND_DATA[0]	C9	FND_DATA[4]	D6
FND_DATA[1]	A8	FND_DATA[5]	A7
FND_DATA[2]	B8	FND_DATA[6]	C7
FND_DATA[3]	C6	FND_DATA[7]	E6

Verilog Source code

- top.v

```
`timescale 1ns / 1ps
// Top 모듈을 선언하고, 각 입/출력 pin 할당
module top(
    input                       clock_12MHz,        // 12MHz
    input                       RESET,           // active high

    input                       Mode_Switch,

    input          [8:0]        KEY,

    output  wire   [7:0]        LED,

    output  wire   [3:0]        FND_COM,
    output  wire   [7:0]        FND_DATA,

    output  wire   [9:0]        DOT_COL,
    output  wire   [13:0]   DOT_RAW
);
// 내부 신호(wire)를 선언
wire    clock_24MHz;     // 24MHz
wire    PLL_locked; // active high
// PLL 모듈을 사용하여 12MHz clock을 24MHz로 변경
PLL24X2 PLL24X2(
    .RESET(RESET),
    .CLK_IN1(clock_12MHz),
    .CLK_OUT1(clock_24MHz)
);
// LED 제어 모듈 불러오기
led_ctrl led_ctrl(
    .RESET(RESET),
    .CLK(clock_24MHz),
    .Mode_Switch(Mode_Switch),
    .KEY(KEY),
    .LED(LED)
);
// 7-Segment 구현 모듈 불러오기
segment segment(
    .RESET(RESET),
    .CLK(clock_24MHz),
    .FND_COM(FND_COM),
    .FND_DATA(FND_DATA)
);
// dot-matrix 구현 모듈 불러오기
dot dot(
    .RESET(RESET),
    .CLK(clock_24MHz),
    .DOT_COL(DOT_COL),
    .DOT_RAW(DOT_RAW)
);
endmodule
```

- **dot.v**

o Dot Matrix

```
module dot(
        input                   RESET,
        input                   CLK,
        output      [9:0]       DOT_COL,
        output      [13:0]      DOT_RAW
);
```

o Registers Declaration

```
reg   [12:0]      cnt;
reg               clk_out;

reg   [3:0]       COL_counter, COL_counter_1_delay;
reg   [24:0]      DOT_Data_counter;
reg   [3:0]       DOT_Data;

reg   [9:0]       dot_col_reg;
reg   [6:0]       dot_raw_reg;
```

o Clock Division

```
always @ (posedge RESET or posedge CLK)
begin
        if(RESET)
                begin
                        cnt <= 13'd0;
                        clk_out <= 0;
                end
        else
                begin
                        if (cnt < 13'd5999)
                                cnt <= cnt + 13'd1;
                        else if (cnt == 13'd5999)
                                begin
                                        cnt <= 13'd0;
                                        clk_out <= ~clk_out;
                                end
                end
end
```

o Dot Matrix of Control Related COL Counter

```
always @ (posedge RESET or posedge clk_out)
begin
      if(RESET)
            begin
                  COL_counter <= 4'd0;
                  COL_counter_1_delay <= 4'd0;
            end
      else
            begin
                  if(COL_counter == 4'd9)
                        begin
                              COL_counter <= 4'd0;
                        end
                  else
                        begin
                              COL_counter <= COL_counter + 1'b1;
                        end

                  COL_counter_1_delay <= COL_counter;
            end
end
```

o Related Data Counter to be displayed on Dot Matrix

```
always @ (posedge RESET or posedge CLK)
begin
      if(RESET)
            begin
                  DOT_Data_counter <= 25'd0;
                  DOT_Data <= 4'd0;
            end
      else
            begin
                  if(DOT_Data_counter < 25'd23999999)
                        DOT_Data_counter <= DOT_Data_counter + 25'd1;
                  else
                        DOT_Data_counter <= 25'd0;

                  if(DOT_Data_counter == 25'd23999999)
                        begin
                              if(DOT_Data == 4'd9)
                                    DOT_Data <= 4'd0;
                              else
                                    DOT_Data <= DOT_Data+ 4'd1;
                        end
            end
end
```

o Dot Matrix COL, RAW Data Processing

```
always @ (posedge clk_out)
begin
    if(DOT_Data == 4'd0)
        begin
            case(COL_counter)
                4'd0  : begin    dot_col_reg <= 10'b0000000001; dot_raw_reg <= ~{7'h3e}; end
                4'd1  : begin    dot_col_reg <= 10'b0000000010; dot_raw_reg <= ~{7'h7f}; end
                4'd2  : begin    dot_col_reg <= 10'b0000000100; dot_raw_reg <= ~{7'h63}; end
                4'd3  : begin    dot_col_reg <= 10'b0000001000; dot_raw_reg <= ~{7'h73}; end
                4'd4  : begin    dot_col_reg <= 10'b0000010000; dot_raw_reg <= ~{7'h73}; end
                4'd5  : begin    dot_col_reg <= 10'b0000100000; dot_raw_reg <= ~{7'h6f}; end
                4'd6  : begin    dot_col_reg <= 10'b0001000000; dot_raw_reg <= ~{7'h67}; end
                4'd7  : begin    dot_col_reg <= 10'b0010000000; dot_raw_reg <= ~{7'h63}; end
                4'd8  : begin    dot_col_reg <= 10'b0100000000; dot_raw_reg <= ~{7'h7f}; end
                4'd9  : begin    dot_col_reg <= 10'b1000000000; dot_raw_reg <= ~{7'h3e}; end
            endcase
        end
```

•
•
•

```
    else if(DOT_Data == 4'd9)
        begin
            case(COL_counter)
                4'd0  : begin    dot_col_reg <= 10'b0000000001; dot_raw_reg <= ~{7'h3e}; end
                4'd1  : begin    dot_col_reg <= 10'b0000000010; dot_raw_reg <= ~{7'h7f}; end
                4'd2  : begin    dot_col_reg <= 10'b0000000100; dot_raw_reg <= ~{7'h63}; end
                4'd3  : begin    dot_col_reg <= 10'b0000001000; dot_raw_reg <= ~{7'h63}; end
                4'd4  : begin    dot_col_reg <= 10'b0000010000; dot_raw_reg <= ~{7'h7f}; end
                4'd5  : begin    dot_col_reg <= 10'b0000100000; dot_raw_reg <= ~{7'h3f}; end
                4'd6  : begin    dot_col_reg <= 10'b0001000000; dot_raw_reg <= ~{7'h03}; end
                4'd7  : begin    dot_col_reg <= 10'b0010000000; dot_raw_reg <= ~{7'h03}; end
                4'd8  : begin    dot_col_reg <= 10'b0100000000; dot_raw_reg <= ~{7'h03}; end
                4'd9  : begin    dot_col_reg <= 10'b1000000000; dot_raw_reg <= ~{7'h03}; end
            endcase
        end
end
```

o Dot Matrix COL, RAW Data Print

```
assign    DOT_COL          =    dot_col_reg;
assign    DOT_RAW[13:7]    =    (COL_counter_1_delay > 4) ? dot_raw_reg : {7{1'b1}};
assign    DOT_RAW[6:0]     =    (COL_counter_1_delay < 5) ? dot_raw_reg : {7{1'b1}};
```

- **top.ucf**

```
###########################################
### DOTMATRIX
###########################################
NET "DOT_COL[9]" LOC = "M2";
NET "DOT_COL[8]" LOC = "M1";
NET "DOT_COL[7]" LOC = "L3";
NET "DOT_COL[6]" LOC = "L1";
NET "DOT_COL[5]" LOC = "K2";
NET "DOT_COL[4]" LOC = "R15";
NET "DOT_COL[3]" LOC = "R16";
NET "DOT_COL[2]" LOC = "R14";
NET "DOT_COL[1]" LOC = "T15";
NET "DOT_COL[0]" LOC = "T14";
```

```
NET "DOT_RAW[13]" LOC = "N4";
NET "DOT_RAW[12]" LOC = "R2";
NET "DOT_RAW[11]" LOC = "R1";
NET "DOT_RAW[10]" LOC = "P2";
NET "DOT_RAW[9]" LOC = "P1";
NET "DOT_RAW[8]" LOC = "N3";
NET "DOT_RAW[7]" LOC = "N1";
NET "DOT_RAW[6]" LOC = "N16";
NET "DOT_RAW[5]" LOC = "M15";
NET "DOT_RAW[4]" LOC = "M16";
NET "DOT_RAW[3]" LOC = "L14";
NET "DOT_RAW[2]" LOC = "L16";
NET "DOT_RAW[1]" LOC = "P15";
NET "DOT_RAW[0]" LOC = "P16";
```

9.3 Verilog Behavioral Simulation

상기의 Dot-matrix display verilog code(DUT)의 기능을 검증하기 위해 아래와 같이 behavioral simulation을 수행한다.

- Device Under Test(DUT)의 IO를 정의한 후 입력을 가하고 isim의 실행시키고 waveform을 통해 출력을 관찰한다.
- Testbench를 설계시에 input을 register type으로 정의하여 입력값을 지정할 수 있도록 한다.
- Testbench의 output은 wire type 으로 정의하며, 이 output의 값은 외부에서 변경할 수 없다.

Test bench source code의 예:

- Dot_Matric_top_tb.v

o Registers and Wires Declarations to indicate the IOs:

```
module Dot_Matric_top_tb;

    // Inputs
    reg clock_12MHz;
    reg RESET;
    reg Mode_Switch;
    reg [8:0] KEY;

    // Outputs
    wire [7:0] LED;
    wire [3:0] FND_COM;
    wire [7:0] FND_DATA;
    wire [9:0] DOT_COL;
    wire [13:0] DOT_RAW;
```

o Instantiate the Unit Under Test(UUT):

```
// Instantiate the Unit Under Test (UUT)
top uut (
    .clock_12MHz(clock_12MHz),
    .RESET(RESET),
    .Mode_Switch(Mode_Switch),
    .KEY(KEY),
    .LED(LED),
    .FND_COM(FND_COM),
    .FND_DATA(FND_DATA),
    .DOT_COL(DOT_COL),
    .DOT_RAW(DOT_RAW)
);
```

o Clock Generation:

```
// Clock generator
//12MHz  == 83ns
always
#83 clock_12MHz = ~clock_12MHz;
```

o Initialize our test cases:

```
initial begin
      // Initialize Inputs
      clock_12MHz = 0;
      RESET = 0;
      Mode_Switch = 0;
      KEY = 8'h0;
      //Wait for global reset to finish
      repeat(3) @(posedge clock_12MHz);
      RESET = 1;
      repeat(3) @(posedge clock_12MHz);
      RESET = 0;
      repeat(3) @(posedge clock_12MHz);
//TEST Case 1
      Mode_Switch = 0;
      KEY = 8'b0000_0000;//KEY[8] = 0
      repeat(12000000) @(posedge clock_12MHz);
//TEST Case 2
      Mode_Switch = 1;
      repeat (20)
      begin
      repeat(12000000) @(posedge clock_12MHz);
      KEY = KEY + 1'b1;
      end
//TEST Case 3
      KEY = 8'b1000_0000;//KEY[8] = 1
      repeat (20)
      begin
      repeat(12000000) @(posedge clock_12MHz);
      KEY = KEY + 1'b1; //KEY[8] = 1
      end
      $finish; // to shut down the simulation
   end

endmodule
```

Simulation Results

- Simulation의 실행 화면 Screen Shot:

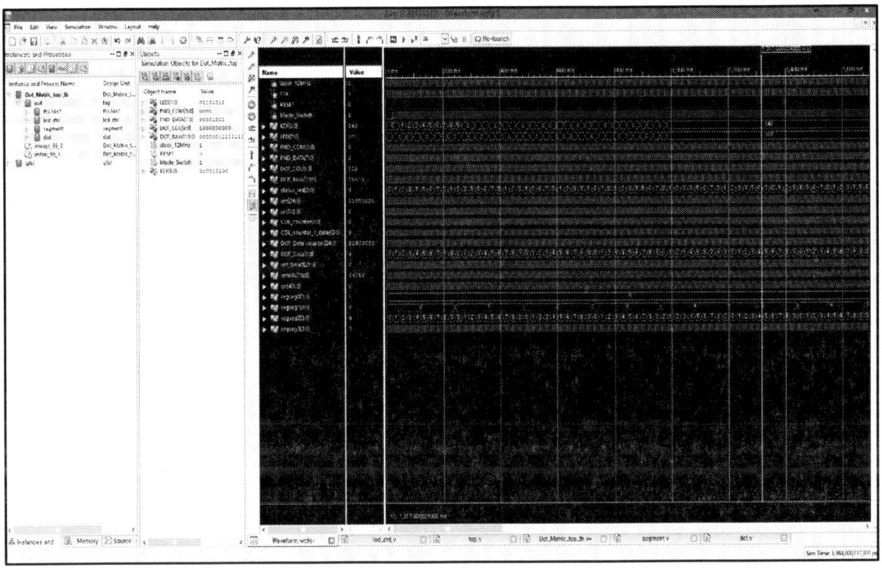

- CLK start and RESET signal to initialize all registers.

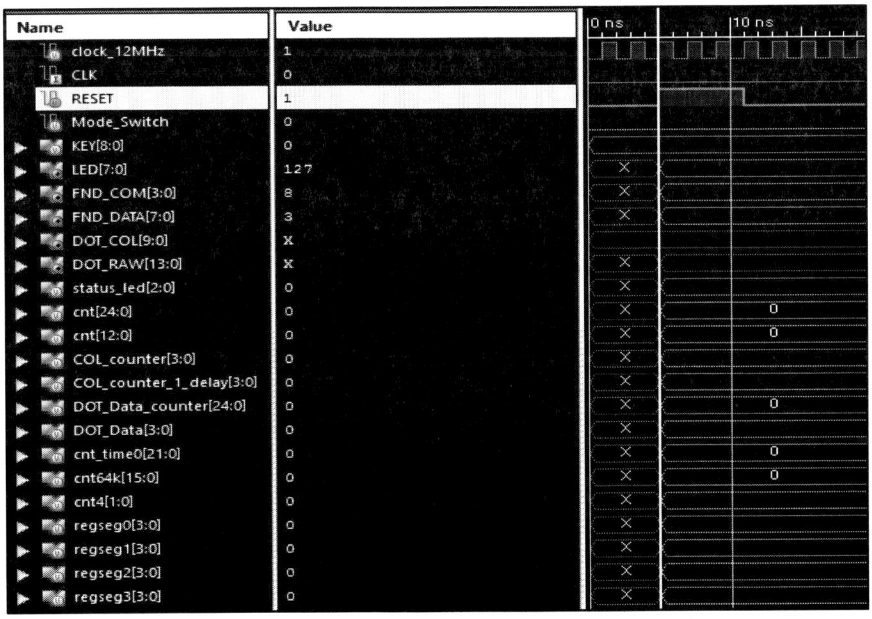

- After RESET Signal the data will start to change.

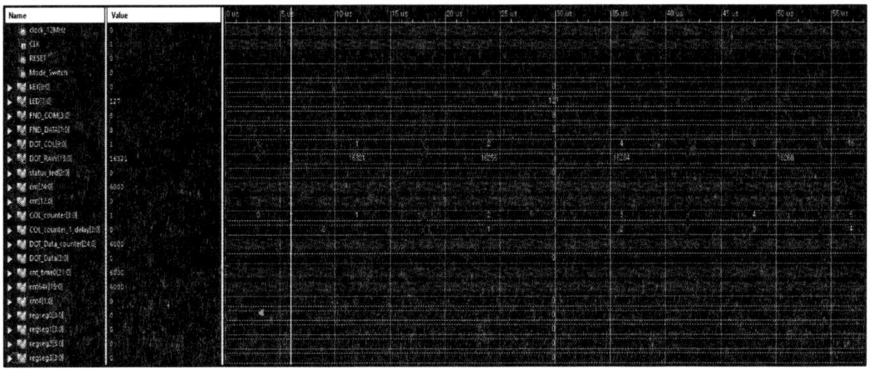

- Data COL and Data RAW start to change.

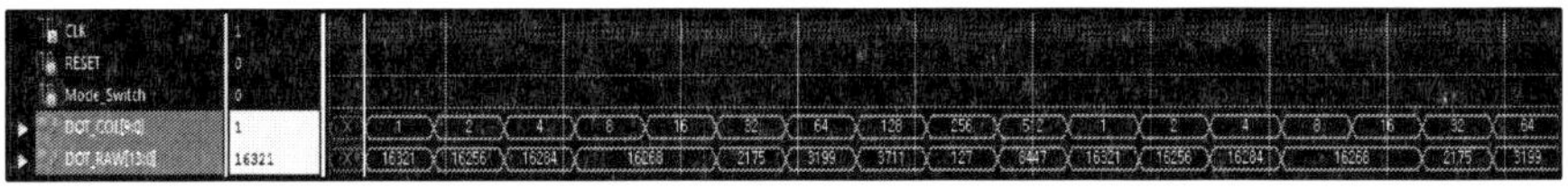

- We Change the Mode_Switch from 0 to 1 to see its effect

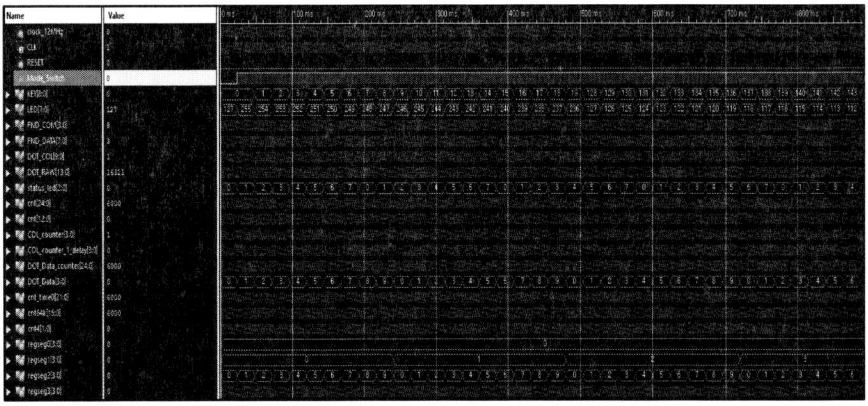

9.4 FPGA Test

Verilog code(DUT)를 synthesis(합성)하여 FPGA를 위한 bit file을 생성하기 위해 다음과 같이 실행한다:

- Run Manage Configuration Project (iMPACT)

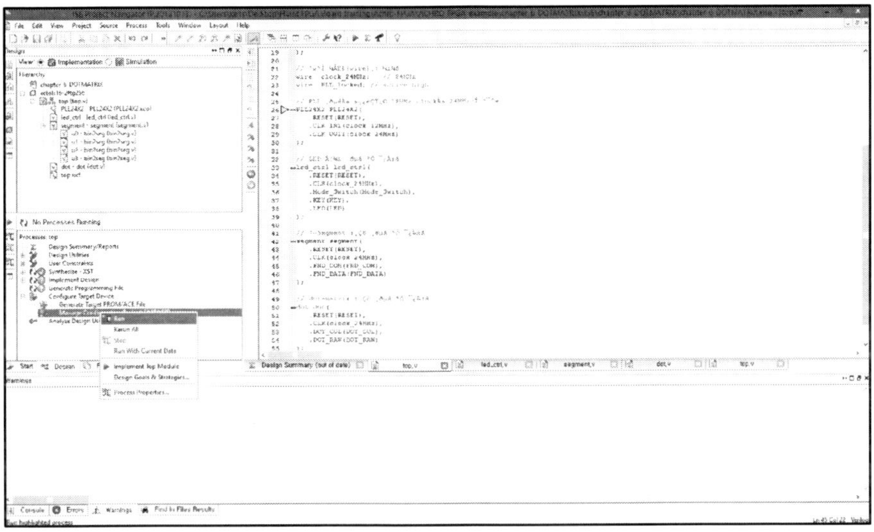

- The ISE iMPACT will launch so you can load your bit file and Program FPGA:

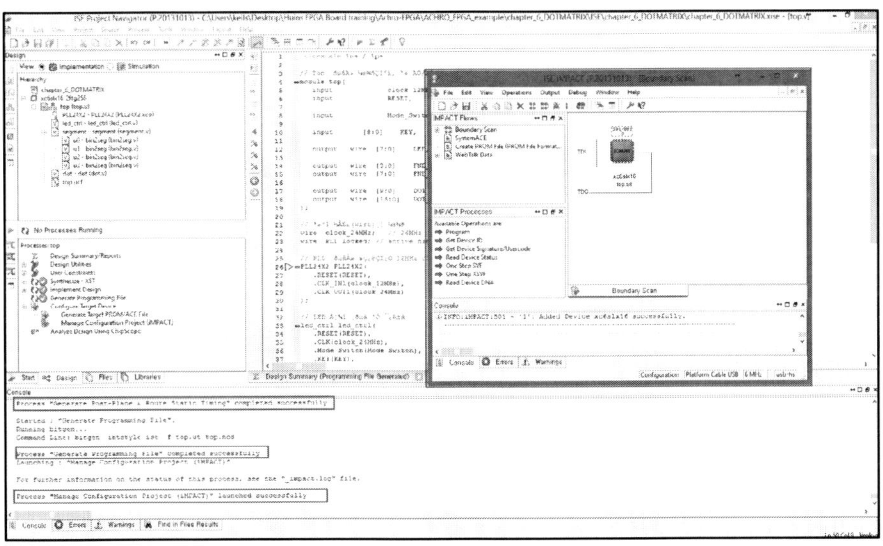

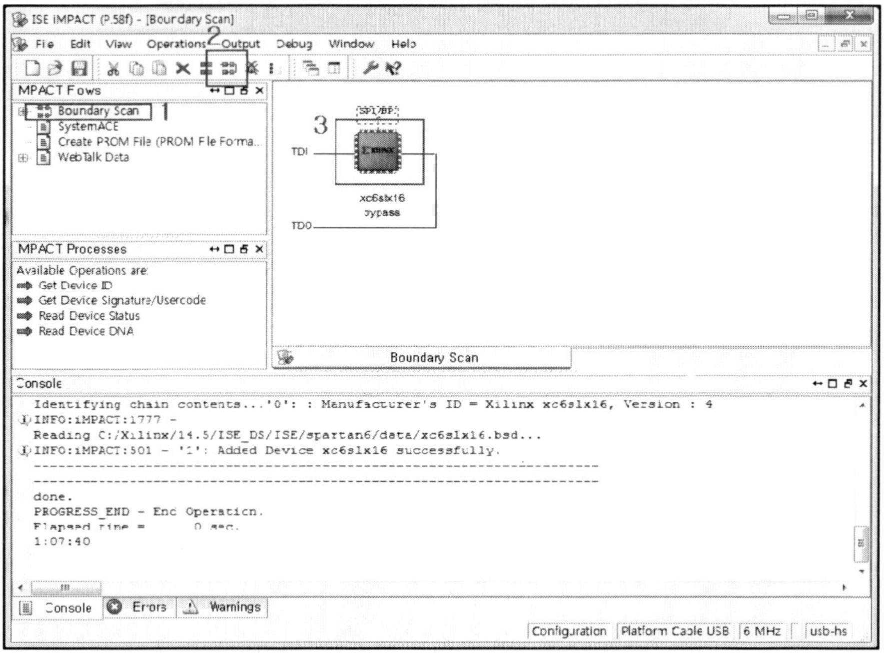
ISE iMPACT (P.58f) - [Boundary Scan]
File Edit View Operations Output Debug Window Help
2
iMPACT Flows
Boundary Scan
1
SystemACE
Create PROM File (PROM File Forma...
WebTalk Data
3
SPI/BPI
TDI
TDO
xc6slx16
bypass
iMPACT Processes
Available Operations are:
Get Device ID
Get Device Signature/Usercode
Read Device Status
Read Device DNA
Boundary Scan
Console
Identifying chain contents...'0': : Manufacturer's ID = Xilinx xc6slx16, Version : 4
INFO:iMPACT:1777 -
Reading C:/Xilinx/14.5/ISE_DS/ISE/spartan6/data/xc6slx16.bsd...
INFO:iMPACT:501 - '1': Added Device xc6slx16 successfully.
done.
PROGRESS_END - End Operation.
Elapsed time = 0 sec.
1:07:40
Console
Errors
Warnings
Configuration
Platform Cable USB
6 MHz
usb-hs

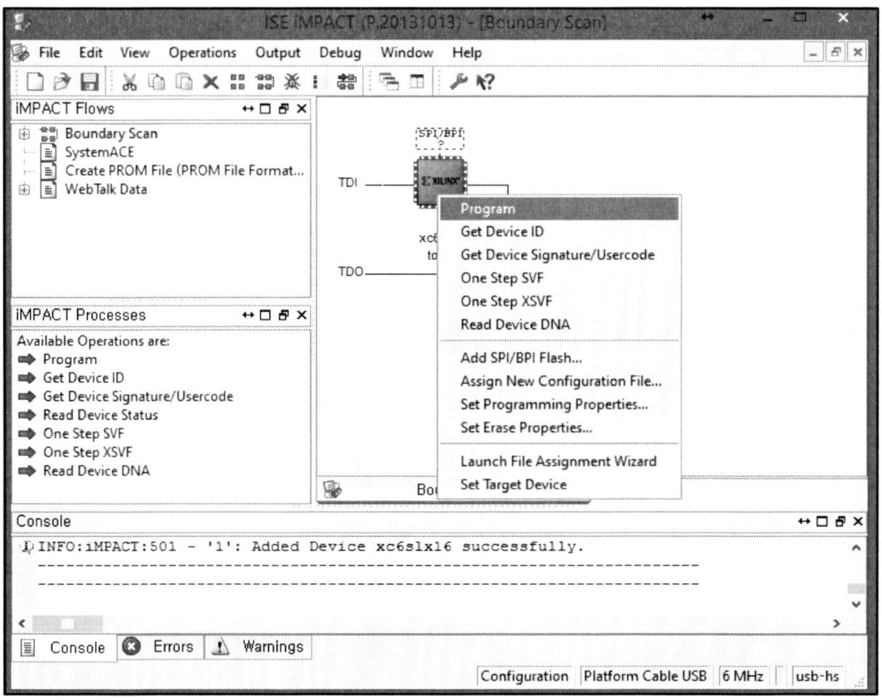
ISE iMPACT (P.20131013) - [Boundary Scan]
File Edit View Operations Output Debug Window Help
iMPACT Flows
Boundary Scan
SystemACE
Create PROM File (PROM File Format...
WebTalk Data
SPI/BPI
TDI
TDO
Program
Get Device ID
Get Device Signature/Usercode
One Step SVF
One Step XSVF
Read Device DNA
Add SPI/BPI Flash...
Assign New Configuration File...
Set Programming Properties...
Set Erase Properties...
Launch File Assignment Wizard
Set Target Device
iMPACT Processes
Available Operations are:
Program
Get Device ID
Get Device Signature/Usercode
Read Device Status
One Step SVF
One Step XSVF
Read Device DNA
Console
INFO:iMPACT:501 - '1': Added Device xc6slx16 successfully.
Console
Errors
Warnings
Configuration
Platform Cable USB
6 MHz
usb-hs

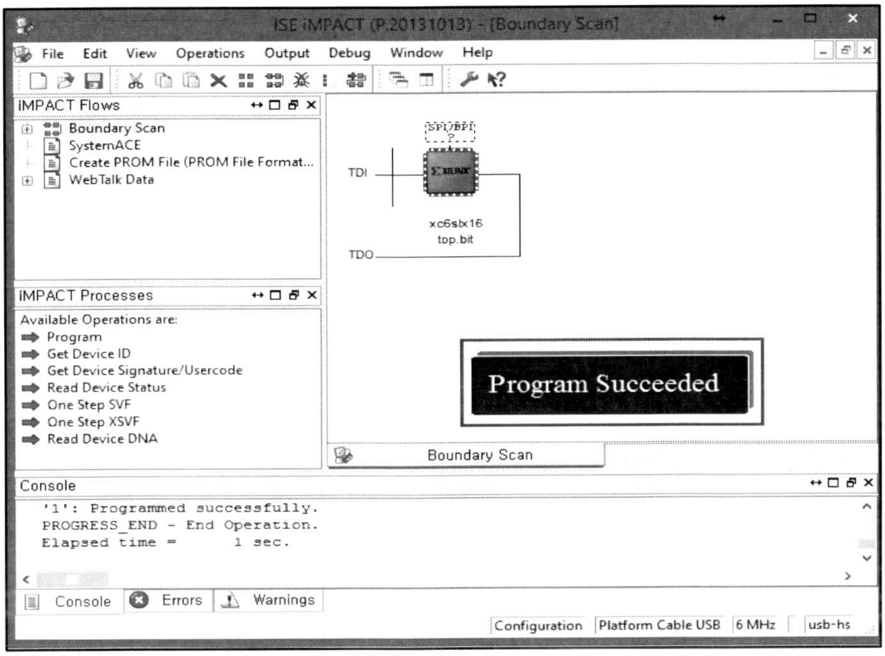

9.5 Homework

상기 예제를 활용하여 다음과 같이 수행하는 Dot-Matrix 기능을 Verilog로 구현하고, Testbench를 작성하여 Simulation하며, FPGA로 Test를 실행하라.

Do the following exercise and explain your Verilog code with simulation, and test on the FPGA.

a) 앞장의 7-segment를 이용하여, Dot-matrix와 7-Segment에 같은 수자를 display하는 기능의 verilog code 설계하여 testbench를 작성하고 Simulation한 후, FPGA에서 Test하라.
b) Dot-Matrix에 다양한 모양의 기호를 display하는 verilog code를 설계, simulation, FPGA test를 수행하라.
c) 각자의 영문 이름을 Moving character로 한 문자씩 Dot-matrix에 display하는 Verilog code를 설계, Simulation, FPGA test를 수행하라.

제10장

Calculator Design with LCD Using FPGA

10.1 Introduction

본 장에서는 LCD를 이용하여 문자를 출력하는 기법을 배우고, 간단한 계산기를 설계하여 LCD에 입력 값과 계산결과 값을 출력하는 실습을 수행한다.

LCD는 액정 디스플레이(Liquid Crystal Display)의 약자로, 전자계산기나 무선 호출기 등에 많이 사용되며, 휴대용 컴퓨터의 화면 표시용으로도 사용되고 있다. 액정은 전압이 걸리면 일정한 방향으로 늘어서는 성질이 있다. 이러한 성질과 전기석에 의한 편광 성질을 이용하여 전압이 걸린 곳이 검게 표시되는 것이다. LCD는 사용하기 편하며 전력 소모가 매우 적은 장점이 있으나, 동작 속도가 느려 빠른 표시를 할 때는 잔상이 남는 문제점이 있다. 이와 같은 특징으로 LCD는 소규모/휴대용 마이크로컴퓨터 시스템에서 가장 간편하며 강력한 기능을 갖는 표시 장치이다.

Text LCD 제어 관련 FPGA Block Diagram은 다음과 같다.

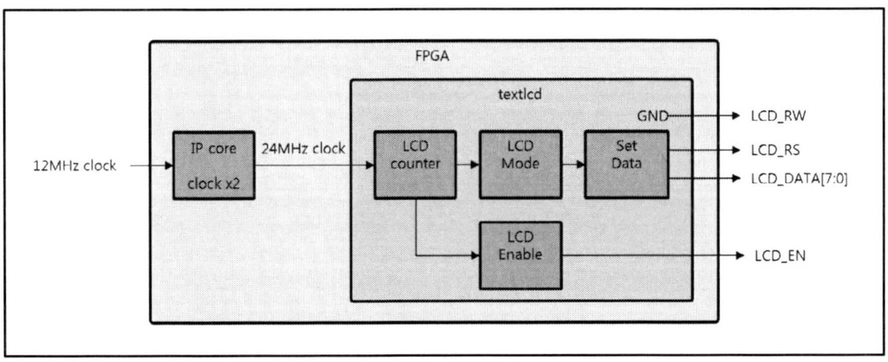

LCD는 Passive matrix 또는 Active matrix display grid로 구성되어 있다. Activ matrix LCD는 TFT(thin film transistor) display라고도 불린다. Passive matrix LCD는 grid 형태의 도체로 구성되며, 각 pixel들이 이들 grid line들의 교차점에 위치한다. 전류가 2개의 도체 grid 라인으로 흐르면 해당 pixel의 lighting을 제어하게 된다. Active matrix는 transistor가 각 grid 교차점에 위치하여 적은 전류로 pixel들의 밝기를 제어할 수 있다. 또한 active matrix display의 경우 전류가 빠르게 on off를 반복할 수 있어서

화면 refresh를 개선할 수 있다.

아래 그림은 Passive matrix display의 시간 분할 제어의 간력화된 timing diagram이다.

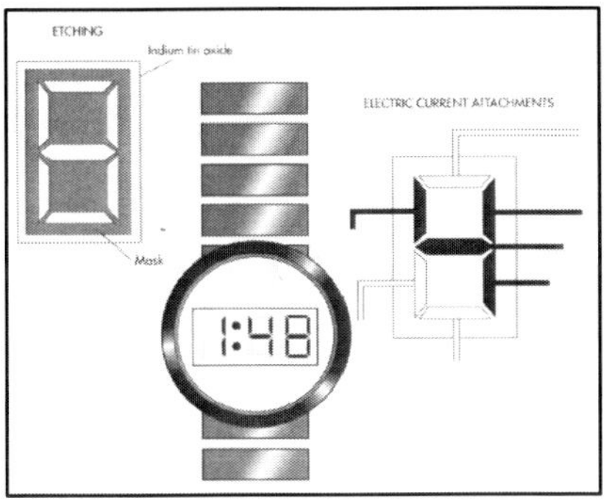

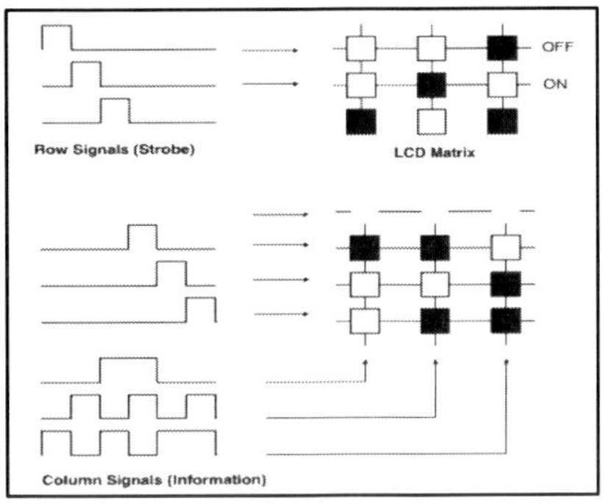

본 장에서는 간단한 계산기를 verilog code로 구현하고 그 결과를 LCD에 display한다. Verilog code를 simulation 하여 LCD display를 구동하는 신호 파형를 검증하고, synthesis하여 FPGA 보드에 download하여 test 한다. 본 실습의 계산기에서는 다음의 operator code를 사용한다:

Binary Code	Operation
000	Nothing to do
001	+
010	-
011	*
100	/
101	=
110 ~ 111	Nothing to do

Binary arithmetic:

- Example: A = 100110, B = 001101
- Operations: A + B, A - B, A * B, A / B

개발할 간단한 계산기는 다음과 같이 동작한다:

- 첫 번째 한자리 숫자를 입력한다(Only One Digit)
- 계산할 Arithmetic Operation (+,-,/,*)을 선택한다
- 두 번째 한자리 숫자를 입력한다(Only One Digit)
- 계산된 결과 숫자를 LCD에 출력한다

10.2 Verilog implementation

LCD module은 LCD panel과 controller로 구성되어 있다. LCD에 text를 출력하기 위해서는 data를 data bus를 통해서 전송해야 한다. LCD controller는 이 data를 LCD driver를 통해 LCD panel에 원하는 출력에 맞는 control 신호를 보낸다. 아래 그림은 LCD 모듈의 내부 구조도이다. LCD 제어기는 DB0 ~ DB7의 8비트 데이터 버스를 통해 데이터를 주고받으며, E(Enable : 모듈 선택 신호), R/W(입력/출력 선택), RS(내부 레지스터 선택)의 제어 선을 통해 제어된다. Vdd와 Vss에 +5V 전원을 넣으면 모듈이 동작한다.

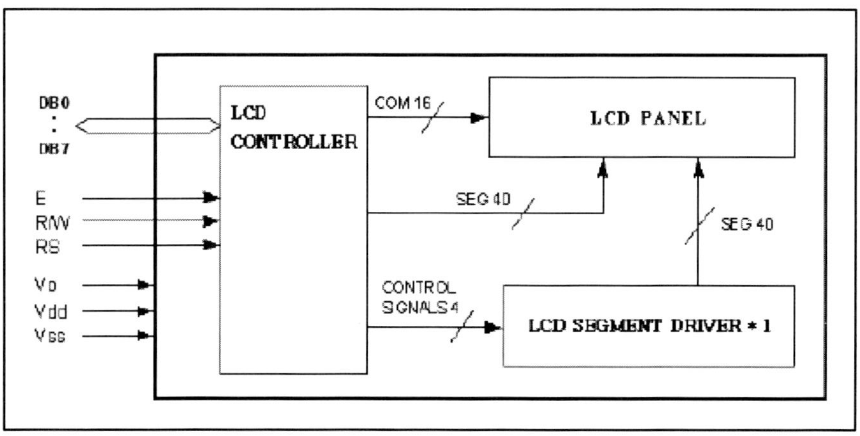

LCD는 다음의 control 및 data 신호에 의해 제어된다:

- DB0 ~ DB7 : 데이터를 주고받는 데이터 버스
- RS : 명령어를 입출력과 내부의 메모리의 입출력 중 하나를 선택하기 위해 사용되는 핀. 8255A의 A0, A1과 비슷한 의미라고 생각하면 된다. RS가 0이면 명령어 쓰기, 플래그/어드레스 읽기 모드가 되며, RS가 1이면 내부 메모리에 값을 읽거나 쓰는 모드가 된다.
- R/W : 데이터 읽기와 데이터 쓰기를 선택하는 데 사용한다. R/W가 0이면 데이터 쓰기이며, R/W가 1이면 데이터 읽기 상태가 된다.
- E : LCD에 제어 명령이나 데이터를 쓰거나 읽는 등의 동작을 하려면 이 핀이 1이 되어야 한다.

번호	기 능	코 드									
		RS	R/W	DB7	DB6	DB5	DB4	DB3	DB2	DB1	DB0
1	디스플레이 클리어	0	0	0	0	0	0	0	0	0	1
2	Home으로 돌아옴	0	0	0	0	0	0	0	0	1	×
3	입력 모드 설정	0	0	0	0	0	0	0	1	I/D	S
4	디스플레이 ON/OFF	0	0	0	0	0	0	1	D	C	B
5	커서/시프트	0	0	0	0	0	1	S/C	R/L	×	×
6	시스템 설정	0	0	0	0	1	IF	N	F	×	×
7	CG RAM 설정	0	0	0	1	ACG					
8	DD RAM 설정	0	0	1	ADD						
9	BF/어드레스 읽기	0	1	BF	AC						
10	CG나 DD 쓰기	1	0	출력 데이터							
11	CG나 DD 읽기	1	1	입력 데이터							

위의 표는 LCD를 사용하기 위한 제어 신호와 기능을 정리한 것이다. 표의 각 기능에 해당하는 설명은 다음과 같다.

1 : 화면을 지운다.

화면 클리어 후 커서는 홈 위치(00 번지)로 돌아간다. 그리고 DD RAM의 모든 어드레스에 스페이스 코드인 0x20이 들어가고 AC(Address Counter)에 DD RAM 어드레스에 0번지가 세트된다. AC는 DD/CG RAM으로 데이터를 쓰거나 기억된 데이터를 읽을 때, 목적지가 되는 RAM의 어드레스를 지정한다. IR에 어드레스 세트 인스트럭션을 써 넣으면, IR에서 AC로 어드레스 정보가 전

송된다. DD/CG RAM에 문자 데이터를 써넣으면 엔트리 모드 설정에 따라서 AC는 자동적으로 +1 혹은 -1만큼 증감한다. 그리고 AC의 내용은 RS가 0, R/W가 1일 때, DB0 ~ DB7을 통해서 읽는다.

2 : 커서를 좌측 상단의 위치(Home)로 옮긴다.
커서를 0으로 돌아가게 한다. AC에 DD RAM의 어드레스의 0번지가 세트된다.

3 : 출력되는 글자가 한 글자씩 뒤로 갈 것인가 앞으로 갈 것인가를 결정한다.
I/D=1 : 증가, I/D=0 감소, S=1 : Accompanies display shift

4 : 화면의 ON/OFF, 커서의 ON/OFF, 커서의 깜박임 ON/OFF 결정한다.
D=1 : 화면 ON, C=1 : 커서 ON, B=1 : 깜박임 ON

5 : LCD에 출력할 문자를 계속 전송할 경우의 방향을 결정한다.
S/C=1 : 디스플레이 시프트, S/C=0
R/L=1 : 오른쪽, R/L=0 : 왼쪽

6 : LCD의 제어 설정. 4비트/8비트 데이터 설정과 폰트 크기 등을 결정한다.
IF=1 : 8비트, IF=0 : 4비트
N=1 : 2행, N=0 : 1행
F=1 : 5×10 폰트 사용, F=0 : 5×7 폰트 사용

7 : LCD에 표시할 위치에 해당하는 어드레스를 지정한다.
어드레스는 DB[6:0]로 표시되는 DD RAM의 어드레스가 AC에 설정되고 이후 읽기/쓰기 데이터는 DD RAM에 쓰이고 읽혀지게 된다. 어드레스는 아래 표와 같다.

LCD 화면 (왼쪽 위)

00	01	02	03	04	05	06	07	08	09	0A	0B	0C	0D	0E	0F	10	11	12	13
40	41	42	43	44	45	46	47	48	49	4A	4B	4C	4D	4E	4F	50	51	52	53

(오른쪽 아래)

Character-LCD의 LCD의 제어 코드를 Read/Write하기 위해서는 일정한 동작 타이밍에 신호를 주어야한다. 다음 그림과 같이 동작 타이밍에 맞추어 각각의 신호를 제어해야 Read/Write 동작이 가능하다.

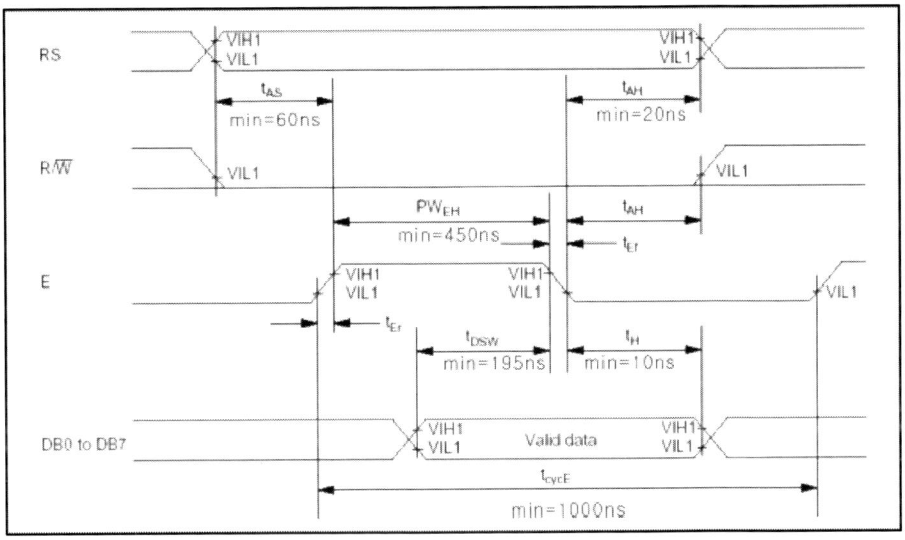

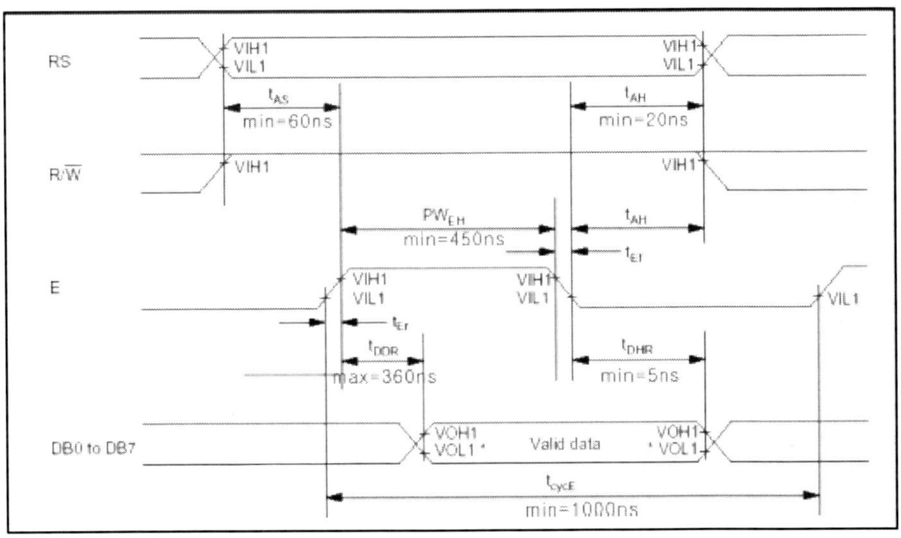

Top Module of the LCD example indicated the Input/Output Ports:

```
`timescale 1ns / 1ps
// Top 모듈을 선언하고, 각 입/출력 pin 할당
module top(
    input                       clock_12MHz,        // 12MHz
    input                       RESET,          // active high
    input                       Mode_Switch,

    output  wire    [7:0]       LED,
    output  wire    [3:0]       FND_COM,
    output  wire    [7:0]       FND_DATA,
    output  wire    [9:0]       DOT_COL,
    output  wire    [13:0]  DOT_RAW,
//  Numbers 0~9
    input           [8:0]       KEY,
//  Arithmatic Operations
    input                   Add,
    input                   Sub,
    input                   Mul,
    input                   Div,
//LCD Controls
    output  wire                LCD_RS,
    output  wire                LCD_RW,
    output  wire                LCD_EN,
    output  wire    [7:0]       LCD_DATA
);
```

Inputs:

RESET

NAME	Pin 번호
RESET	F10

Mode_Switch

NAME	Pin 번호
Mode_Switch	R9

Push Botton KEYs

NAME	Pin 번호	NAME	Pin 번호
KEY[0]	F2	KEY[5]	H5
KEY[1]	F1	KEY[6]	H4
KEY[2]	K3	KEY[7]	H3
KEY[3]	J4	KEY[8]	L4
KEY[4]	J6		

KEY[0]	KEY[1]	KEY[2]	KEY[3]	KEY[4]
KEY[5]	KEY[6]	KEY[7]	KEY[8]	

Dip Switch

NAME	Pin 번호
Dip_Switch[0]	E11
Dip_Switch[1]	B14
Dip_Switch[2]	A14
Dip_Switch[3]	D11

Dip_Switch[0]	Dip_Switch[1]	Dip_Switch[2]	Dip_Switch[3]

Outputs:

Dot Matrix

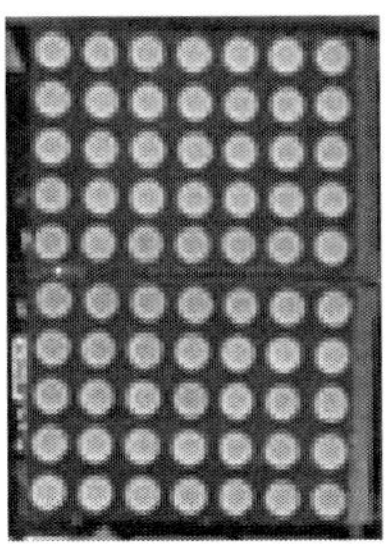

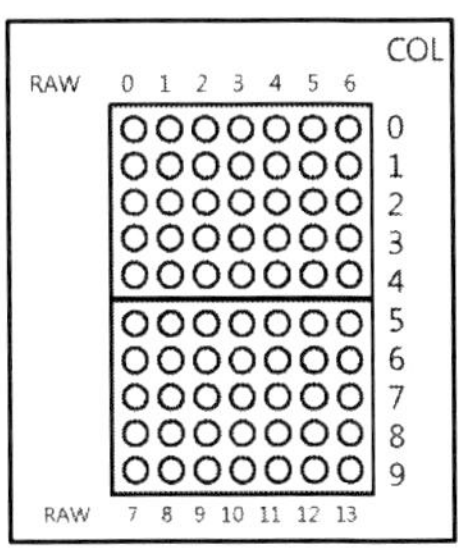

NAME	Pin	NAME	Pin
DOT_RAW[0]	P16	DOT_RAW[7]	N1
DOT_RAW[1]	P15	DOT_RAW[8]	N3
DOT_RAW[2]	L16	DOT_RAW[9]	P1
DOT_RAW[3]	L14	DOT_RAW[10]	P2
DOT_RAW[4]	M16	DOT_RAW[11]	R1
DOT_RAW[5]	M15	DOT_RAW[12]	R2
DOT_RAW[6]	N16	DOT_RAW[13]	N4

NAME	Pin	NAME	Pin
DOT_COL[0]	T14	DOT_COL[5]	K2
DOT_COL[1]	T15	DOT_COL[6]	L1
DOT_COL[2]	R14	DOT_COL[7]	L3
DOT_COL[3]	R16	DOT_COL[8]	M1
DOT_COL[4]	R15	DOT_COL[9]	M2

LED

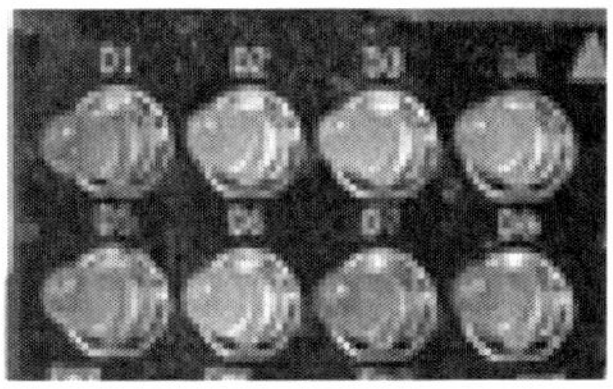

NAME	Pin	NAME	Pin
LED[0]	F7	LED[4]	D5
LED[1]	A6	LED[5]	A5
LED[2]	B6	LED[6]	B5
LED[3]	C5	LED[7]	A4

LED[7]	LED[6]	LED[5]	LED[4]
LED[3]	LED[2]	LED[1]	LED[0]

7-Segment

NAME	Pin
FND_COM[0]	E7
FND_COM[1]	A10
FND_COM[2]	B10
FND_COM[3]	A9

NAME	Pin	NAME	Pin
FND_DATA[0]	C9	FND_DATA[4]	D6
FND_DATA[1]	A8	FND_DATA[5]	A7
FND_DATA[2]	B8	FND_DATA[6]	C7
FND_DATA[3]	C6	FND_DATA[7]	E6

Text LCD

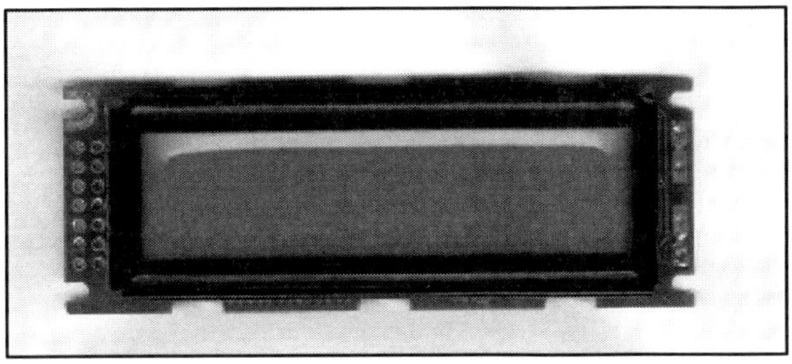

NAME	Pin	NAME	Pin
LCD_RS	N6	LCD_DATA[3]	N5
LCD_RW	T4	LCD_DATA[4]	P5
LCD_EN	M6	LCD_DATA[5]	L8
LCD_DATA[0]	T6	LCD_DATA[6]	L7
LCD_DATA[1]	R5	LCD_DATA[7]	P4
LCD_DATA[2]	T5		

Verilog Source code

- top.v

```
`timescale 1ns / 1ps
// Top 모듈을 선언하고, 각 입/출력 pin 할당
module top(
    input                   clock_12MHz,        // 12MHz
    input                   RESET,          // active high
    input                   Mode_Switch,

    output  wire    [7:0]       LED,
    output  wire    [3:0]       FND_COM,
    output  wire    [7:0]       FND_DATA,
    output  wire    [9:0]       DOT_COL,
    output  wire    [13:0]  DOT_RAW,
//  Numbers 0~9
    input           [8:0]       KEY,
//  Arithmatic Operations
    input                   Add,
    input                   Sub,
    input                   Mul,
    input                   Div,
//LCD Controls
    output  wire            LCD_RS,
    output  wire            LCD_RW,
    output  wire            LCD_EN,
    output  wire    [7:0]       LCD_DATA
);
// 내부 신호(wire)를 선언
wire    clock_24MHz;    // 24MHz
wire    PLL_locked; // active high
// PLL 모듈을 사용하여 12MHz clock을 24MHz로 변경
PLL24X2 PLL24X2(.RESET(RESET),  .CLK_IN1(clock_12MHz),  .CLK_OUT1(clock_24MHz));
// LED 제어 모듈 불러오기
led_ctrl led_ctrl(.RESET(RESET), .CLK(clock_24MHz), .Mode_Switch(Mode_Switch), .KEY(KEY), .LED(LED));
// 7-Segment 구현 모듈 불러오기
segment segment(.RESET(RESET), .CLK(clock_24MHz), .FND_COM(FND_COM), .FND_DATA(FND_DATA));
// dot-matrix 구현 모듈 불러오기
dot dot(.RESET(RESET), .CLK(clock_24MHz), .DOT_COL(DOT_COL), .DOT_RAW(DOT_RAW));
// textlcd 구현 모듈 불러오기
textlcd textlcd(
    .RESET(RESET),
    .CLK(clock_24MHz),
    .Mode_Switch(Mode_Switch),
    //  Numbers 0~9
    .KEY(KEY),
//  Arithmatic Operations
    .Add(Add),.Sub(Sub),.Mul(Mul),.Div(Div),
    .LCD_RS(LCD_RS),
    .LCD_RW(LCD_RW),
    .LCD_EN(LCD_EN),
    .LCD_DATA(LCD_DATA)
);
endmodule
```

- **textlcd.v**

```
`timescale 1ns / 1ps
//Delays used for LCD Display
`define HALF_DELAY 'd32767  //`HALF_DELAY
`define FULL_DELAY 'd65535 //`FULL_DELAY
`define SemiFULL_DELAY 'd65534
`define LCD_ShowDELAY 15
//For simulation purpose
/*//Delays used for LCD Display
`define HALF_DELAY 'd3  //`HALF_DELAY
`define FULL_DELAY 'd7 //`FULL_DELAY
`define SemiFULL_DELAY 'd6
`define LCD_ShowDELAY 2 */
// TextLCD 구현 모듈 및 입출력 핀 선언
module textlcd(
    input                       RESET,       // nRESET input
    input                       CLK,             // CLOCK input
    input                       Mode_Switch,
    //  Numbers 0~9
    input               [8:0]       KEY,
//  Arithmatic Operations :
//Restricted for ONLY ONE DIGIT for INPUTs and ONE DIGIT for OUTPUT
    input                   Add,
    input                   Sub,
    input                   Mul,
    input                   Div,
    output  wire                LCD_RS,      // register selector
    output  wire                LCD_RW,      // READ or nWRITE
    output  reg             LCD_EN,      // LCD TEXT Enable
output  wire    [7:0]       LCD_DATA
);
```

o Registers Declaration

```
// Total 40 register (8 bits)
reg  [31:0]    reg_a;         // Data register 0 / 1 / 2 / 3
reg  [31:0]    reg_b;         // Data register 4 / 5 / 6 / 7
reg  [31:0]    reg_c;         // Data register 8 / 9 / 10 / 11
reg  [31:0]    reg_d;         // Data register 12 / 13 / 14 / 15
reg  [31:0]    reg_e;         // Data register 16 / 17 / 18 / 19
reg  [31:0]    reg_f;         // Data register 20 / 21 / 22 / 23
reg  [31:0]    reg_g;         // Data register 24 / 25 / 26 / 27
reg  [31:0]    reg_h;         // Data register 28 / 29 / 30 / 31

reg  [10:0]    delay_lcdclk;  //lcdclk에 의해 움직이는 카운터 값
reg  [5:0]     count_lcd;     // lcdclk과 delay_lcdclk에 의해 움직이는 카운터 값. 이 값에 따라 LCD_DATA가 출력한다.

// TEXT-LCD device를 동작시키기 위한 state간의 관계를 나타내는 logic
reg  [3:0] lcd_mode; // state 값 선언
parameter [3:0] mode_pwron = 4'd1 ;  // power on
parameter [3:0] mode_fnset = 4'd2 ;  // function set
parameter [3:0] mode_onoff = 4'd3 ;  // display on/off control
parameter [3:0] mode_entr1 = 4'd4 ;  //
parameter [3:0] mode_entr2 = 4'd5 ;  //
parameter [3:0] mode_entr3 = 4'd6 ;  //
parameter [3:0] mode_seta1 = 4'd7 ;  // set addr 1st line
parameter [3:0] mode_wr1st = 4'd8 ;  // write 1st line
parameter [3:0] mode_seta2 = 4'd9 ;  // set addr 2nd line
parameter [3:0] mode_wr2nd = 4'd10;  // write 2nd line
parameter [3:0] mode_delay = 4'd11;  // dealy
parameter [3:0] mode_actcm = 4'd12;  // user command

// TEXT-LCD device를 동작시키는 state 별 내부 logic
reg [8:0] set_data;

assign LCD_RS = set_data[8];
assign LCD_RW = 1'b0;
assign LCD_DATA = set_data[7:0];
```

o Type the characters you want to show on Text LCD Display to register

```
// 초기화 되었을 경우 TextLCD에 표시될 문자 데이터를 register에 입력
initial
begin
      // Achro421@ FPGA
      // Huins Co., ltd.
      reg_a        <=   {8'h41, 8'h63, 8'h68, 8'h72};    // Achr
      reg_b        <=   {8'h6F, 8'h34, 8'h32, 8'h31};    // o421
      reg_c        <=   {8'h40, 8'h20, 8'h46, 8'h50};    // @ FP
      reg_d        <=   {8'h47, 8'h41, 8'h20, 8'h20};    // GA
      reg_e        <=   {8'h48, 8'h75, 8'h69, 8'h6e};    // Huin
      reg_f        <=   {8'h73, 8'h20, 8'h43, 8'h6f};    // s Co
      reg_g        <=   {8'h2e, 8'h2c, 8'h20, 8'h6c};    // ., l
      reg_h        <=   {8'h74, 8'h64, 8'h2e, 8'h20};    // td.
end
```

o Simple Calculator Registers and getting values

```
reg [`LCD_ShowDELAY:0] lcd_show;
reg [7:0] A,B,C,OP_Code;
reg OP_Done, Result_Done, A_KEY_REG, B_KEY_REG;
//  Arithmatic Operations
reg Add_reg, Sub_reg, Mul_reg, Div_reg;
//Simple Calculator State Machine
parameter
    IDLE = 5'd0,
    Insert_1stNumber = 5'd1,
    First_Number = 5'd2,
    Insert_OpCode = 5'd3,
    OpCode_Is = 5'd4,
    Insert_2ndNumber = 5'd5,
    Second_Number = 5'd6,
    Result_Is = 5'd7;
reg [4:0] State;

 //to convert ASCII to HEXADECIMAL
 //use http://www.asciitohex.com/
 function [7:0] ASCII;
        input [7:0] data;
         case(data)
         /*0-9 top*/
         8'd0:ASCII=8'h30;
         8'd1:ASCII=8'h31;
         8'd2:ASCII=8'h32;
         8'd3:ASCII=8'h33;
         8'd4:ASCII=8'h34;
         8'd5:ASCII=8'h35;
         8'd6:ASCII=8'h36;
         8'd7:ASCII=8'h37;
         8'd8:ASCII=8'h38;
         8'd9:ASCII=8'h39;
         8'd43:ASCII=8'h2b;//+
         8'd45:ASCII=8'h2d;//-
         8'd42:ASCII=8'h2a;//*
         8'd45:ASCII=8'h2f;//'/'
         default:begin
             ASCII=8'h00;
         end
         endcase
     endfunction
```

```
always @(posedge RESET or posedge CLK)
begin
    if(RESET)
        begin
        State <= IDLE;  OP_Done <= 1'b0;
        A_KEY_REG <= 1'b0; B_KEY_REG <= 1'b0; Result_Done <= 1'b0;
        Add_reg<= 1'b0; Sub_reg<= 1'b0; Mul_reg<= 1'b0; Div_reg<= 1'b0;
        reg_a       <=  0;  reg_b       <=  0;  reg_c       <=  0;  reg_d       <=  0;
        reg_e       <=  0;  reg_f       <=  0;  reg_g       <=  0;  reg_h       <=  0;
        end
    else
        begin

        case (State)
IDLE:       begin
                if (Mode_Switch)
                    begin
                    OP_Done <= 1'b0; Result_Done <= 1'b0;
                    A_KEY_REG <= 1'b0; B_KEY_REG <= 1'b0;
                    Add_reg<= 1'b0; Sub_reg<= 1'b0;
                    Mul_reg<= 1'b0; Div_reg<= 1'b0;
                    if(lcd_show < `HALF_DELAY)
                        begin
        //              To Start Activate
                        reg_a       <=  {8'h54, 8'h6f, 8'h20, 8'h53};   reg_b       <=  {8'h74, 8'h61, 8'h72, 8'h74};
                        reg_c       <=  {8'h20, 8'h41, 8'h63, 8'h74};   reg_d       <=  {8'h69, 8'h76, 8'h61, 8'h74};
        //              Mode Switch
                        reg_e       <=  {8'h65, 8'h20, 8'h20, 8'h4d};   reg_f       <=  {8'h6f, 8'h64, 8'h65, 8'h20};
                        reg_g       <=  {8'h53, 8'h77, 8'h69, 8'h74};   reg_h       <=  {8'h63, 8'h68, 8'h20, 8'h20};
                        end
                    else
                        begin
    //                   Basic Calculator
                        reg_a       <=  {8'h42, 8'h61, 8'h73, 8'h69};   reg_b       <=  {8'h63, 8'h20, 8'h43, 8'h61};
                        reg_c       <=  {8'h6c, 8'h63, 8'h75, 8'h6c};   reg_d       <=  {8'h61, 8'h74, 8'h6f, 8'h72};
    //                   Example
                        reg_e       <=  {8'h20, 8'h20, 8'h20, 8'h20};   reg_f       <=  {8'h20, 8'h45, 8'h78, 8'h61};
                        reg_g       <=  {8'h6d, 8'h70, 8'h6c, 8'h65};   reg_h       <=  {8'h20, 8'h20, 8'h20, 8'h20};
                        end
                    end
                else
                    if(lcd_show == `FULL_DELAY)
                    State <= Insert_1stNumber;
                end

Insert_1stNumber: begin
                    if (KEY[8:0] && !A_KEY_REG && !Mode_Switch)
                    begin
                    A_KEY_REG <= 1'b1;
                    if             (!Mode_Switch && KEY[8]) A <= 8'd8;
                    else if (!Mode_Switch && KEY[7]) A <= 8'd7;
                    else if (!Mode_Switch && KEY[6]) A <= 8'd6;
                    else if (!Mode_Switch && KEY[5]) A <= 8'd5;
                    else if (!Mode_Switch && KEY[4]) A <= 8'd4;
                    else if (!Mode_Switch && KEY[3]) A <= 8'd3;
                    else if (!Mode_Switch && KEY[2]) A <= 8'd2;
                    else if (!Mode_Switch && KEY[1]) A <= 8'd1;
                    else if (!Mode_Switch && KEY[0]) A <= 8'd0;
                    else  A <= 8'd0;
                    end
                    if (!Mode_Switch && (lcd_show != `FULL_DELAY))
                    begin
                    if(lcd_show < `HALF_DELAY)
                        begin
        //              Insert Number:
                        reg_a       <=  {8'h49, 8'h6e, 8'h73, 8'h65};   reg_b       <=  {8'h72, 8'h74, 8'h20, 8'h4e};
                        reg_c       <=  {8'h75, 8'h6d, 8'h62, 8'h65};   reg_d       <=  {8'h72, 8'h20, 8'h20, 8'h20};
        //
                        reg_e       <=  {8'h20, 8'h20, 8'h20, 8'h20};   reg_f       <=  {8'h20, 8'h20, 8'h20, 8'h20};
                        reg_g       <=  {8'h20, 8'h20, 8'h20, 8'h20};   reg_h       <=  {8'h20, 8'h20, 8'h20, 8'h20};
                        end
                    else
                        begin
    //                   Basic Calculator
                        reg_a       <=  {8'h42, 8'h61, 8'h73, 8'h69};   reg_b       <=  {8'h63, 8'h20, 8'h43, 8'h61};
                        reg_c       <=  {8'h6c, 8'h63, 8'h75, 8'h6c};   reg_d       <=  {8'h61, 8'h74, 8'h6f, 8'h72};
    //                   Example
                        reg_e       <=  {8'h20, 8'h20, 8'h20, 8'h20};   reg_f       <=  {8'h20, 8'h45, 8'h78, 8'h61};
                        reg_g       <=  {8'h6d, 8'h70, 8'h6c, 8'h65};   reg_h       <=  {8'h20, 8'h20, 8'h20, 8'h20};
                        end
                    end
                    else if(!Mode_Switch && A_KEY_REG)
                    State <= First_Number;
                    else if(!Mode_Switch && !A_KEY_REG)
                    State <= Insert_1stNumber;
                    else
                    State <= IDLE;
                end
```

```
First_Number: begin
                if(!Mode_Switch && lcd_show == `SemiFULL_DELAY) //
                State <= Insert_OpCode;

                else if (!Mode_Switch)
                begin
                if(lcd_show < `HALF_DELAY)
                    begin
                    //          1st Digit Is:
                    reg_a       <=  {8'h20, 8'h20, 8'h31, 8'h73};   reg_b       <=  {8'h74, 8'h20, 8'h44, 8'h69};
                    reg_c       <=  {8'h67, 8'h69, 8'h74, 8'h20};   reg_d       <=  {8'h49, 8'h73, 8'h3a, 8'h20};
                    reg_e       <=  {8'h20, 8'h20, 8'h20, 8'h20};   reg_f       <=  {ASCII(A), 8'h20, 8'h20, 8'h20};
                    reg_g       <=  {8'h20, 8'h20, 8'h20, 8'h20};   reg_h       <=  {8'h20, 8'h20, 8'h20, 8'h20};
                    end
                else
                    begin
//                   Basic Calculator
                    reg_a       <=  {8'h42, 8'h61, 8'h73, 8'h69};   reg_b       <=  {8'h63, 8'h20, 8'h43, 8'h61};
                    reg_c       <=  {8'h6c, 8'h63, 8'h75, 8'h6c};   reg_d       <=  {8'h61, 8'h74, 8'h6f, 8'h72};
//                   Example
                    reg_e       <=  {8'h20, 8'h20, 8'h20, 8'h20};   reg_f       <=  {8'h20, 8'h45, 8'h78, 8'h61};
                    reg_g       <=  {8'h6d, 8'h70, 8'h6c, 8'h65};   reg_h       <=  {8'h20, 8'h20, 8'h20, 8'h20};
                    end
                end
            else if(Mode_Switch)
            if(lcd_show == `SemiFULL_DELAY)
                State <= IDLE;
            else
                if(lcd_show == `SemiFULL_DELAY)
                State <= Insert_OpCode;
            end

Insert_OpCode: begin
                if (!OP_Done && !Mode_Switch)
                begin
                if (Add && !OP_Done) begin Add_reg <=  1; OP_Done <= 1; OP_Code <= 8'd43; end
                if (Sub && !OP_Done) begin Sub_reg <=  1; OP_Done <= 1; OP_Code <= 8'd45; end
                if (Mul && !OP_Done) begin Mul_reg <=  1; OP_Done <= 1; OP_Code <= 8'd42; end
                if (Div && !OP_Done) begin Div_reg <=  1; OP_Done <= 1; OP_Code <= 8'd47; end
                end
            if (!Mode_Switch && (lcd_show != `FULL_DELAY))
                begin
                if(lcd_show < `HALF_DELAY)
                    begin
                    //Insert Op Code
                    reg_a       <=  {8'h49, 8'h6e, 8'h73, 8'h65};   reg_b       <=  {8'h72, 8'h74, 8'h20, 8'h4f};
                    reg_c       <=  {8'h70, 8'h20, 8'h43, 8'h6f};   reg_d       <=  {8'h64, 8'h65, 8'h20, 8'h20};
                    reg_e       <=  {8'h20, 8'h20, 8'h20, 8'h20};   reg_f       <=  {8'h20, 8'h20, 8'h20, 8'h20};
                    reg_g       <=  {8'h20, 8'h20, 8'h20, 8'h20};   reg_h       <=  {8'h20, 8'h20, 8'h20, 8'h20};
                    end
                else
                    begin
//                   Basic Calculator
                    reg_a       <=  {8'h42, 8'h61, 8'h73, 8'h69};   reg_b       <=  {8'h63, 8'h20, 8'h43, 8'h61};
                    reg_c       <=  {8'h6c, 8'h63, 8'h75, 8'h6c};   reg_d       <=  {8'h61, 8'h74, 8'h6f, 8'h72};
//                   Example
                    reg_e       <=  {8'h20, 8'h20, 8'h20, 8'h20};   reg_f       <=  {8'h20, 8'h45, 8'h78, 8'h61};
                    reg_g       <=  {8'h6d, 8'h70, 8'h6c, 8'h65};   reg_h       <=  {8'h20, 8'h20, 8'h20, 8'h20};
                    end
                end
                else if(!Mode_Switch && OP_Done)
                State <= OpCode_Is;
                else if(!Mode_Switch && !OP_Done)
                State <= Insert_OpCode;
                else
                State <= IDLE;
            end
```

```
OpCode_Is: begin
            if(!Mode_Switch && (lcd_show == `SemiFULL_DELAY)) //65535
            State <= Insert_2ndNumber;
            else if (!Mode_Switch && OP_Done)
            begin
            if(lcd_show < `HALF_DELAY)
                begin
                //  Op Code Is:
                reg_a       <=  {8'h4f, 8'h70, 8'h20, 8'h43};   reg_b       <=  {8'h6f, 8'h64, 8'h65, 8'h20};
                reg_c       <=  {8'h49, 8'h73, 8'h3a, 8'h20};   reg_d       <=  {8'h49, 8'h73, 8'h3a, 8'h20};
                reg_e       <=  {8'h20, 8'h20, 8'h20, 8'h20};   reg_f       <=  {ASCII(OP_Code), 8'h20, 8'h20, 8'h20};
                reg_g       <=  {8'h20, 8'h20, 8'h20, 8'h20};   reg_h       <=  {8'h20, 8'h20, 8'h20, 8'h20};
                end
            else
                begin
//                 Basic Calculator
                reg_a       <=  {8'h42, 8'h61, 8'h73, 8'h69};   reg_b       <=  {8'h63, 8'h20, 8'h43, 8'h61};
                reg_c       <=  {8'h6c, 8'h63, 8'h75, 8'h6c};   reg_d       <=  {8'h61, 8'h74, 8'h6f, 8'h72};
//                 Example
                reg_e       <=  {8'h20, 8'h20, 8'h20, 8'h20};   reg_f       <=  {8'h20, 8'h45, 8'h78, 8'h61};
                reg_g       <=  {8'h6d, 8'h70, 8'h6c, 8'h65};   reg_h       <=  {8'h20, 8'h20, 8'h20, 8'h20};
                end
            end
//          else if(Mode_Switch)
//              if(lcd_show == `SemiFULL_DELAY)
//              State <= IDLE;
          else
            if(lcd_show == `SemiFULL_DELAY)
            State <= Insert_2ndNumber;
          end

Insert_2ndNumber: begin
            if (KEY[8:0] && !B_KEY_REG && !Mode_Switch)
            begin
            B_KEY_REG <= 1'b1;
            if      (!Mode_Switch && KEY[8]) B <= 8'd8;
            else if (!Mode_Switch && KEY[7]) B <= 8'd7;
            else if (!Mode_Switch && KEY[6]) B <= 8'd6;
            else if (!Mode_Switch && KEY[5]) B <= 8'd5;
            else if (!Mode_Switch && KEY[4]) B <= 8'd4;
            else if (!Mode_Switch && KEY[3]) B <= 8'd3;
            else if (!Mode_Switch && KEY[2]) B <= 8'd2;
            else if (!Mode_Switch && KEY[1]) B <= 8'd1;
            else if (!Mode_Switch && KEY[0]) B <= 8'd0;
            else  B <= 8'd0;
            end
            if (!Mode_Switch && (lcd_show != `FULL_DELAY))
            begin
            if(lcd_show < `HALF_DELAY)
                begin
//              Insert Number:
                reg_a       <=  {8'h49, 8'h6e, 8'h73, 8'h65};   reg_b       <=  {8'h72, 8'h74, 8'h20, 8'h4e};
                reg_c       <=  {8'h75, 8'h6d, 8'h62, 8'h65};   reg_d       <=  {8'h72, 8'h20, 8'h20, 8'h20};
//
                reg_e       <=  {8'h20, 8'h20, 8'h20, 8'h20};   reg_f       <=  {8'h20, 8'h20, 8'h20, 8'h20};
                reg_g       <=  {8'h20, 8'h20, 8'h20, 8'h20};   reg_h       <=  {8'h20, 8'h20, 8'h20, 8'h20};
                end
            else
                begin
//                 Basic Calculator
                reg_a       <=  {8'h42, 8'h61, 8'h73, 8'h69};   reg_b       <=  {8'h63, 8'h20, 8'h43, 8'h61};
                reg_c       <=  {8'h6c, 8'h63, 8'h75, 8'h6c};   reg_d       <=  {8'h61, 8'h74, 8'h6f, 8'h72};
//                 Example
                reg_e       <=  {8'h20, 8'h20, 8'h20, 8'h20};   reg_f       <=  {8'h20, 8'h45, 8'h78, 8'h61};
                reg_g       <=  {8'h6d, 8'h70, 8'h6c, 8'h65};   reg_h       <=  {8'h20, 8'h20, 8'h20, 8'h20};
                end
            end
            else if(!Mode_Switch && B_KEY_REG)
            State <= Second_Number;
            else if(!Mode_Switch && !B_KEY_REG)
            State <= Insert_2ndNumber;
            else
            State <= IDLE;
          end
```

```
Second_Number: begin
            if(!Mode_Switch && (lcd_show == `SemiFULL_DELAY)) //65535
            State <= Result_Is;
            if (!Mode_Switch && (lcd_show != `SemiFULL_DELAY))
            begin
            if(lcd_show < `HALF_DELAY)
                begin
                //          2nd Digit Is:
                reg_a       <=  {8'h20, 8'h20, 8'h32, 8'h6e};   reg_b       <=  {8'h64, 8'h20, 8'h44, 8'h69};
                reg_c       <=  {8'h67, 8'h69, 8'h74, 8'h20};   reg_d       <=  {8'h49, 8'h73, 8'h3a, 8'h20};
                reg_e       <=  {8'h20, 8'h20, 8'h20, 8'h20};   reg_f       <=  {ASCII(B), 8'h20, 8'h20, 8'h20};
                reg_g       <=  {8'h20, 8'h20, 8'h20, 8'h20};   reg_h       <=  {8'h20, 8'h20, 8'h20, 8'h20};
                        end
            else
                begin
//               Basic Calculator
                reg_a       <=  {8'h42, 8'h61, 8'h73, 8'h69};   reg_b       <=  {8'h63, 8'h20, 8'h43, 8'h61};
                reg_c       <=  {8'h6c, 8'h63, 8'h75, 8'h6c};   reg_d       <=  {8'h61, 8'h74, 8'h6f, 8'h72};
//               Example
                reg_e       <=  {8'h20, 8'h20, 8'h20, 8'h20};   reg_f       <=  {8'h20, 8'h45, 8'h78, 8'h61};
                reg_g       <=  {8'h6d, 8'h70, 8'h6c, 8'h65};   reg_h       <=  {8'h20, 8'h20, 8'h20, 8'h20};
                end
            end
        else if(Mode_Switch)
        if(lcd_show == `FULL_DELAY)
            State <= IDLE;
        else
            if(lcd_show == `SemiFULL_DELAY)
            State <= Result_Is;
        end

Result_Is: begin
        if (!Mode_Switch)
            begin
            if (Add_reg && !Result_Done)begin C <=  A + B; Result_Done <= 1; end
            if (Sub_reg && !Result_Done)begin C <=  A - B; Result_Done <= 1; end
            if (Mul_reg && !Result_Done)begin C <=  A * B; Result_Done <= 1; end
            if (Div_reg && !Result_Done)begin C <=  A / B; Result_Done <= 1; end
            if(lcd_show < `HALF_DELAY && Result_Done)
                begin
//              Result Is:          75 6c 74 20 49 73 3a
                reg_a       <=  {8'h52, 8'h65, 8'h73, 8'h75};   reg_b       <=  {8'h6c, 8'h74, 8'h20, 8'h49};
                reg_c       <=  {8'h73, 8'h3a, 8'h20, 8'h20};   reg_d       <=  {8'h20, 8'h49, 8'h73, 8'h3a};
                reg_e       <=  {8'h20, 8'h20, 8'h20, 8'h20};   reg_f       <=  {ASCII(C), 8'h20, 8'h20, 8'h20};
                reg_g       <=  {8'h20, 8'h20, 8'h20, 8'h20};   reg_h       <=  {8'h20, 8'h20, 8'h20, 8'h20};
                end
            else
                begin
//               Basic Calculator
                reg_a       <=  {8'h42, 8'h61, 8'h73, 8'h69};   reg_b       <=  {8'h63, 8'h20, 8'h43, 8'h61};
                reg_c       <=  {8'h6c, 8'h63, 8'h75, 8'h6c};   reg_d       <=  {8'h61, 8'h74, 8'h6f, 8'h72};
//               Example
                reg_e       <=  {8'h20, 8'h20, 8'h20, 8'h20};   reg_f       <=  {8'h20, 8'h45, 8'h78, 8'h61};
                reg_g       <=  {8'h6d, 8'h70, 8'h6c, 8'h65};   reg_h       <=  {8'h20, 8'h20, 8'h20, 8'h20};
                end
            end
        else
            if(lcd_show == `FULL_DELAY)
            State <= IDLE;
        end
    endcase
    end
end
```

o Text LCD control related to Counter and Enable

```
// state logic에 사용될 counter 생성
// CLK 신호가 상승할 때 카운터 값이 변화
always @(posedge RESET or posedge CLK)
begin
	if(RESET)
		begin
			delay_lcdclk	<=	11'd0;
			count_lcd	<=	6'd0;
			LCD_EN		<=	1'b0;
		end
	else
		begin
			// CLK 신호가 상승할 때 카운터 값이 변화
			// delay_lcdclk 값이 2000이상이 되면 다시 0으로 셋팅
			// delay_lcdclk 값이 2000미만이 되면 기존의 delay_lcdclk 값에 1을 추가
			if (delay_lcdclk < 11'd2000)
				delay_lcdclk <=  delay_lcdclk + 11'd1;
			else
				delay_lcdclk <= 11'd0;

			// delay_lcdclk 값이 0인 상태에서 CLK 신호가 상승할 때 count_lcd 값이 변화
			// count_lcd 카운터 값이 40이상이 되면 다시 7로 셋팅
			// count_lcd 카운터 값이 40미만이 되면 기존의 count_lcd 값에 1을 추가
			if (delay_lcdclk == 11'd0)
				begin
					if (count_lcd < 6'd40)
						count_lcd <= count_lcd + 6'd1;
					else
						count_lcd <= 6'd7;
				end

			// CLK 신호가 상승할 때 카운터 값이 변화
			// delay_lcdclk 값이 200~1800일 때, LCD_EN이 1로 출력
			// 그외에는, LCD_EN이 0로 출력
			if (delay_lcdclk == 11'd200)
				LCD_EN <= 1'b1;
			else if (delay_lcdclk == 11'd1800)
				LCD_EN <= 1'b0;

	end
end
```

o Text LCD Mode control order

```
always @(posedge RESET or posedge CLK)
begin
	if (RESET)
		lcd_mode <= mode_pwron;
	else
		begin
			// count_lcd 카운트 값에 의해 "lcd_mode" state 값이 결정된다.
			case (count_lcd)
				16'd0	:	lcd_mode  <=  mode_pwron;
				16'd1	:	lcd_mode  <=  mode_fnset;
				16'd2	:	lcd_mode  <=  mode_onoff;
				16'd3	:	lcd_mode  <=  mode_entr1;
				16'd4	:	lcd_mode  <=  mode_entr2;
				16'd5	:	lcd_mode  <=  mode_entr3;
				16'd6	:	lcd_mode  <=  mode_seta1;
				16'd7	:	lcd_mode  <=  mode_wr1st;
				16'd23	:	lcd_mode  <=  mode_seta2;
				16'd24	:	lcd_mode  <=  mode_wr2nd;
				16'd40	:	lcd_mode  <=  mode_delay;
				16'd41	:	lcd_mode  <=  mode_actcm;
				default	:	begin end
			endcase
		end
end
```

o Text LCD control, according to the Mode

```
always @(posedge RESET or posedge CLK)
begin
     if (RESET)
          set_data <= 9'd0;
     else
          begin
               // lcd_mode state 값에 의해 LCD_DATA, LCD_RW, LCD_RS 출력이 달라진다.
               case (lcd_mode)
                    mode_pwron    :    set_data  <=  {1'b0, 8'h38};
                    mode_fnset    :    set_data  <=  {1'b0, 8'h38};
                    mode_onoff    :    set_data  <=  {1'b0, 8'h0e};
                    mode_entr1    :    set_data  <=  {1'b0, 8'h06};
                    mode_entr2    :    set_data  <=  {1'b0, 8'h02};
                    mode_entr3    :    set_data  <=  {1'b0, 8'h01};
                    mode_seta1    :    set_data  <=  {1'b0, 8'h80};

                    mode_wr1st    :
                         begin
                              // Register에서 읽어와 TEXT-LCD display 창의 윗 줄 16자 표시
                              case (count_lcd)
                                   6'd7     :    set_data   <=   {1'b1, reg_a[31:24]};
                                   6'd8     :    set_data   <=   {1'b1, reg_a[23:16]};
                                   6'd9     :    set_data   <=   {1'b1, reg_a[15: 8]};
                                   6'd10    :    set_data   <=   {1'b1, reg_a[7 : 0]};
                                   6'd11    :    set_data   <=   {1'b1, reg_b[31:24]};
                                   6'd12    :    set_data   <=   {1'b1, reg_b[23:16]};
                                   6'd13    :    set_data   <=   {1'b1, reg_b[15: 8]};
                                   6'd14    :    set_data   <=   {1'b1, reg_b[7 : 0]};
                                   6'd15    :    set_data   <=   {1'b1, reg_c[31:24]};
                                   6'd16    :    set_data   <=   {1'b1, reg_c[23:16]};
                                   6'd17    :    set_data   <=   {1'b1, reg_c[15: 8]};
                                   6'd18    :    set_data   <=   {1'b1, reg_c[7 : 0]};
                                   6'd19    :    set_data   <=   {1'b1, reg_d[31:24]};
                                   6'd20    :    set_data   <=   {1'b1, reg_d[23:16]};
                                   6'd21    :    set_data   <=   {1'b1, reg_d[15: 8]};
                                   6'd22    :    set_data   <=   {1'b1, reg_d[7 : 0]};
                              endcase
                         end

                    mode_seta2         :    set_data   <=   {1'b0, 8'hc0};
                    mode_wr2nd         :
                         begin
                              // Register에서 읽어와 TEXT-LCD display 창의 아랫 줄 16자 표시
                              case (count_lcd)
                                   6'd24    :    set_data   <=   {1'b1, reg_e[31:24]};
                                   6'd25    :    set_data   <=   {1'b1, reg_e[23:16]};
                                   6'd26    :    set_data   <=   {1'b1, reg_e[15: 8]};
                                   6'd27    :    set_data   <=   {1'b1, reg_e[7 : 0]};
                                   6'd28    :    set_data   <=   {1'b1, reg_f[31:24]};
                                   6'd29    :    set_data   <=   {1'b1, reg_f[23:16]};
                                   6'd30    :    set_data   <=   {1'b1, reg_f[15: 8]};
                                   6'd31    :    set_data   <=   {1'b1, reg_f[7 : 0]};
                                   6'd32    :    set_data   <=   {1'b1, reg_g[31:24]};
                                   6'd33    :    set_data   <=   {1'b1, reg_g[23:16]};
                                   6'd34    :    set_data   <=   {1'b1, reg_g[15: 8]};
                                   6'd35    :    set_data   <=   {1'b1, reg_g[7 : 0]};
                                   6'd36    :    set_data   <=   {1'b1, reg_h[31:24]};
                                   6'd37    :    set_data   <=   {1'b1, reg_h[23:16]};
                                   6'd38    :    set_data   <=   {1'b1, reg_h[15: 8]};
                                   6'd39    :    set_data   <=   {1'b1, reg_h[7 : 0]};
                              endcase
                         end

                    mode_delay         :    set_data   <=   {1'b0, 8'h02};
                    mode_actcm         :    set_data   <=   {1'b0, 8'h02};
                    default            :    begin end
               endcase
          end
end
```

- **top.ucf**

```
#############################################
### TEXTLCD
#############################################
NET "LCD_RS" LOC = "N6";
NET "LCD_RW" LOC = "T4";
NET "LCD_EN" LOC = "M6";
NET "LCD_DATA[0]" LOC = "T6";
NET "LCD_DATA[1]" LOC = "R5";
NET "LCD_DATA[2]" LOC = "T5";
NET "LCD_DATA[3]" LOC = "N5";
NET "LCD_DATA[4]" LOC = "P5";
NET "LCD_DATA[5]" LOC = "L8";
NET "LCD_DATA[6]" LOC = "L7";
NET "LCD_DATA[7]" LOC = "P4";

#############################################
### KEY
#############################################
NET "KEY[8]" LOC = "L4";
NET "KEY[7]" LOC = "H3";
NET "KEY[6]" LOC = "H4";
NET "KEY[5]" LOC = "H5";
NET "KEY[4]" LOC = "J6";
NET "KEY[3]" LOC = "J4";
NET "KEY[2]" LOC = "K3";
NET "KEY[1]" LOC = "F1";
NET "KEY[0]" LOC = "F2";

#############################################
### Arithmatic Operations
#############################################
NET "Add" LOC = "E11";
NET "Sub" LOC = "B14";
NET "Mul" LOC = "A14";
NET "Div" LOC = "D11";
```

10.3 Verilog Behavioral Simulation

상기의 Verilog code(DUT)를 작성하여 LCD display의 기능들을 검증하기 위해 test bench를 작성하고 다음과 같이 behavioral simulation을 수행한다.

- Test bench 의 input은 register type으로 정의하고 output은 wire type으로 정의한다.
- Device Under Test(DUT)의 IO를 정의하고 input을 공급하여 isim waveform을 통해 output waveform을 측정하여 예상 출력값들이 맞는지 확인한다.

Test bench source code:

- Simple_Calculator.v

o Registers and Wires Declarations to indicate the IOs:

```
module Simple_Calculator;

    // Inputs
    reg clock_12MHz;
    reg RESET;
    reg Mode_Switch;
    reg [8:0] KEY;
    reg Add;
    reg Sub;
    reg Mul;
    reg Div;

    // Outputs
    wire [7:0] LED;
    wire [3:0] FND_COM;
    wire [7:0] FND_DATA;
    wire [9:0] DOT_COL;
    wire [13:0] DOT_RAW;
    wire LCD_RS;
    wire LCD_RW;
    wire LCD_EN;
    wire [7:0] LCD_DATA;
```

o Instantiate the Unit Under Test(UUT):

```
    // Instantiate the Unit Under Test (UUT)
    top uut (
        .clock_12MHz(clock_12MHz),
        .RESET(RESET),
        .Mode_Switch(Mode_Switch),
        .LED(LED),
        .FND_COM(FND_COM),
        .FND_DATA(FND_DATA),
        .DOT_COL(DOT_COL),
        .DOT_RAW(DOT_RAW),
        .KEY(KEY),
        .Add(Add),
        .Sub(Sub),
        .Mul(Mul),
        .Div(Div),
        .LCD_RS(LCD_RS),
        .LCD_RW(LCD_RW),
        .LCD_EN(LCD_EN),
        .LCD_DATA(LCD_DATA)
    );
```

- Clock Generation:

```
// Clock generator
//12MHz  == 83ns
always
#83 clock_12MHz = ~clock_12MHz;
```

- Initialize our test cases:

```
initial begin
      // Initialize Inputs
      clock_12MHz = 0;
      RESET = 0;
      Mode_Switch = 1;
      KEY = 8'h0;
      Add = 0;
      Sub = 0;
      Mul = 0;
      Div = 0;
      //Wait for global reset to finish
      repeat(3) @(posedge clock_12MHz);
      RESET = 1;
      repeat(3) @(posedge clock_12MHz);
      RESET = 0;
      repeat(3) @(posedge clock_12MHz);
   end

endmodule
```

- To change our input cases manually for our test cases we can right click on the needed signal as shown:

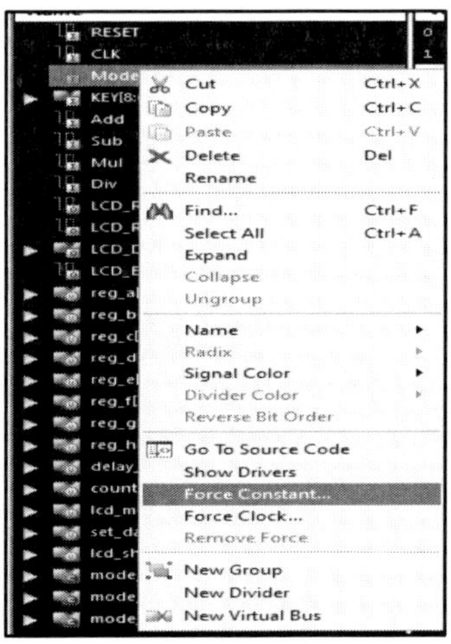

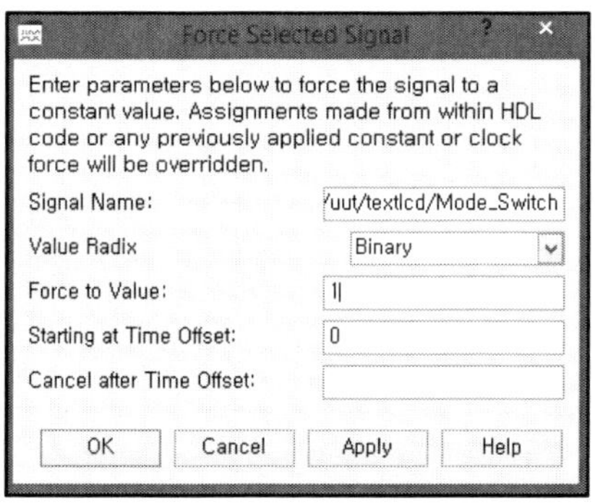

Simulation Results

- Screen Shot of the running simulation

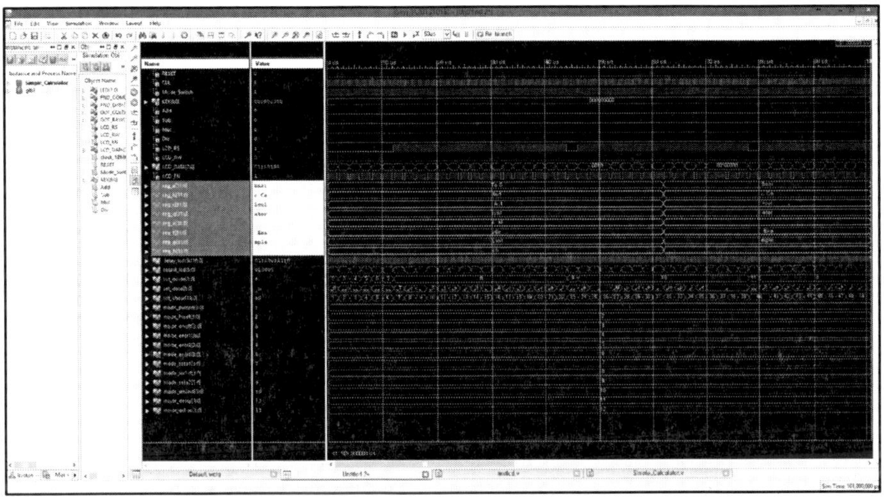

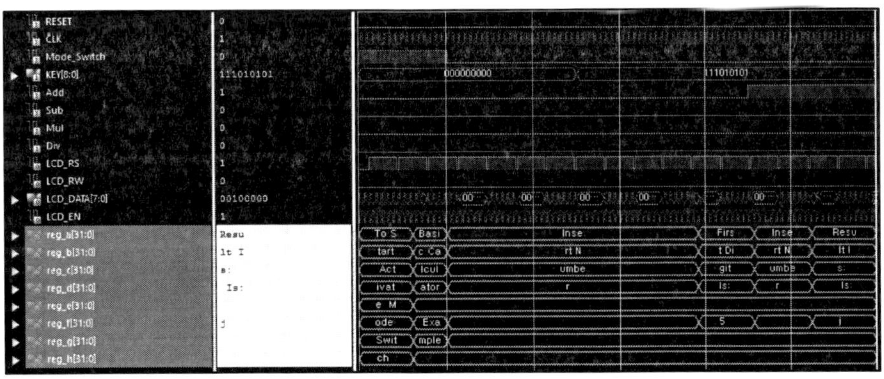

Example: 4+5=9

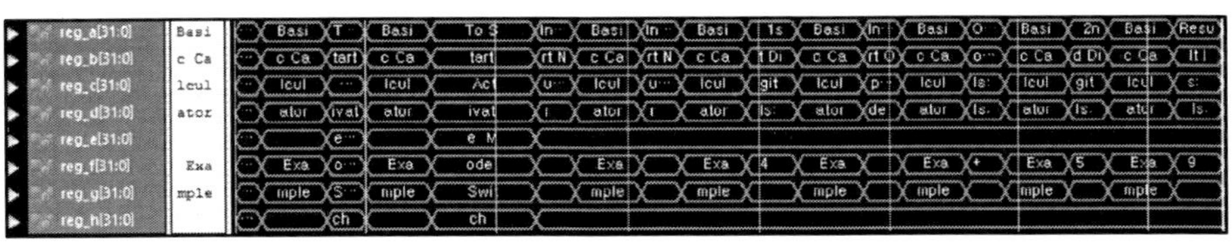

10.4 FPGA Test

다음과 같이 Verilog code를 합성하여 FPGA를 위한 bit file을 생성한다:

- Run Manage Configuration Project (iMPACT)

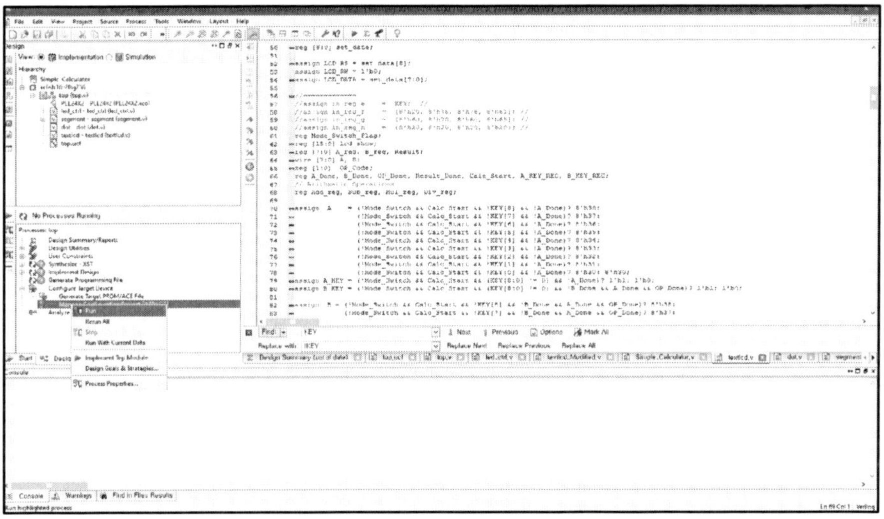

- The ISE iMPACT will launch so you can load your bit file and Program FPGA:

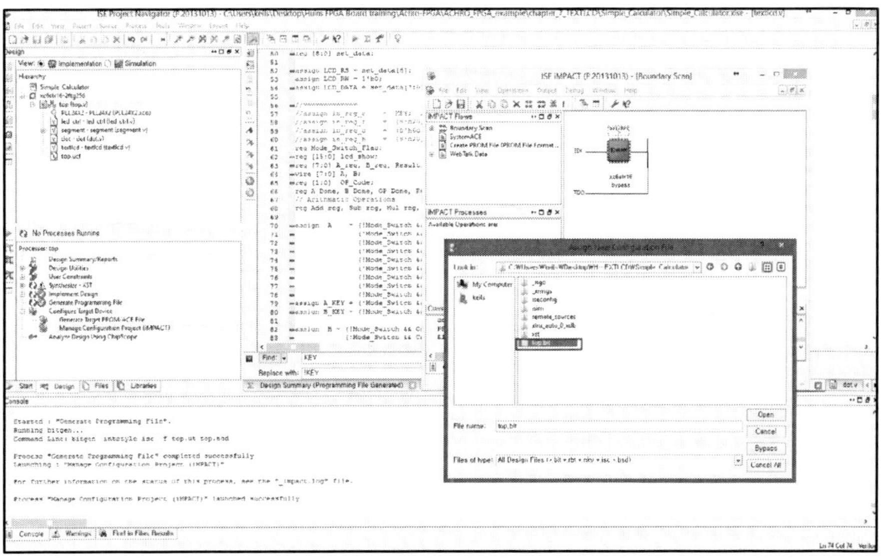

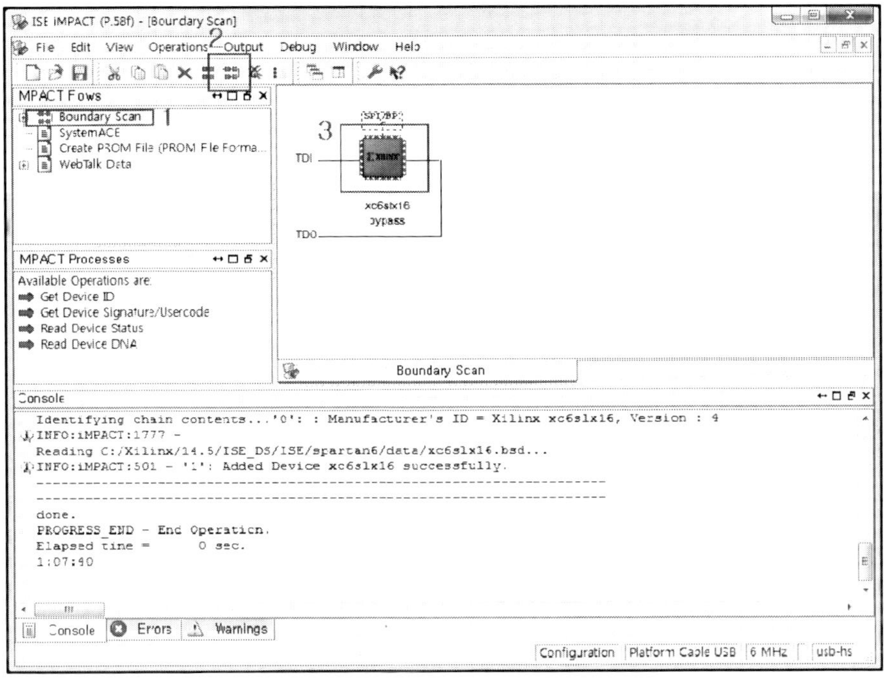
ISE iMPACT (P.58f) - [Boundary Scan]
File Edit View Operations Output Debug Window Help
2
MPACT Flows
Boundary Scan
1
SystemACE
Create PROM File (PROM File Forma...
WebTalk Data
3
SPI/BPI
TDI
xc6slx16
bypass
TDO
MPACT Processes
Available Operations are:
Get Device ID
Get Device Signature/Usercode
Read Device Status
Read Device DNA
Boundary Scan
Console
Identifying chain contents...'0': : Manufacturer's ID = Xilinx xc6slx16, Version : 4
INFO:iMPACT:1777 -
Reading C:/Xilinx/14.5/ISE_DS/ISE/spartan6/data/xc6slx16.bsd...
INFO:iMPACT:501 - '1': Added Device xc6slx16 successfully.
done.
PROGRESS_END - End Operation.
Elapsed time = 0 sec.
1:07:40
Console
Errors
Warnings
Configuration
Platform Cable USB
6 MHz
usb-hs

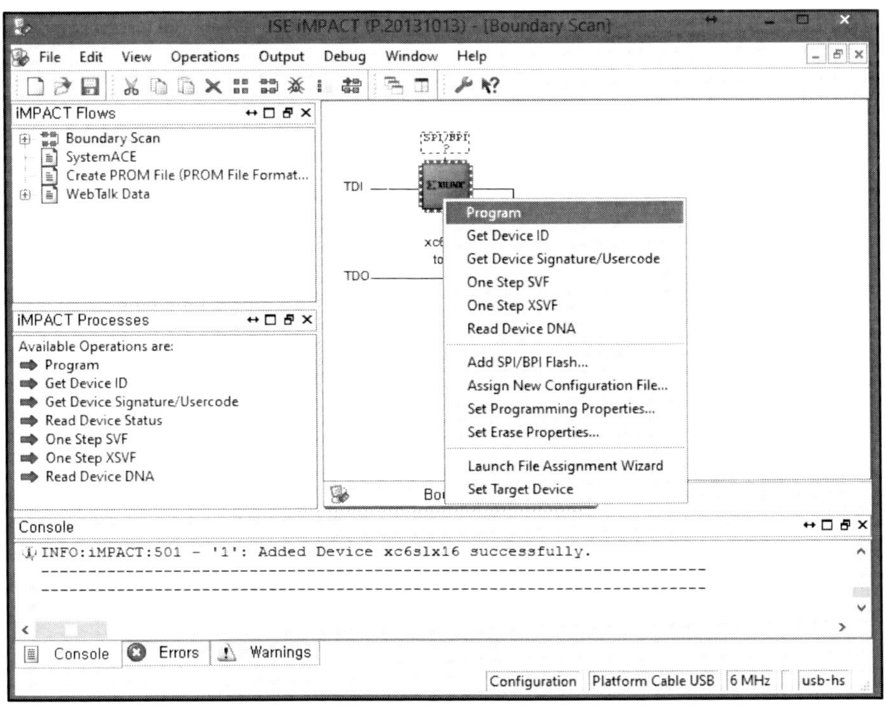
ISE iMPACT (P.20131013) - [Boundary Scan]
File Edit View Operations Output Debug Window Help
iMPACT Flows
Boundary Scan
SystemACE
Create PROM File (PROM File Format...
WebTalk Data
SPI/BPI
TDI
TDO
Program
Get Device ID
Get Device Signature/Usercode
One Step SVF
One Step XSVF
Read Device DNA
Add SPI/BPI Flash...
Assign New Configuration File...
Set Programming Properties...
Set Erase Properties...
Launch File Assignment Wizard
Set Target Device
iMPACT Processes
Available Operations are:
Program
Get Device ID
Get Device Signature/Usercode
Read Device Status
One Step SVF
One Step XSVF
Read Device DNA
Console
INFO:iMPACT:501 - '1': Added Device xc6slx16 successfully.
Console
Errors
Warnings
Configuration
Platform Cable USB
6 MHz
usb-hs

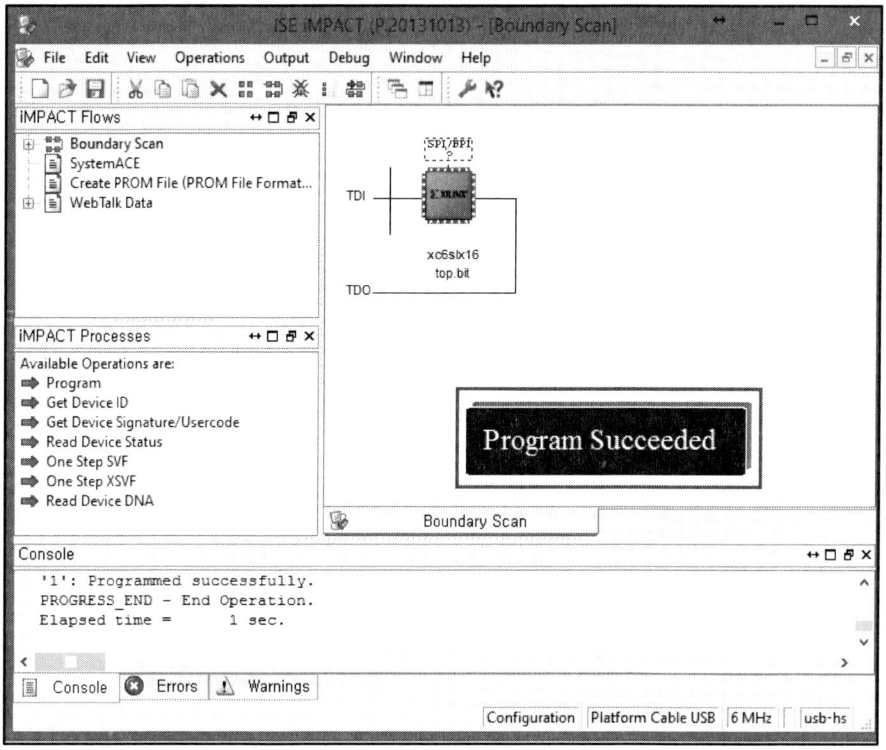

10.5 Homework

상기 예제를 활용하여 다음 기능의 verilog code를 설계하고, Simulation하고 FPGA에서 Test하라.

a) 각자의 영문 이름을 LCD에 출력하는 verilog code를 설계하고 FPGA에서 Test한다. (Hint: you have to convert ASCII to Hexadecimal)
b) 상기 예제에 주어진 간단한 계산기 verilog에 추가 계산기 operator 기능을 추가하여 Verilog code를 수정하고, Simulation 한 후 FPGA에서 Test한다.

제11장

Step Motor Driver Design Using FPGA

11.1 Introduction

이번 장에서는 FPGA의 Step Motor의 동작법과 사용법을 익히고, Verilog 코드를 사용하여 기본 예제를 Xilinx ISE를 통해 합성해 보고 FPGA에 다운로드하여 테스트하는 과정을 설명한다.

1) Step Motor란?

Step Motor는 1920년대 영국에서 처음 개발되었으며, 1960년대 일본에서 NC공작기계에 도입하였고, 현재 플로피 디스크나 프린터, 자동제어 공작기계 등에 광범위하게 이용되고 있다. Step Motor는 입력으로 하나의 펄스가 들어갈 때 마다 한 개의 Step만큼 회전하는 모터라고 생각하면 되겠다.

스텝 모터(StepPing Motor, Pulse Motor, Stepper Motor)는 다른 AC Servo, DC Servo Motor에 비하여 정확한 각도 제어에 유리하여 많이 쓰이고 있다. 스텝 모터는 디지털 펄스를 기계적인 축 운동으로 변화시키는 변환기이며, 펄스는 디지털 Source에 의해 가해지게 된다. 매 펄스의 수에 따라 모터 축은 정해진 각도로 회전하게 되어있으며, 펄스의 간격을 알맞게 조정하면 구동 방식과 속도 제어를 할 수 있다.

스텝 모터의 특징은 다음과 같다.

(1) 장점

- 디지털 신호로 직접 Open Loop 제어를 할 수 있고, 전반적으로 간단하게 구동된다.
- 회전 속도 : 펄스 신호의 주파수에 비례한다.
- 모터 회전각 : 입력 Pulse 수에 비례하고 모터의 속도는 1초간의 입력 Pulse 수에 비례한다.
- 기동 정지, 정-역 회전, 변속이 용이하며, 응답 특성도 양호하다.
- 1 스텝 당 각도 오차가 +5% 이내이며 회전각의 오차는 Step마다 누적된다.
- 초 저속으로 높은 토크(Torque) 운전이 가능하다.

(2) 단점

- 고속 운전 시 탈조가 쉽다.
- 특정 주파수에서는 진공, 공진 현상이 발생하기 쉽고, 관성이 있는 부하에 약하

다.

- Pulse 비가 상승함에 따라 Torque가 저하하며, DC Motor에 비해 효율이 떨어진다.

2) Step Motor 구조

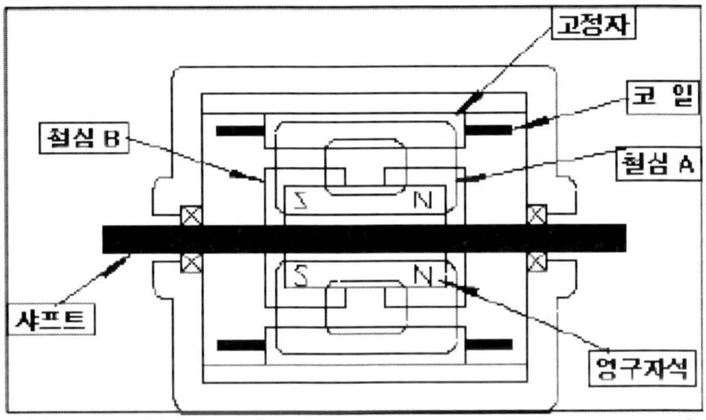

스텝모터는 내부를 구성하는 고정자라 불리 우는 극의 수에 따라 단상(1상), 2상 ~ 6상 등의 종류가 있다. 여기서 말하는 상이란 위상을 말하며 모터 내부에 몇 조의 코일을 갖고 있는가를 말하는 것이다. 예를 들어 4상 모터라 하면 모터내부에 서로 다른 4가지 상을 만들 수 있으며, 모터 내부에 독립적으로 존재하는 상의 수라 생각하면 된다. 스텝모터는 일반 DC 모터와 달리 배선수가 많다. 흔히 4개에서 6개의 선이 나와 있어서 어느 쪽으로 구동전원을 연결하는지 알 수가 없다. 그렇기 때문에 모터 사용 시 사양서를 잘 보아야 한다.

3) Step Motor 구동원리

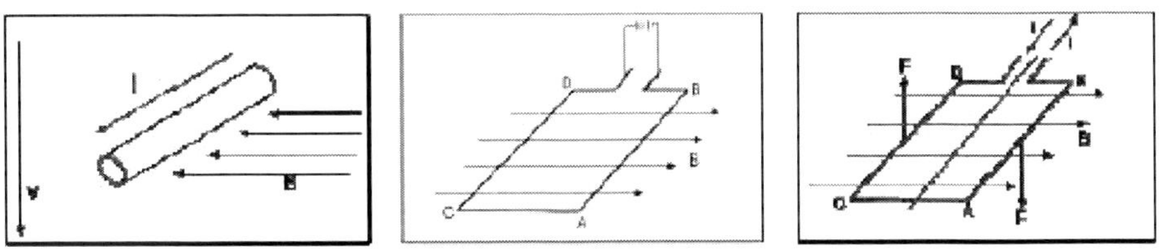

외부에서 고정자(Stator)에 감긴 도선에 전류를 흐르게 하면, 회전자(Rotor)의 자계와 작용하여 회전자가 움직이게 된다. 그러나 일단 회전자가 움직이게 되면, 이는 고

정된 자계 속을 도선이 움직이는 것과 같은 효과가 발생되므로 동일 도선에 회전 속도에 비례하여 반대 방향의 역기전압이 발생된다, 따라서 외부에서 흘려주는 입력 전류와 반대 방향의 역기전압(전류)은 서로 상쇄되어 실제로 도선 속을 흐르는 전류를 제한하게 되고, 이로써 모터의 회전 속도와 이 속도에서의 토크를 제한하게 된다. 즉, 최대 속도에서는 토크가 '0'이 된다.

* 토크Torque) : 회전자의 회전축 중심으로부터 1cm 또는 1m 떨어진 부하(물체)를 단위 시(1초)에 1cm 또는 1m를 움직일 수 있는 힘(단위 : gfcm 또는 Kgfcm 등)

4) FPGA 보드의 Block Diagram

Step Motor 제어 관련 FPGA Block Diagram은 다음과 같다.

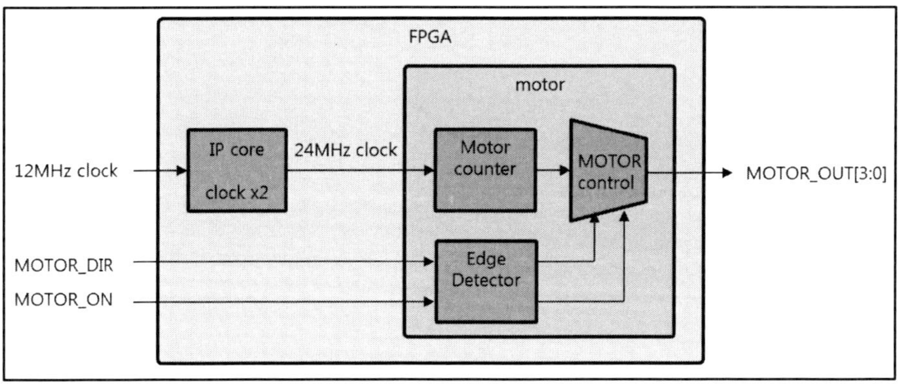

5) Step Motor의 동작 구현 목표

Step Motor의 On/Off 스위치와 Direction 스위치는 한 번씩 눌려질 때마다 Step Motor의 동작이 변경된다. 즉, Edge Detector에서 스위치의 상태를 감지하다가 그 결과를 최종 출력 단에 전달한다. 최종 출력 단은 우선 Step Motor의 On/Off의 상태를 확인하고, 만약 On 상태라면 Timing에 맞춰서 Step Motor를 동작시킨다. 이때, Step Motor를 구동하는 방식은 그 종류에 따라 다음과 같이 구별된다.

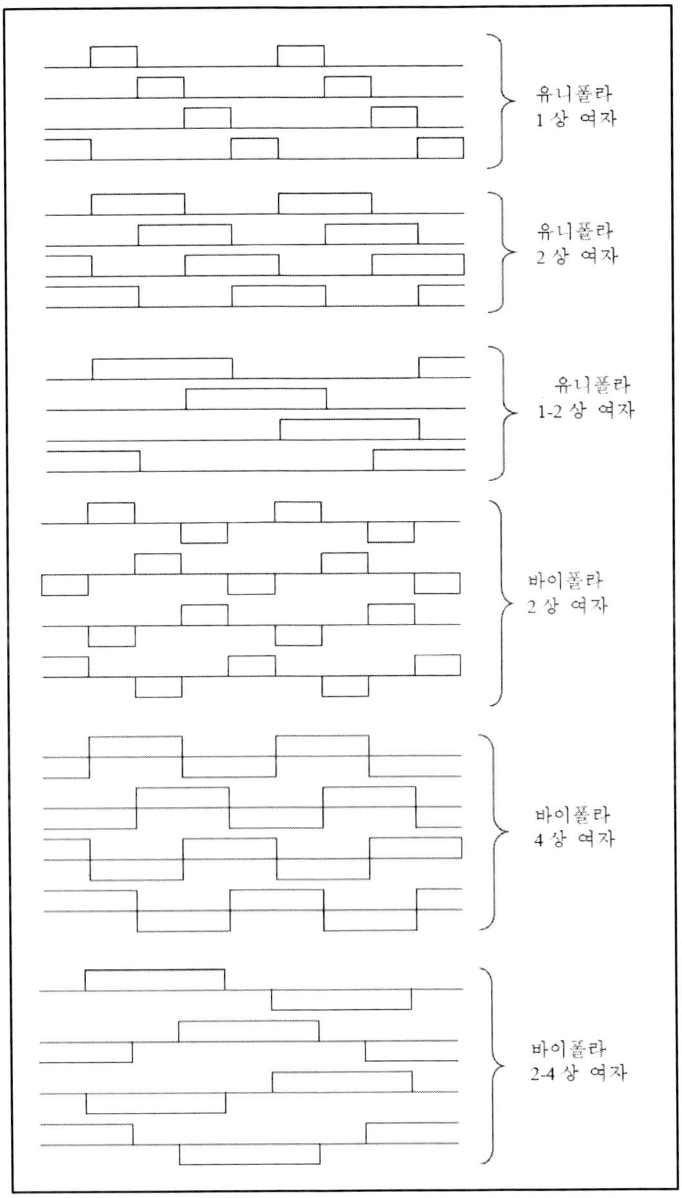

상은 Phase 이고 여자는 Excitation([U] 자극; [전기] 여자(勵磁); [물리] 여기(勵起)) 즉, 상을 자극하는 방법이라는 의미이고, Step Motor에서 각각의 상(Phase)에 전기를 흘리는 방식을 의미한다. ACHRO-FPGA 보드에서는 4상 여자 방식으로 Step Motor를 제어한다.

11.2 Verilog implementation

◆ I/O 포트 설명

Port name	I/O	Width	Description
RESET	Input	1	Chip reset
CLK	Input	1	Chip clock
MOTOR_DIR	Input	1	Motor direction
MOTOR_ON	Input	1	Motor power
MOTOR_OUT	Output	4	Motor speed

◆ I/O 핀 구성

Dip Switch

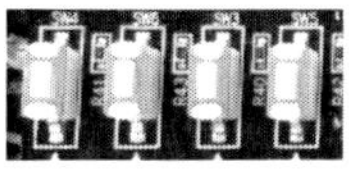

Dip_Switch[0]	Dip_Switch[1]	Dip_Switch[2]	Dip_Switch[3]

Name	Pin 번호	Name	Pin 번호
Dip_Switch[0]	E11	MOTOR_DIR	A14
MOTOR_ON	B14	Dip_Switch[3]	D11

Step Motor

Name	Pin 번호
MOTOR_ON	B14
MOTOR_DIR	A14
MOTOR_OUT[0]	J1
MOTOR_OUT[1]	H2
MOTOR_OUT[2]	H1
MOTOR_OUT[3]	G3

◆ Verilog Source code

1) chap11_top.v

4 개의 Input port, 1개의 Output port를 갖는 chap11_top.v를 타이핑한다. 이 모듈은 PLL 블록과 motor 모듈을 인스턴스하는 역할을 한다.(PLL 블록은 부록을 참고하여 만들 수 있다.)

```
`timescale 1ns / 1ps

// Top 모듈을 선언하고, 각 입/출력 pin 할당
module top(
    input   clock_12MHz,        // 12MHz
    input   RESET,          // active high
    input   MOTOR_DIR,
    input   MOTOR_ON,

    output  wire    [3:0]   MOTOR_OUT
);

// 내부 신호(wire)를 선언
wire    clock_24MHz;    // 24MHz
wire    PLL_locked; // active high

// PLL 모듈을 사용하여 12MHz clock을 24MHz로 변경
PLL24X2 PLL24X2(
    .RESET(RESET),
    .CLK_IN1(clock_12MHz),
    .CLK_OUT1(clock_24MHz)
);

// stepmotor 구현 모듈 불러오기
motor motor(
    .RESET(RESET),
    .CLK(clock_24MHz),
    .MOTOR_DIR(MOTOR_DIR),
    .MOTOR_ON(MOTOR_ON),
    .MOTOR_OUT(MOTOR_OUT)
);

endmodule
```

2) chap11_motor.v

4 개의 Input port, 1개의 Output port를 갖는 chap11_motor.v를 타이핑한다. 이 모듈은 FPGA의 스텝 모터의 동작을 포함하고 있다.

```
        else
            begin
                if(!sw_on)
                    cnt_motor <= 32'd0;
                else if(cnt_motor < (motor_speed-1))
                    cnt_motor <= cnt_motor + 32'd1;
                else
                    cnt_motor <= 32'd0;

                // motor_speed가 작을 수록 MOTOR_OUT로 출력되는
                // 신호 변화가 빨라지기 때문에 모터 속도가 커진다.
                case (cnt_motor)
                    0                   :
                        if(sw_dir)
                            MOTOR_OUT <= 4'b0101;
                        else
                            MOTOR_OUT <= 4'b1001;

                    (motor_speed/4) :
                        if(sw_dir)
                            MOTOR_OUT <= 4'b0110;
                        else
                            MOTOR_OUT <= 4'b1010;

                    (motor_speed/4)*2    :
                        if(sw_dir)
                            MOTOR_OUT <= 4'b1010;
                        else
                            MOTOR_OUT <= 4'b0110;

                    (motor_speed/4)*3    :
                        if(sw_dir)
                            MOTOR_OUT <= 4'b1001;
                        else
                            MOTOR_OUT <= 4'b0101;
                endcase
            end
end

endmodule
```

```
`timescale 1ns / 1ps

// motor 모듈 및 입출력 핀 선언
module motor(
    input               RESET,
    input               CLK,
    input               MOTOR_DIR,
    input               MOTOR_ON,
    output  reg [3:0]   MOTOR_OUT
);

// 내부 신호 선언
reg  [31:0] cnt_motor;
reg  [7:0]  cnt_sw_dir;
reg  [7:0]  cnt_sw_on;
reg         sw_dir;
reg         sw_on;
wire [31:0] motor_speed;

reg         reg_MOTOR_DIR;
reg         reg_MOTOR_ON;

// 모터 속도 (값이 작을 속도가 더 빨리 돌아간다)
assign motor_speed = 32'd960000;

// 버튼 입력에 따른 Edge Detector를 사용하여 Step Motor의 On/Off 상태와 방향 설정
always @ (posedge RESET or posedge CLK)
begin
    if(RESET)
        begin
            reg_MOTOR_DIR   <=  1'b0;
            reg_MOTOR_ON    <=  1'b0;
            sw_dir          <=  1'b0;
            sw_on           <=  1'b0;
        end
    else
        begin
            reg_MOTOR_DIR   <=  MOTOR_DIR;
            reg_MOTOR_ON    <=  MOTOR_ON;

            if(MOTOR_DIR == 1'b1 & reg_MOTOR_DIR == 1'b0)
                sw_dir <= ~sw_dir;

            if(MOTOR_ON == 1'b1 & reg_MOTOR_ON == 1'b0)
                sw_on <= ~sw_on;
        end
end

// 모터 동작 구현하고 모터 속도 결정
always @ (posedge RESET or posedge CLK)
begin
    if(RESET)
        begin
            cnt_motor <= 32'd0;
            MOTOR_OUT <= 4'b1001;
        end
```

3) chap11_pin_config.ucf

FPGA에 다운로드 하기 위한 chap11_pin_config.ucf 파일을 아래와 같이 타이핑한다.

```
############################################
### reset
############################################
NET "RESET" LOC = "F10";

############################################
### clk
############################################
NET "clock_12MHz" LOC = "T8";

############################################
### STEPMOTOR
############################################
NET "MOTOR_ON" LOC = "B14";
NET "MOTOR_DIR" LOC = "A14";
NET "MOTOR_OUT[0]" LOC = "J1";
NET "MOTOR_OUT[1]" LOC = "H2";
NET "MOTOR_OUT[2]" LOC = "H1";
NET "MOTOR_OUT[3]" LOC = "G3";

############################################
### timing constraint
############################################
NET "clock_12MHz" TNM_NET = "clock_12MHz";
TIMESPEC "TS_clock_12MHz" = PERIOD "clock_12MHz" 83333.333 ps HIGH 50 %;

NET "clock_24MHz" TNM_NET = "clock_24MHz";
TIMESPEC "TS_clock_24MHz" = PERIOD "clock_24MHz" 41666.666 ps HIGH 50 %;
```

11.3 Verilog Behavioral Simulation

◆ 시뮬레이션 동작

이번 챕터에서는 정방향 및 역방향으로 움직이는 스텝모터의 동작을 시뮬레이션으로 구현해본다. 위의 소스에서 주석 처리된 부분의 변수 값을 조정하여 모터의 스피드를 변화시킬 수 있다.

시뮬레이션을 돌리기 위해 필요한 테스트 벤치 소스는 아래와 같다.

Test bench source code(chap11_testbench.v)

```
`timescale 1ns / 1ps

module tb_top;

    // Inputs
    reg clock_12MHz;
    reg RESET;
    reg MOTOR_DIR;
    reg MOTOR_ON;

    // Outputs
    wire [3:0] MOTOR_OUT;

    // Instantiate the Unit Under Test (UUT)
    top uut (
        .clock_12MHz(clock_12MHz),
        .RESET(RESET),
        .MOTOR_DIR(MOTOR_DIR),
        .MOTOR_ON(MOTOR_ON),
        .MOTOR_OUT(MOTOR_OUT)
    );

    initial begin
        // Initialize Inputs
        clock_12MHz = 0;
        RESET = 0;
        MOTOR_DIR = 0;
        MOTOR_ON = 0;

        // Wait 100 ns for global reset to finish
        #100;

        // Add stimulus here
        RESET = 1;
        #100 RESET = 0;

        #50 MOTOR_ON = 1;
        #50 MOTOR_ON = 0;
        #1000000;

        #50 MOTOR_ON = 1;
        #50 MOTOR_ON = 0;
        #1000000;

        #50 MOTOR_ON = 1;
        #50 MOTOR_ON = 0;
        #15000000;

        #50 MOTOR_DIR = 1;
        #50 MOTOR_DIR = 0;
        #1000000;

    end

    always #10 clock_12MHz = ~clock_12MHz;

endmodule
```

변수 MOTOR_ON을 1과 0으로 셋팅하면서 스텝 모터의 On/Off를 설정하였으며, 충분한 시간을 주어 모터의 On/Off 동작과 방향을 확인할 수 있다.

◆ 시뮬레이션 화면

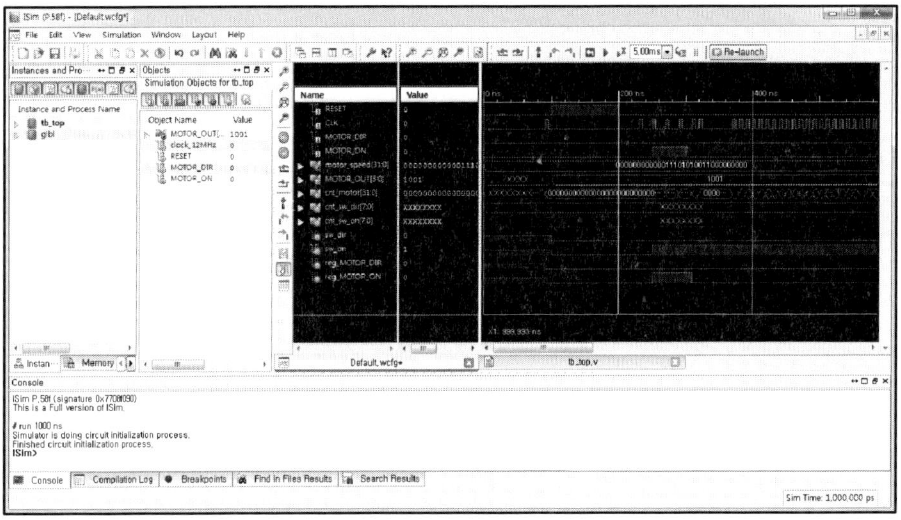

위 파형 결과를 보면 MOTOR_ON에 따라 스텝 모터가 켜지는 것을 확인할 수 있다. 또한, MOTOR_DIR에 따라 스텝 모터의 방향을 조절할 수 있으며, 내부 레지스터 값을 변경하여 스텝 모터의 속도를 조절할 수 있다. 이 역시 시뮬레이션을 통해 확인할 수 있다.

11.4 FPGA Test

◆ Bit 파일 생성

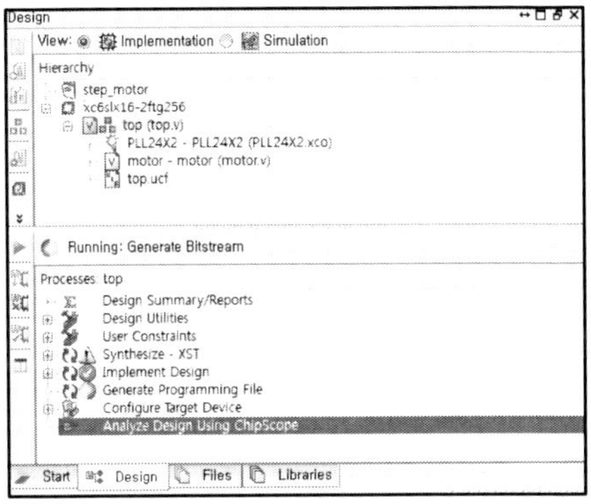

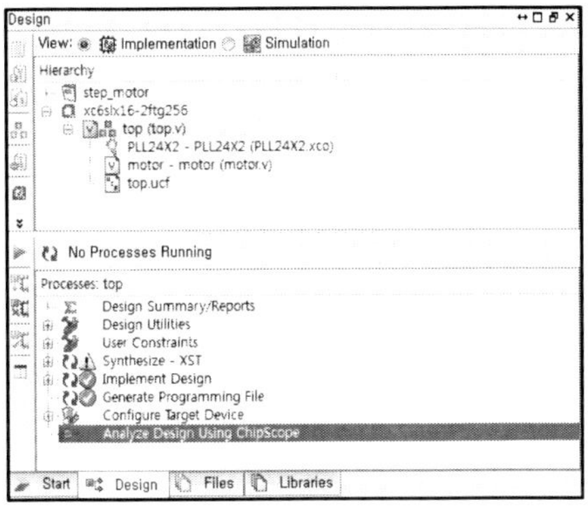

◆ FPGA 다운로드

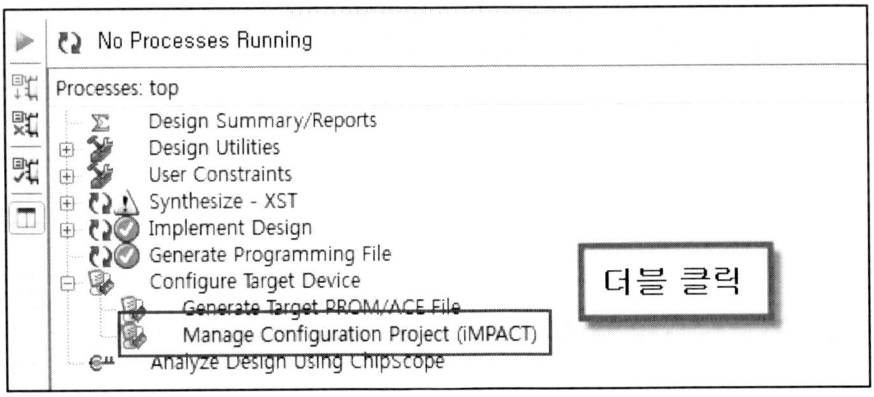

아래 그림에서 1, 2, 3번을 순서대로 더블 클릭 하여 ISE iMPACT를 불러온 후, 생성한 Bit 파일을 FPGA로 다운로드 하기 위해 설정해준다.

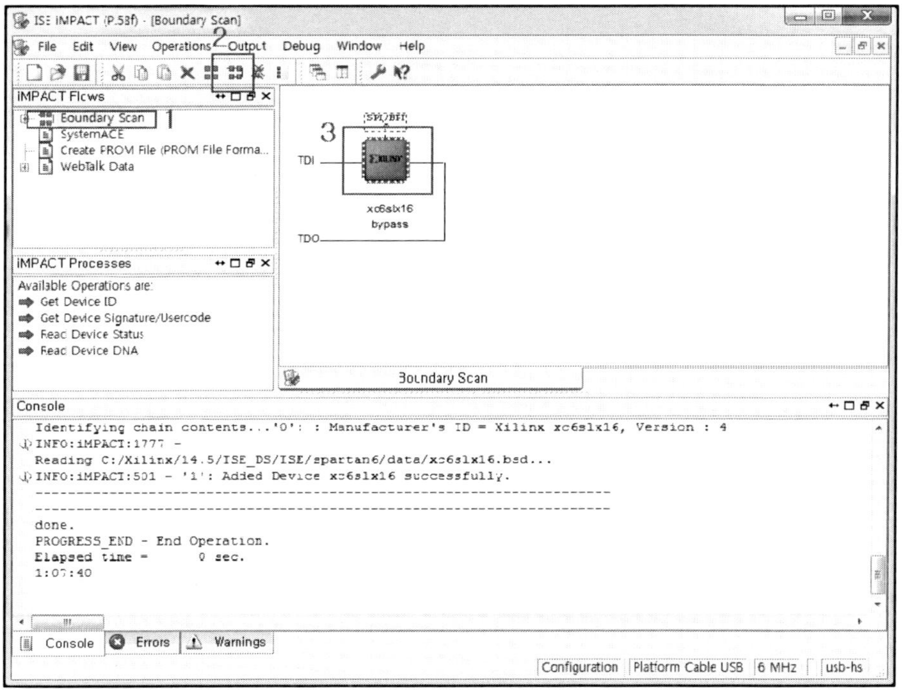

Xilinx 프로젝트 폴더에 생성된 top.bit 파일을 선택한다.

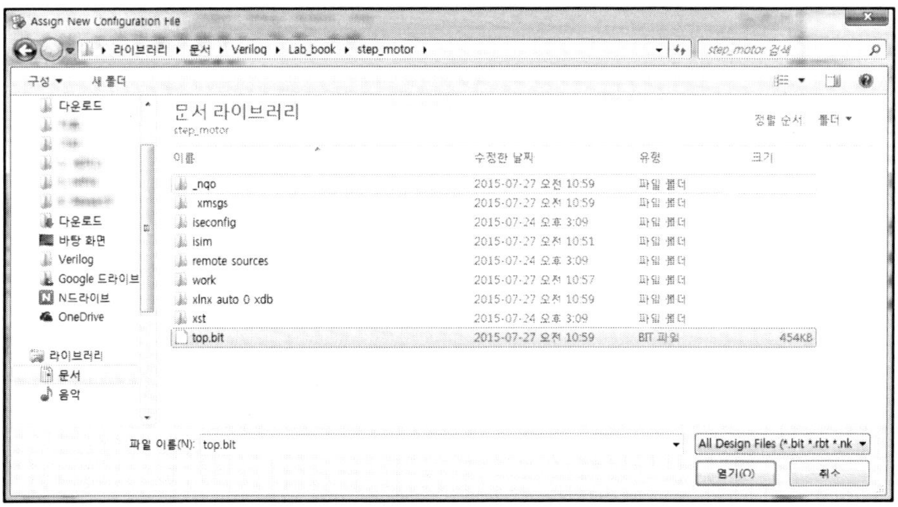

bit 파일이 제대로 선택되었는지 확인 후 마우스를 우클릭하여 Program을 선택하고 FPGA로 다운로드한다.

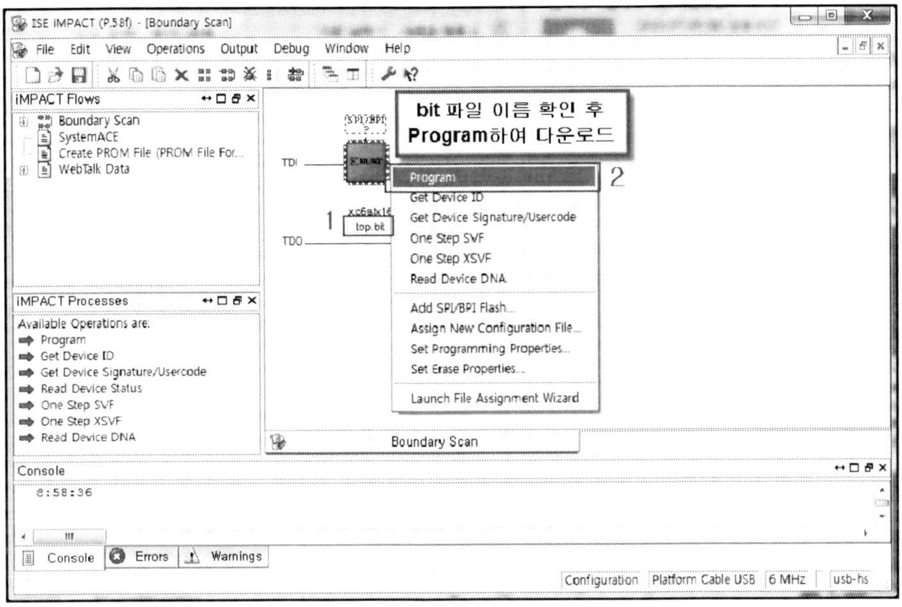

11.5 Home Work

기존 예제 소스를 수정하여 모터의 스피드를 조정할 수 있는 Dip switch를 추가하여 설계하시오.(스위치 On: Slow speed, Off: Fast speed. 단, Slow speed 일 때 모터는 5초 동안 1회 회전함)

제12장

Digital Piano Design Using FPGA

12.1 Introduction

이번 장에서는 FPGA의 Piezo의 동작법과 사용법을 익히고, Verilog 코드를 사용하여 기본 예제를 Xilinx ISE를 통해 합성해 보고 FPGA에 다운로드하여 테스트하는 과정을 설명한다.

◆ Piezo Buzzer의 소개

Buzzer는 Piezo 효과를 통해서 소리를 출력한다. 여기서 Piezo 효과는 힘을 가해 변형을 주면 표면에 전압이 발생하고 반대로 전압을 걸면, 소자가 이동하거나 힘이 발생하는 현상을 말한다. 기계적 효과와 전기적 효과의 상호변환 효과를 나타내며 압전효과라고도 말한다.

Piezo 현상을 일으키는 소자는 움직이면서 주파수 2만Hz 이상의 초음파를 발생시키기 때문에 살균을 위하 초음파 발생에도 사용한다. Piezo 모터나 액추에이터를 초음파 모터, 초음파 액추에이터라고도 부르는 것은 이 때문이다. 이러한 압전 부품들은 전기 음향 변환기, 초음파 가습기, 초음파 진단장치 등에 응용된다.

최근에는 같은 크기의 소형 모터보다 출력이 높고 소음이 적은 점 때문에 휴대폰 카메라모듈의 na/자동초점 기능을 위한 렌즈 구동장치로도 개발됐다. 전자파가 없어 이 외에도 다양한 정보통신 기기의 부품으로 활용될 전망이다.

압전 효과를 내는 소자로는 수정이나 전기석, 세라믹, 티탄산바륨 등 다양하며, 일반적인 부저의 종류는 아래와 같다.

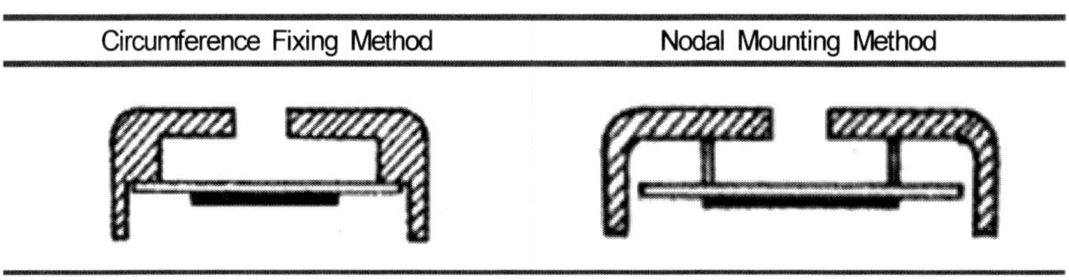

◆ FPGA 보드 Block Diagram

Piezo Buzzer 제어 관련 FPGA Block Diagram은 다음과 같다.

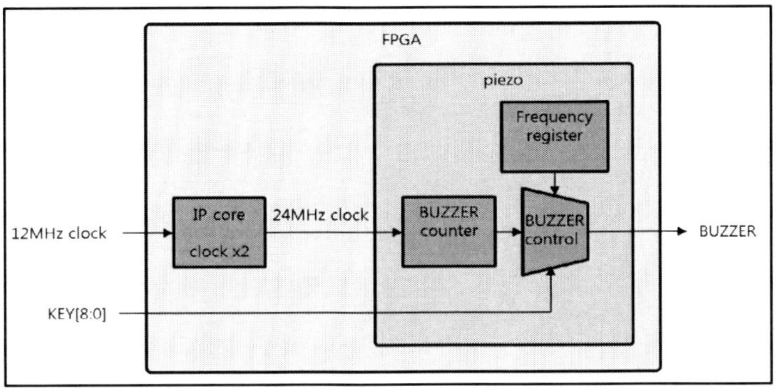

12.2 Verilog implementation

◆ Piezo 동작

Piezo Buzzer는 전기 신호를 받아 소리로 변환시키는 기능을 한다. Piezo의 동작은 이 Piezo 라인에 얼마의 주파수를 전달해 주느냐에 따라 출력되는 소리가 달라지는데, 일반적으로 Piezo의 동작 주파수는 보통 1,000 ~ 2,500KHz 사이에서 80dB에서 10dB의 소리를 내게 된다. 예제는 도레미파솔라시도에 따른 음계를 출력하는데, 여기서는 523Hz(도) ~ 1046Hz(도)사이의 음계 주파수를 사용했다.

(단위 : Hz)

옥타브 / 음계	1	2	3	4	5	6	7	8
C(도)	32.7032	65.4064	130.8128	261.6256	523.2511	1046.502	2093.005	4186.009
C#	34.6478	69.2957	138.5913	277.1826	554.3653	1108.731	2217.461	4434.922
D(레)	36.7081	73.4162	146.8324	293.6648	587.3295	1174.659	2349.318	4698.636
D#	38.8909	77.7817	155.5635	311.1270	622.2540	1244.508	2489.016	4978.032
E(미)	41.2034	82.4069	164.8138	329.6276	659.2551	1318.510	2637.020	5274.041
F(파)	43.6535	87.3071	174.6141	349.2282	698.4565	1396.913	2793.826	5587.652
F#	46.2493	92.4986	184.9972	369.9944	739.9888	1479.978	2959.955	5919.911
G(솔)	48.9994	97.9989	195.9977	391.9954	783.9909	1567.982	3135.963	6271.927
G#	51.9130	103.8262	207.6523	415.3047	830.6094	1661.219	3322.438	6644.875
A(라)	55.0000	110.0000	220.0000	440.0000	880.0000	1760.000	3520.000	7040.000
A#	58.2705	116.5409	233.0819	466.1638	932.3275	1864.655	3729.310	7458.620
B(시)	61.7354	123.4708	246.9417	493.8833	987.7666	1975.533	3951.066	7902.133

입력되는 Key에 따라 위의 주파수에 해당하는 값을 Register에 저장한 후, 입력 clock에 따른 Counter에 의해 Piezo Buzzer를 제어하게 된다. 이에 따라 해당 주파 수의 음이 Piezo Buzzer를 통해 출력된다.

◆ I/O 포트 설명

Port name	I/O	Width	Description
RESET	Input	1	Chip reset
CLK	Input	1	Chip clock
KEY	Input	8	Tone
BUZZER	Output	1	Piezo Buzzer

◆ I/O 핀 구성

· Piezo Buzzer

Name	Pin 번호
BUZZER	D12

◆ Verilog Source code

· chap12_top.v

3 개의 Input port, 1개의 Output port를 갖는 chap12_top.v를 타이핑한다.

이 모듈은 PLL 블록과 piezo 모듈을 인스턴스하는 역할을 한다.(PLL 블록은 부록을 참고하여 만들 수 있다.)

```
`timescale 1ns / 1ps

// Top 모듈을 선언하고, 각 입/출력 pin 할당
module top(
    input                   clock_12MHz,        // 12MHz
    input                   RESET,          // active high
    input           [8:0]       KEY,

    output  wire            BUZZER
);

// 내부 신호(wire)들 선언
wire    clock_24MHz;    // 24MHz
wire    PLL_locked; // active high

// PLL 모듈을 사용하여 12MHz clock을 24MHz로 변경
PLL24X2 PLL24X2(
    .RESET(RESET),
    .CLK_IN1(clock_12MHz),
    .CLK_OUT1(clock_24MHz)
);

// Buzzer 구현 모듈 불러오기
piezo piezo(
    .RESET(RESET),
    .CLK(clock_24MHz),
    .KEY(KEY),
    .BUZZER(BUZZER)
);

endmodule
```

· chap12_piezo.v

3 개의 Input port, 1개의 Output port를 갖는 chap12_piezo.v를 타이핑한다. 이 모듈은 FPGA의 Piezo 동작을 포함하고 있다.

```
`timescale 1ns / 1ps

// Top 모듈을 사용하겠다고 선언하고, 입출력 핀 할 당
module piezo(
    input                        RESET,
    input                        CLK,
    input               [8:0]        KEY,
    output  wire                 BUZZER
);

// 내부 신호(wire)와 레지스터(reg) 선언
parameter   [15:0]  reg_do      = 16'd11659;
parameter   [15:0]  reg_re      = 16'd10388;
parameter   [15:0]  reg_mi      = 16'd9253;
parameter   [15:0]  reg_pa      = 16'd8736;
parameter   [15:0]  reg_sol     = 16'd7782;
parameter   [15:0]  reg_ra      = 16'd6929;
parameter   [15:0]  reg_si      = 16'd6175;
parameter   [15:0]  reg_high_do = 16'd5827;
parameter   [15:0]  reg_high_re = 16'd5192;

reg     [15:0]  buzzer_counter_max;
reg     [15:0]  buzzer_counter;
reg             regBUZZER;

always @ (posedge CLK or posedge RESET)
begin
    if(RESET)
        buzzer_counter_max <= 16'd0;
    else
        begin
            if(KEY[0])      buzzer_counter_max <= reg_do;
            else if(KEY[1]) buzzer_counter_max <= reg_re;
            else if(KEY[2]) buzzer_counter_max <= reg_mi;
            else if(KEY[3]) buzzer_counter_max <= reg_pa;
            else if(KEY[4]) buzzer_counter_max <= reg_sol;
            else if(KEY[5]) buzzer_counter_max <= reg_ra;
            else if(KEY[6]) buzzer_counter_max <= reg_si;
            else if(KEY[7]) buzzer_counter_max <= reg_high_do;
            else if(KEY[8]) buzzer_counter_max <= reg_high_re;
        end
end

always @ (posedge CLK or posedge RESET)
begin
    if(RESET)
        buzzer_counter <= 16'd0;
    else
        if(buzzer_counter > buzzer_counter_max)
            buzzer_counter <= 16'd0;
        else
            buzzer_counter <= buzzer_counter + 1;
end
```

```
always @ (posedge CLK or posedge RESET)
begin
    if(RESET)
        regBUZZER <= 1'b1;
    else
        begin

            if(KEY[8:0] == 0)
                regBUZZER <= 1'b1;
            else
                begin
                    if(buzzer_counter == 16'd1)
                        regBUZZER <= ~regBUZZER;
                end
        end
end

assign  BUZZER = regBUZZER;

endmodule
```

· chap12_pin_config.ucf

FPGA에 다운로드 하기 위한 chap11_pin_config.ucf 파일을 아래와 같이 타이핑한다.

```
############################################
### reset
############################################
NET "RESET" LOC = "F10";

############################################
### clk
############################################
NET "clock_12MHz" LOC = "T8";

############################################
### KEY
############################################
NET "KEY[8]" LOC = "L4";
NET "KEY[7]" LOC = "H3";
NET "KEY[6]" LOC = "H4";
NET "KEY[5]" LOC = "H5";
NET "KEY[4]" LOC = "J6";
NET "KEY[3]" LOC = "J4";
NET "KEY[2]" LOC = "K3";
NET "KEY[1]" LOC = "F1";
NET "KEY[0]" LOC = "F2";

############################################
### PIEZO
############################################
NET "BUZZER" LOC = "D12";

############################################
### timing constraint
############################################
NET "clock_12MHz" TNM_NET = "clock_12MHz";
TIMESPEC "TS_clock_12MHz" = PERIOD "clock_12MHz" 83333.333 ps HIGH 50 %;

NET "clock_24MHz" TNM_NET = "clock_24MHz";
TIMESPEC "TS_clock_24MHz" = PERIOD "clock_24MHz" 41666.666 ps HIGH 50 %;
```

12.3 Verilog Behavioral Simulation

◆ 시뮬레이션 동작

이번 챕터에서는 키 값에 의하여 변하는 Piezo의 동작을 시뮬레이션으로 구현해본다. 위의 소스에서 주석 처리된 부분의 파라미터 값을 조정하여 Piezo가 출력하는 음계 및 옥타브를 조정할 수 있다.

시뮬레이션을 돌리기 위해 필요한 테스트 벤치 소스는 아래와 같다.

· Test bench source code(chap12_testbench.v)

```
`timescale 1ns / 1ps

module tb_piezo;

    // Inputs
    reg clock_12MHz;
    reg RESET;
    reg [8:0] KEY;

    // Outputs
    wire BUZZER;

    // Instantiate the Unit Under Test (UUT)
    top uut (
        .clock_12MHz(clock_12MHz),
        .RESET(RESET),
        .KEY(KEY),
        .BUZZER(BUZZER)
    );

    initial begin
        // Initialize Inputs
        clock_12MHz = 0;
        RESET = 0;
        KEY = 0;

        // Wait 100 ns for global reset to finish
        #100;

        // Add stimulus here
        RESET = 1;
        #100 RESET = 0;

        #100;
        KEY = 8'd1;
        #150000;
        KEY = 8'd2;


    end

    always #10 clock_12MHz = ~clock_12MHz;

endmodule
```

입력 KEY 값을 조정하여(0~8) 9개의 음계를 출력하는 Piezo를 확인할 수 있다.

◆ 시뮬레이션 화면

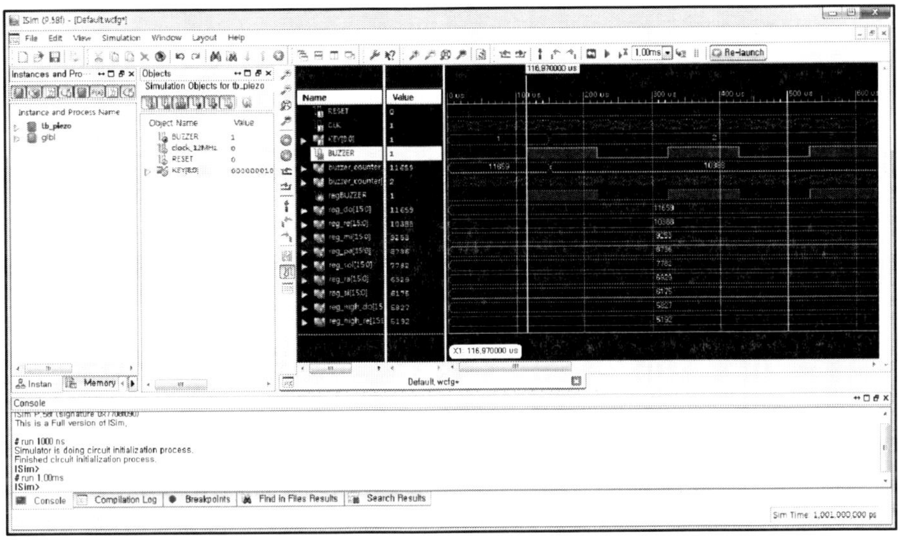

위 파형 결과를 보면 reg_do ~ reg_high_re에 음계에 따른 parameter가 설정된 것을 확인할 수 있다. 또한, KEY[8:0] 값에 따라 BUZZER가 출력되는 것을 알 수 있으며, KEY[8:0] 값에 따라 buzzer_counter 레지스터 값이 변경되는 것을 알 수 있다.

12.4 FPGA Test

◆ Bit 파일 생성

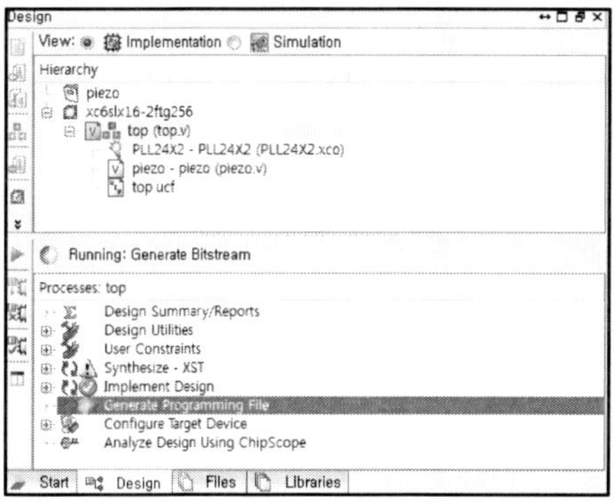

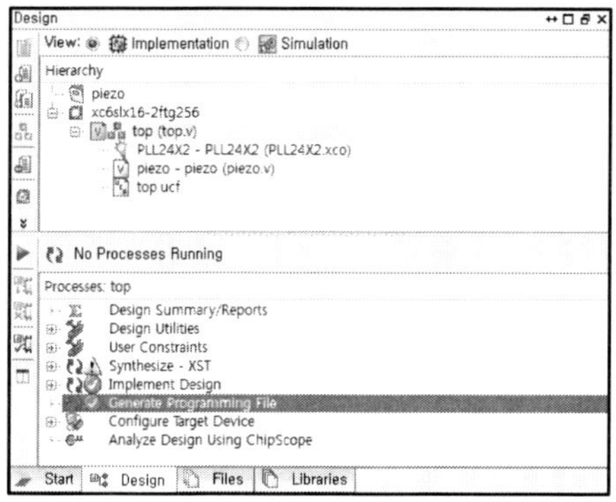

◆ FPGA 다운로드

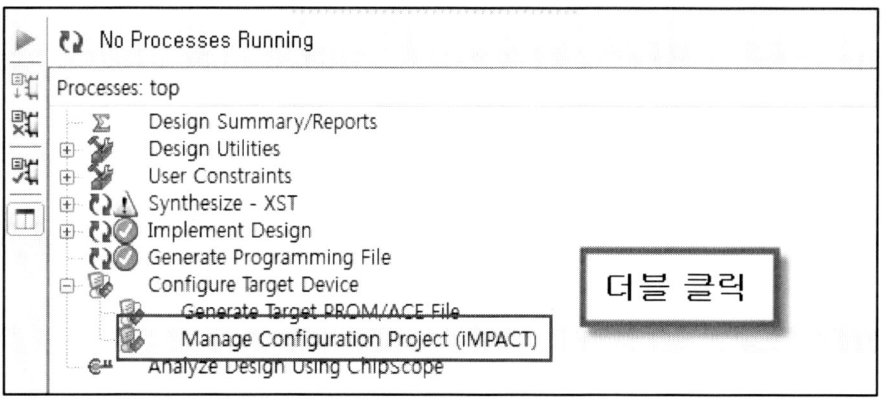

아래 그림에서 1, 2, 3번을 순서대로 더블 클릭 하여 ISE Impact를 불러온 후, 생성한 Bit 파일을 FPGA로 다운로드 하기 위해 설정해 준다.

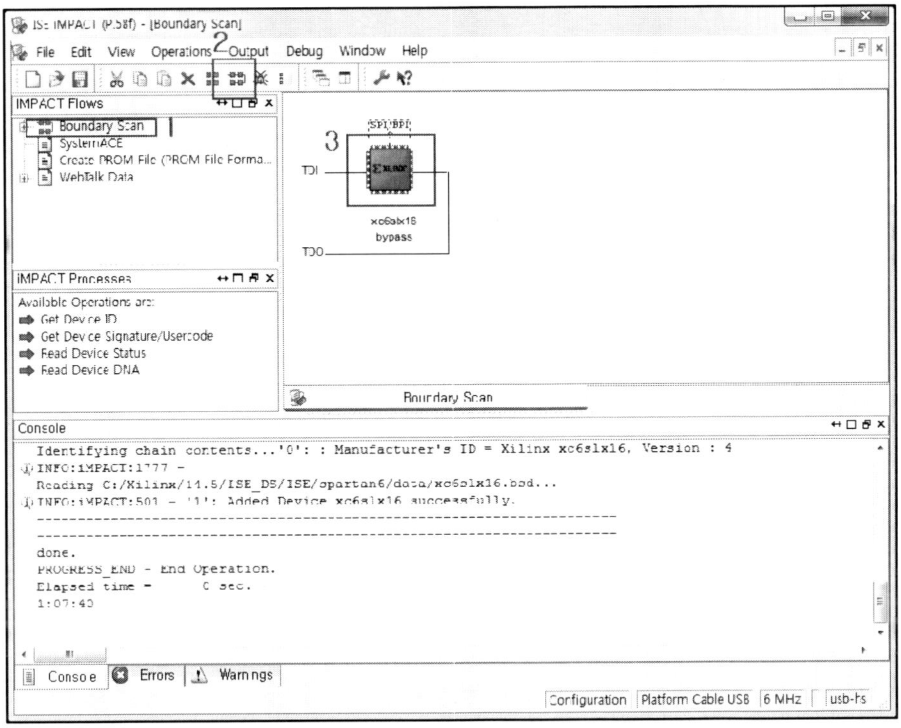

Xilinx 프로젝트 폴더에 생성된 top.bit 파일을 선택한다.

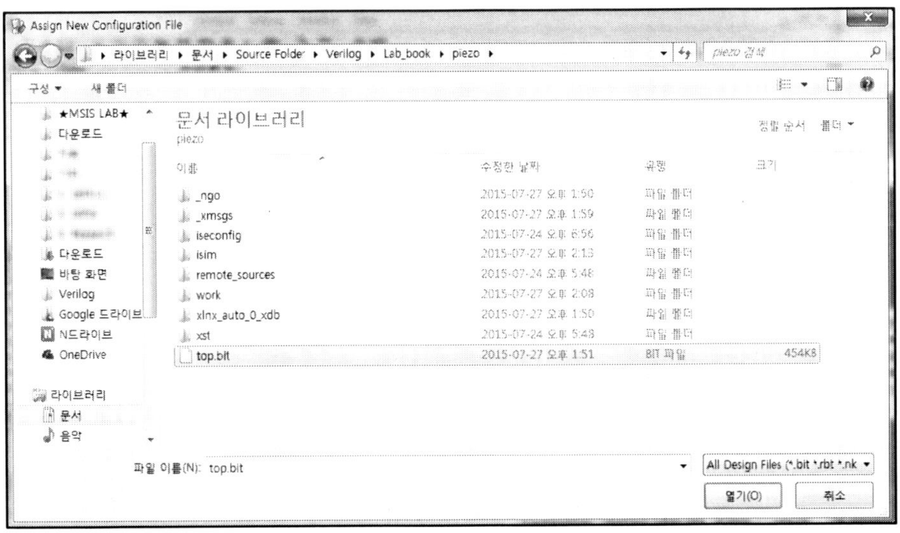

bit 파일이 제대로 선택되었는지 확인 후 마우스를 우클릭하여 Program을 선택하고 FPGA로 다운로드한다.

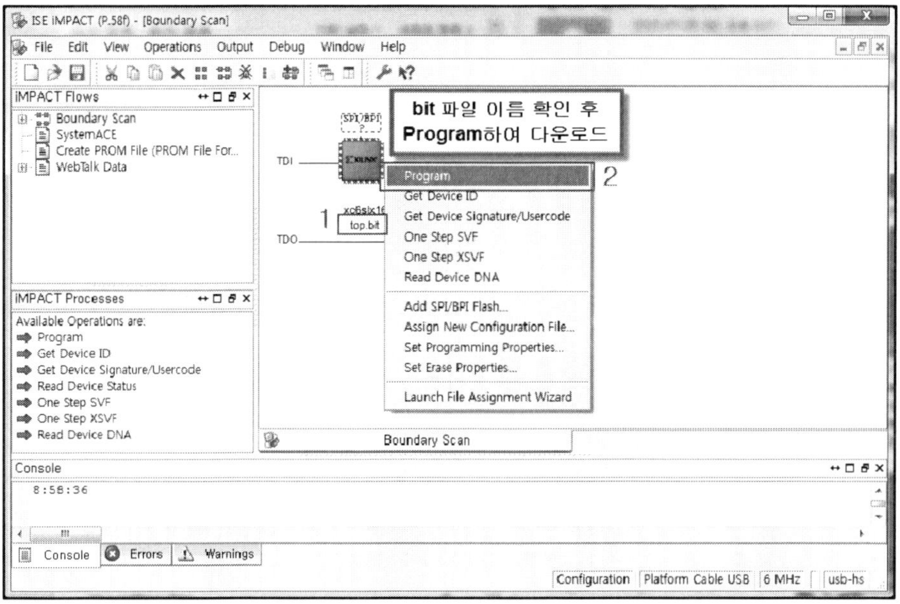

모든 과정이 정상적으로 진행됐다면, 아래 그림과 같이 각각의 KEY를 눌렀을 때 해당하는 음이 Piezo Buzzer를 통해 출력된다.

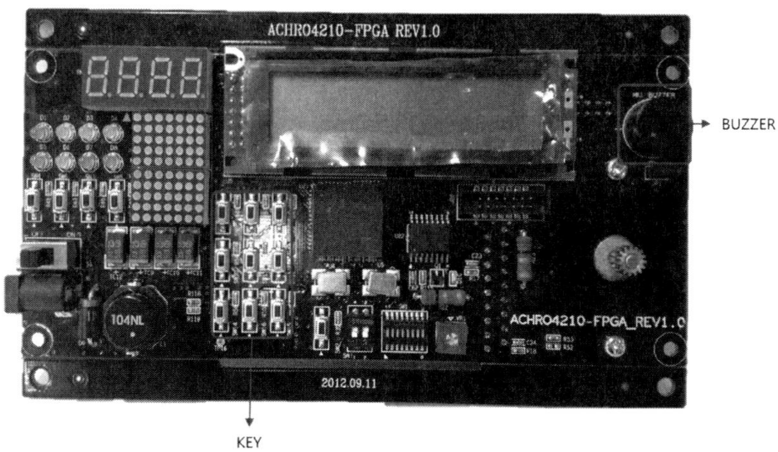

12.5 Home Work

Dip switch를 사용하여 2 개의 옥타브를 출력하는 Piezo를 설계하시오.(스위치 On: 높은 음계, Off: 낮은 음계.)

부 록

PLL IP 및 FPGA보드 회로도

부록A: PLL IP Generation

실습에 사용하는 FPGA 보드의 Main clock은 12 MHz이다. 실습에 사용하는 블록들의 clock은 24 MHz이므로, Xilinx에서 제공하는 IP를 사용하여 PLL IP를 Generation하고 이 PLL module을 사용하여 24 MHz 속도로 동작하는 clock을 생성할 수 있다.

◆ PLL IP Generation

1) Top module을 선택 후 우클릭하여 New Source...를 선택한다.

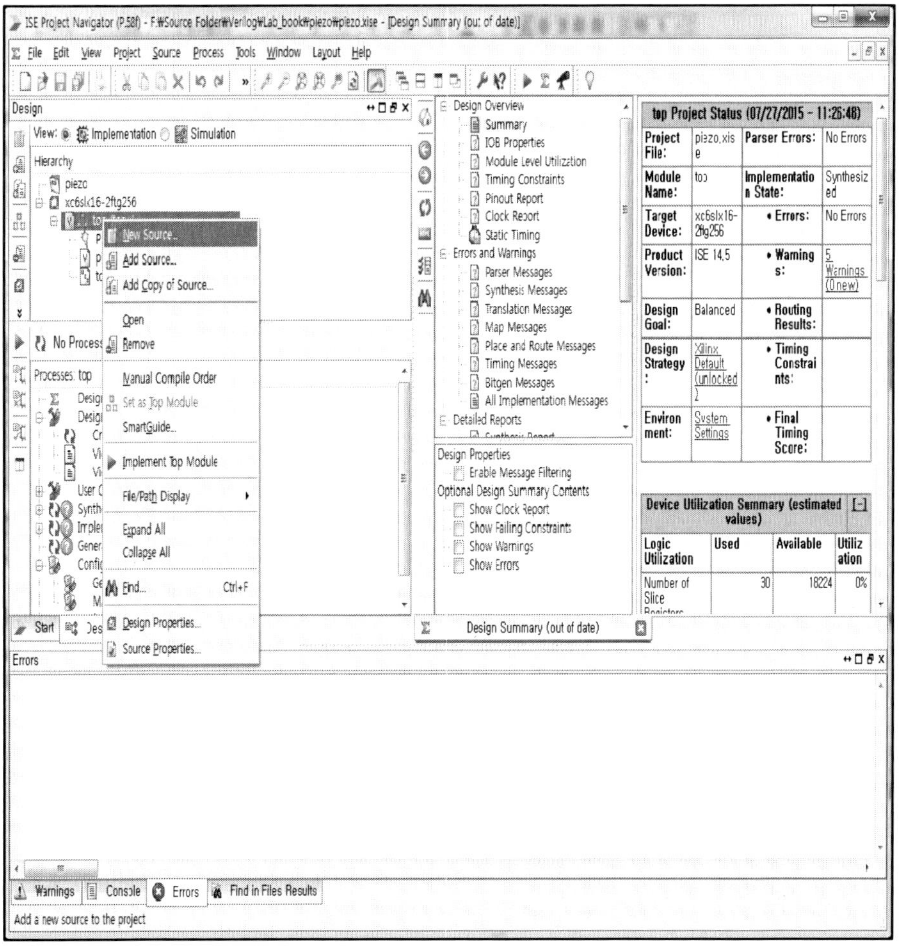

2) IP(CORE Generator & Architecture Wizard)를 선택하고, IP의 이름을 지정해 준다. 그리고 Next를 클릭한다.

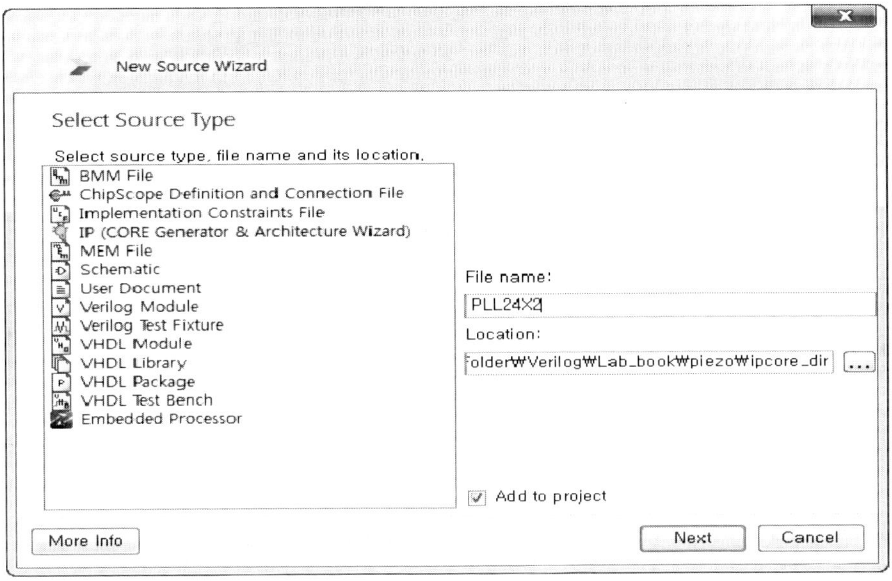

3) Search IP Catalog에 clock을 사용하면 Clocking Wizard 가 나타나는데, 이것을 선택하고 Next를 눌러 다음 화면으로 넘어간다.

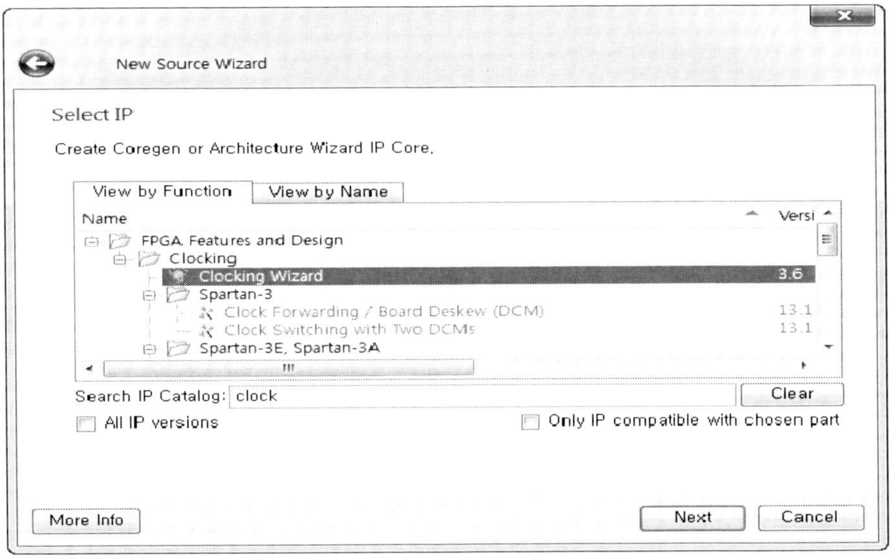

4) Finish를 눌러 New Source Wizard를 마친다.

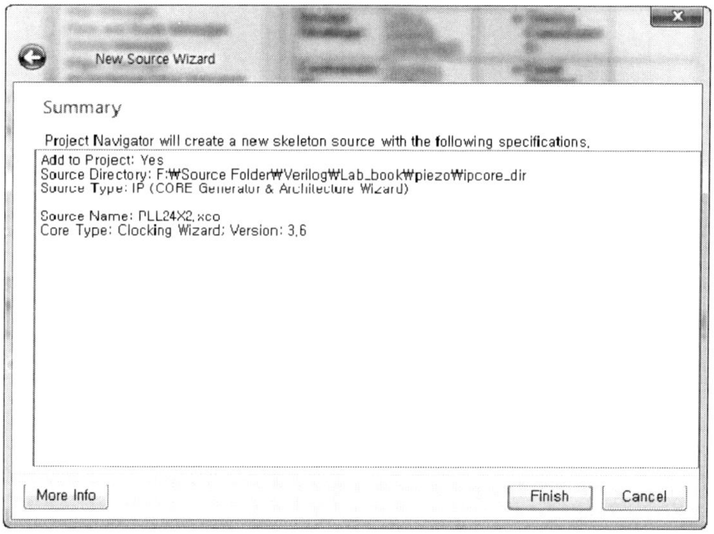

5) New Source Wizard가 종료되면 Clocking Wizard를 실행하는데 빨간색 네모 박스 친 텍스트를 12로 설정해주고 Generate를 눌러 Wizard를 마친다.

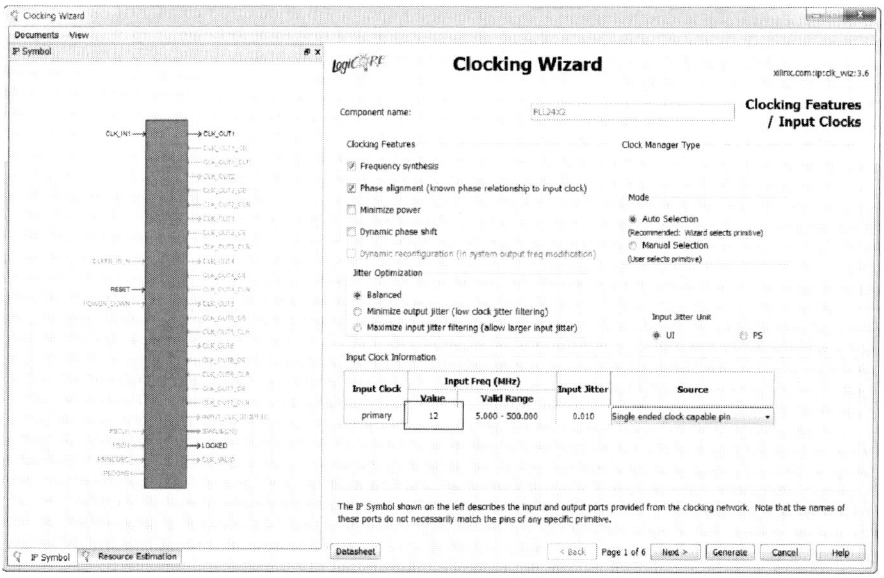

6) Wizard가 종료되면, 아래 화면에 Creating: PLL24X2.xco 문구가 나오면서 IP가 생성되는 것을 확인할 수 있다.

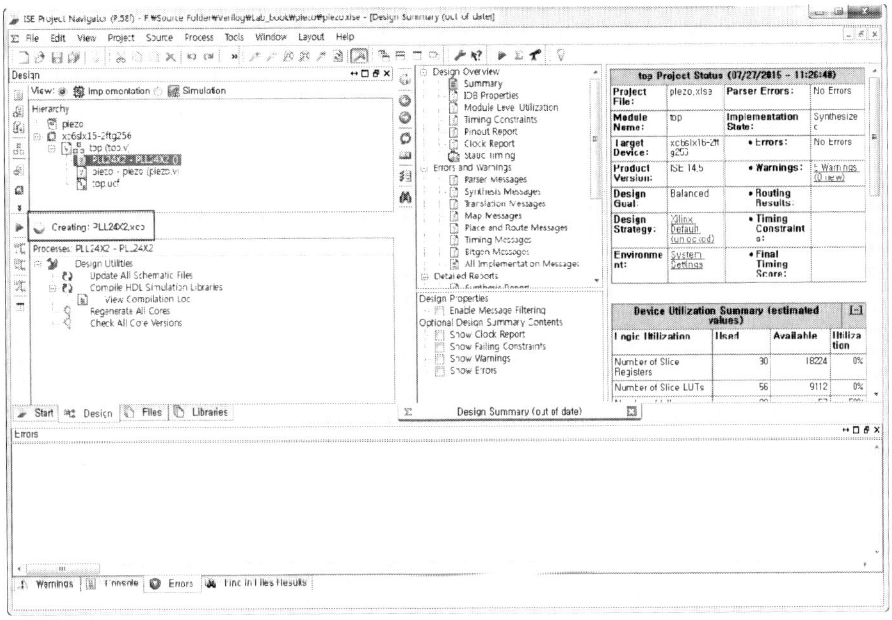

부록B: FPGA 보드의 회로도

실습에 사용되는 FPGA 보드는 Xilinx의 Spartan-6 FPGA칩을 사용하여 다양한 입출력 인터페이스를 장착한 Huins에서 개발한 Archro FPGA 보드이며 본 장에서는 FPGA 보드의 상세 회로도를 보인다.

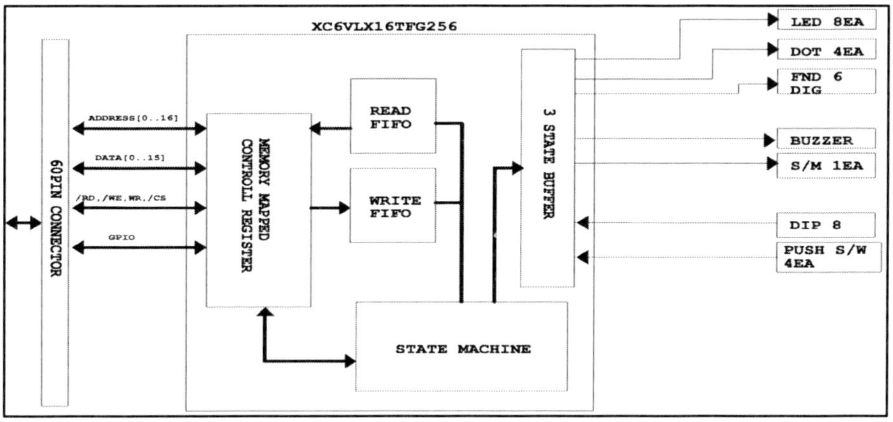

[그림 13-1] Archro FPGA 보드의 전체 Block Diagram

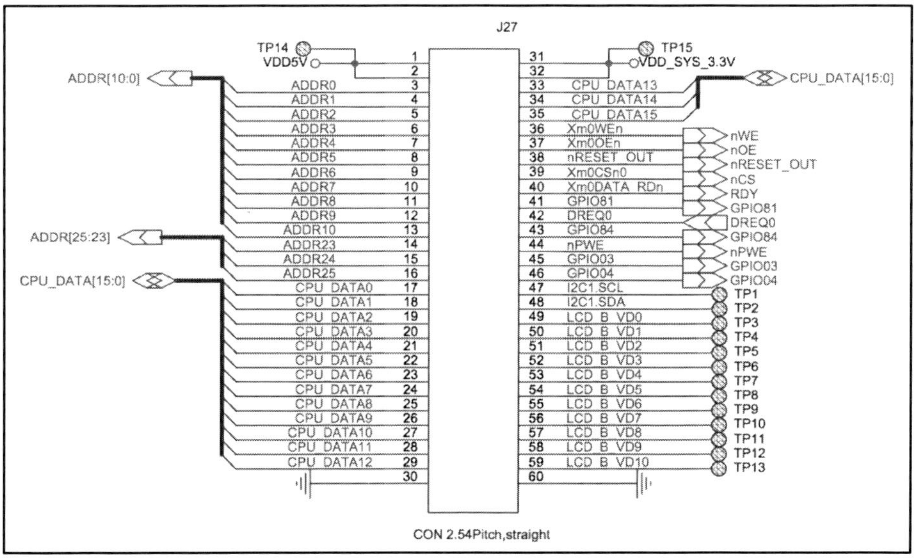

[그림 13-2] Archro FPGA 보드의 60-pin Extension Connector

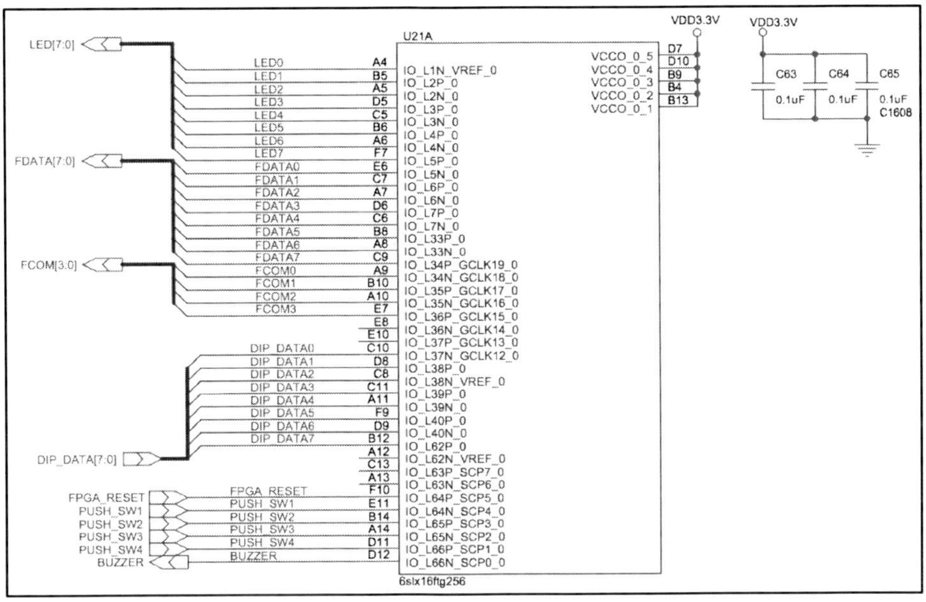

[그림 13-3] Archro FPGA 보드의 입출력 인터페이스 Pin Map1

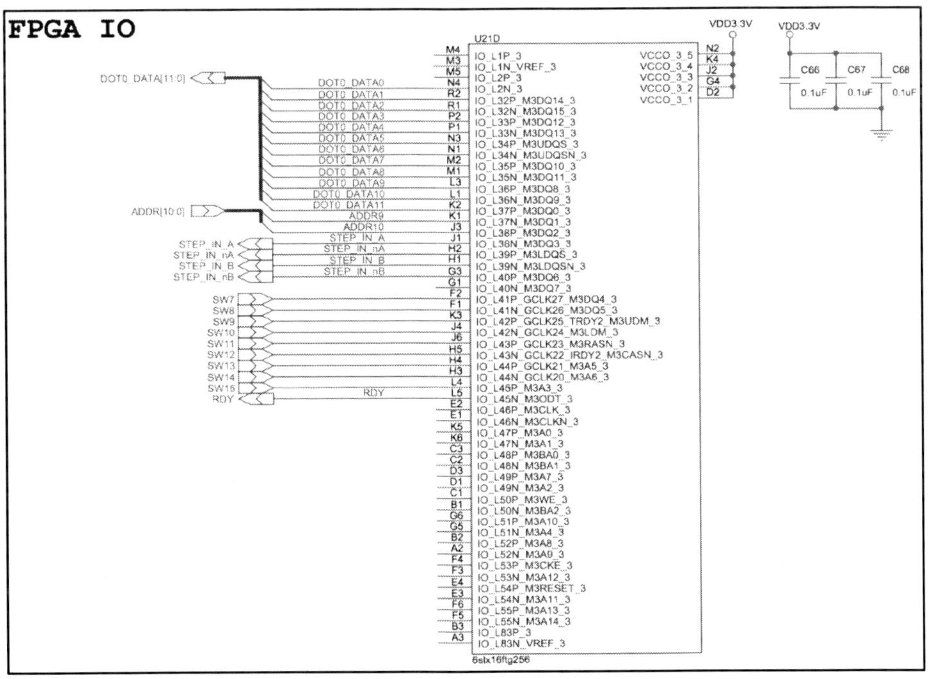

[그림 13-4] Archro FPGA 보드의 입출력 인터페이스 Pin Map2

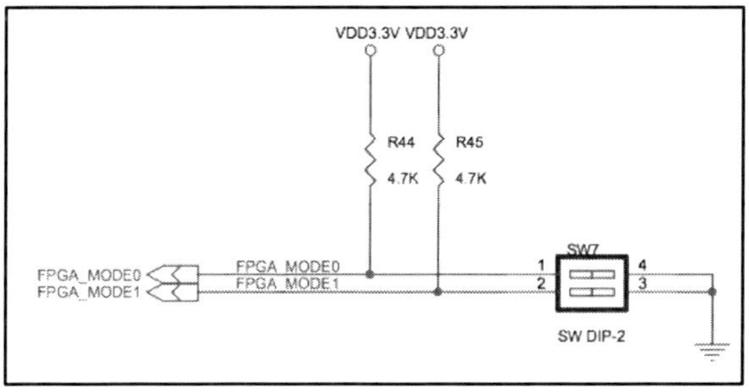

[그림 13-5] Archro FPGA 보드의 입출력 인터페이스 Pin Map3

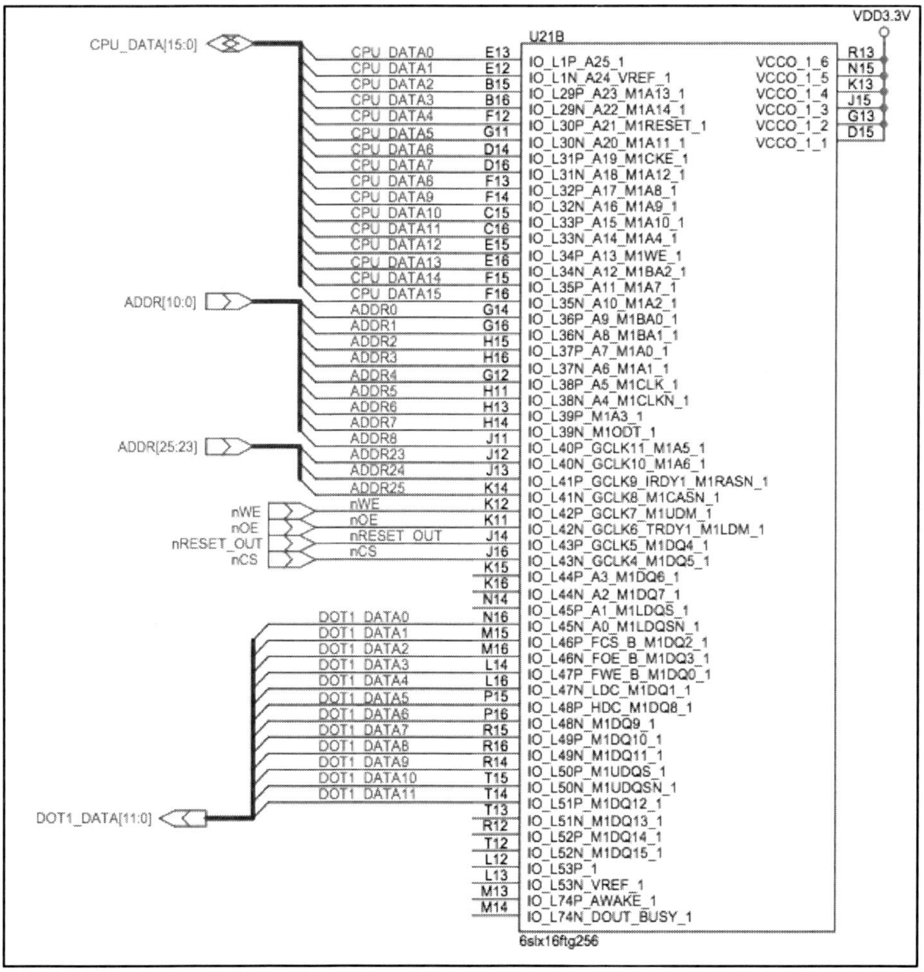

[그림 13-6] Archro FPGA 보드의 60pin Extension connector Pin Map1

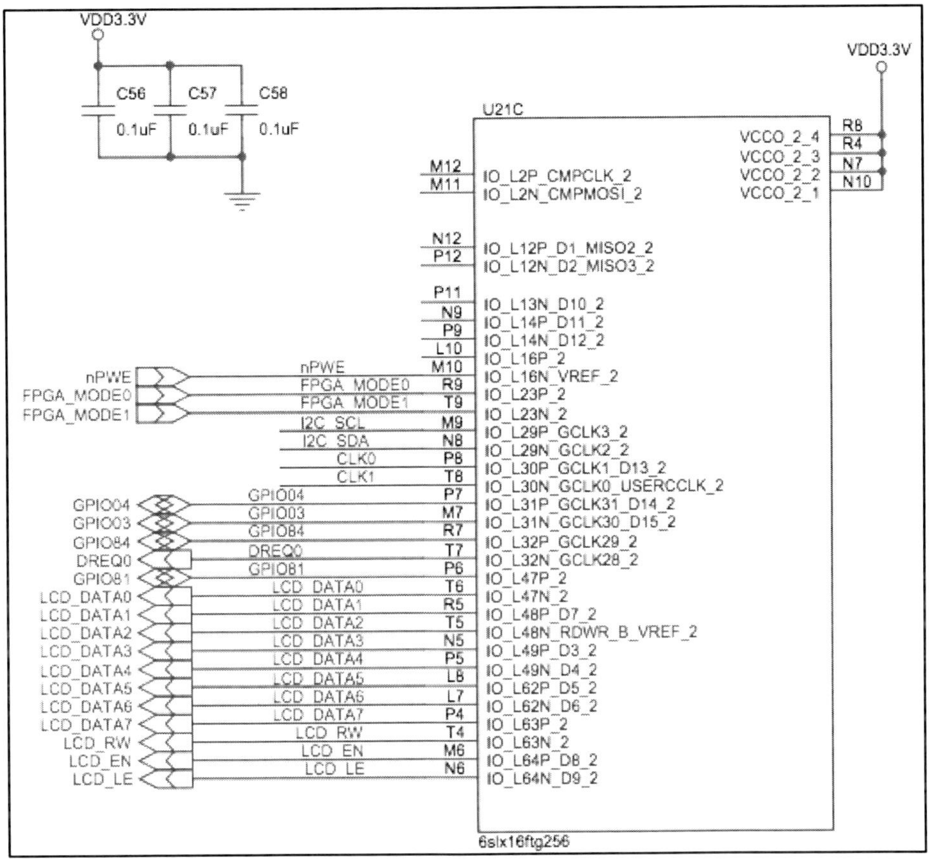

[그림 13-7] Archro FPGA 보드의 60pin Extension connector Pin Map1

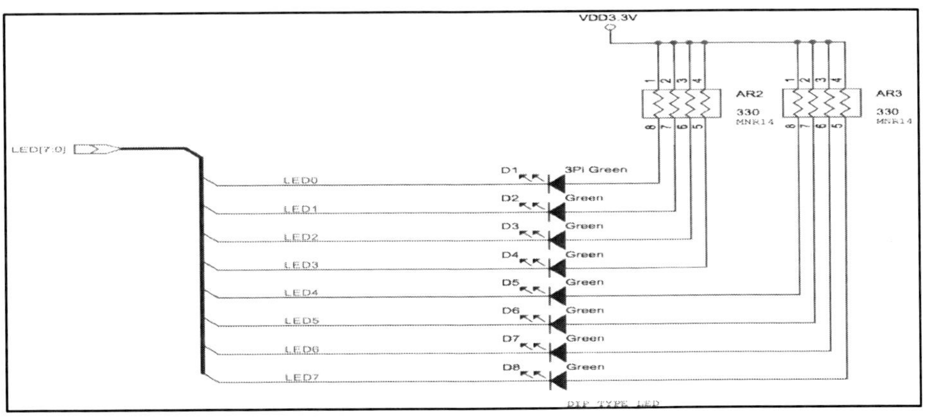

[그림 13-8] Archro FPGA 보드의 LED 연결 (D1~D8: Green)

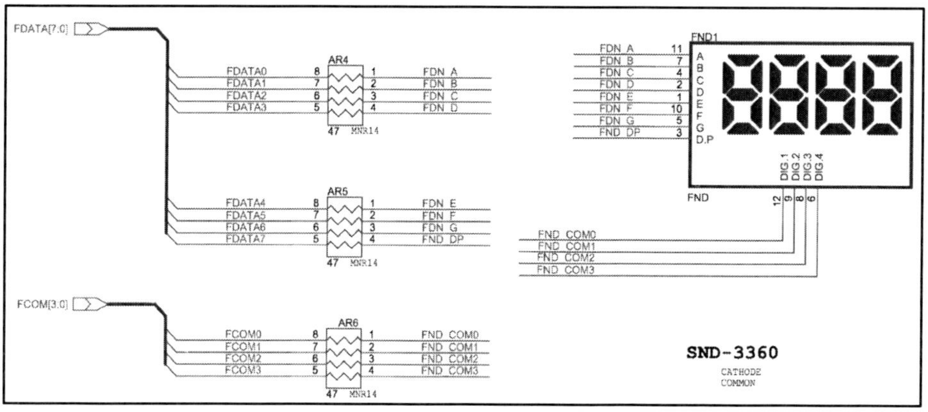

[그림 13-9] Archro FPGA 보드의 7-Segment FND 연결 (6 Digits)

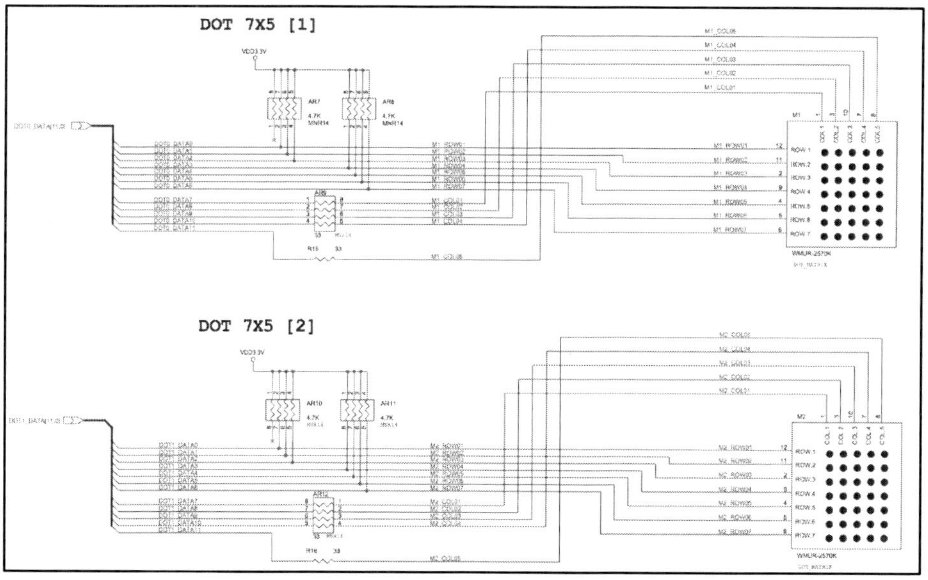

[그림 13-10] Archro FPGA 보드의 Dot-Matrix Display 연결

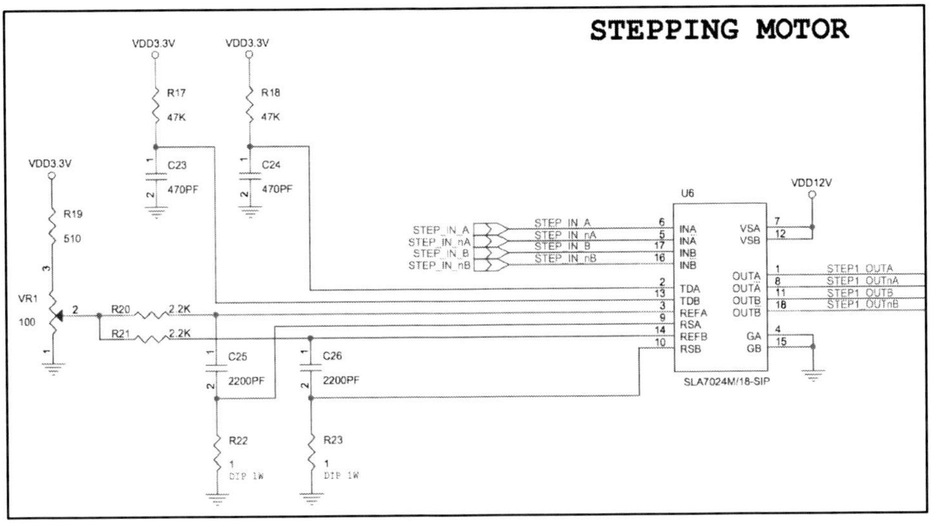

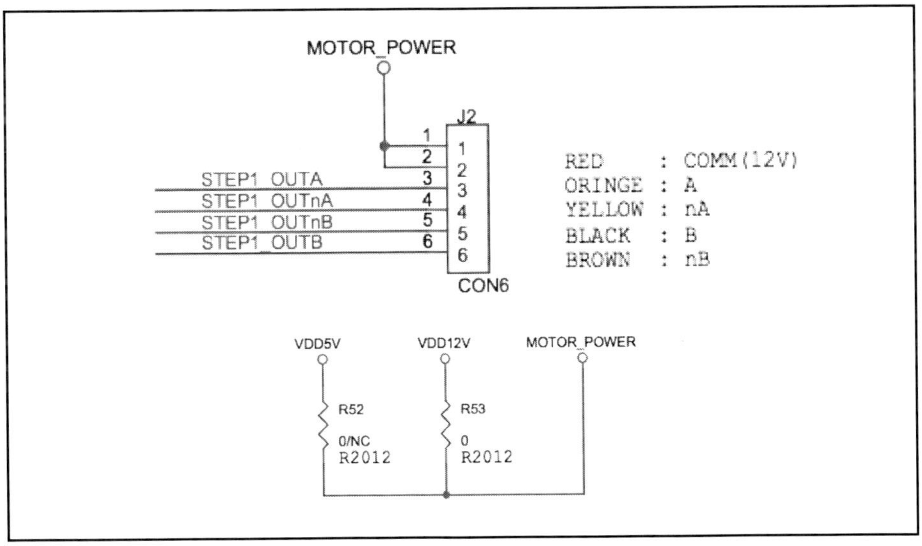

[그림 13-11] Archro FPGA 보드의 Step Motor Driver 연결

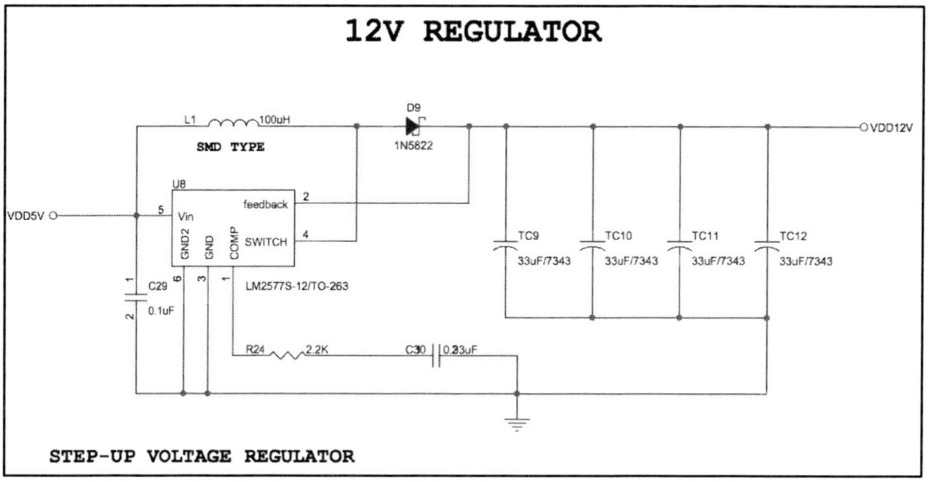

[그림 13-12] Archro FPGA 보드의 Voltage Regulator1

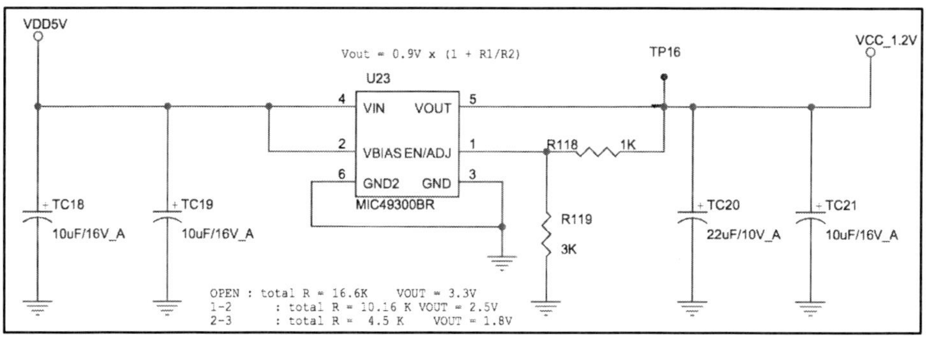

[그림 13-13] Archro FPGA 보드의 Voltage Regulator2

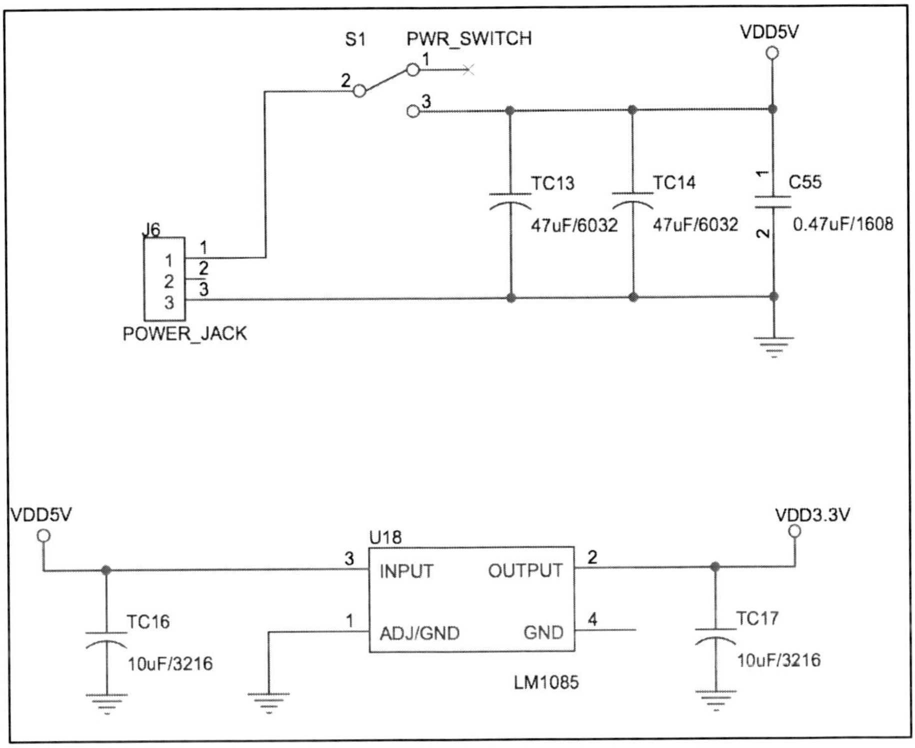

[그림 13-14] Archro FPGA 보드의 Voltage Regulator3

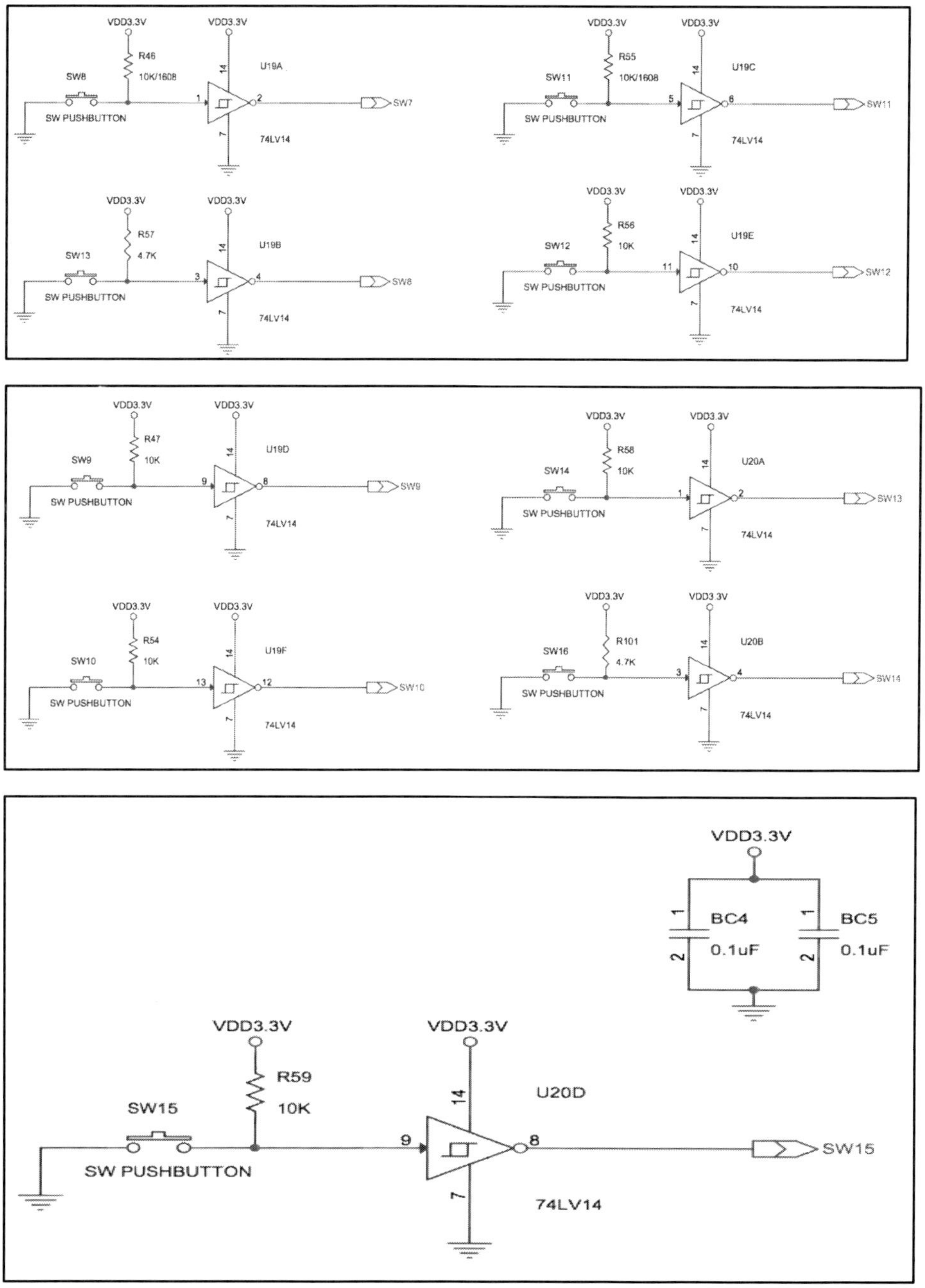

[그림 13-15] Archro FPGA 보드의 Push Button Switches1

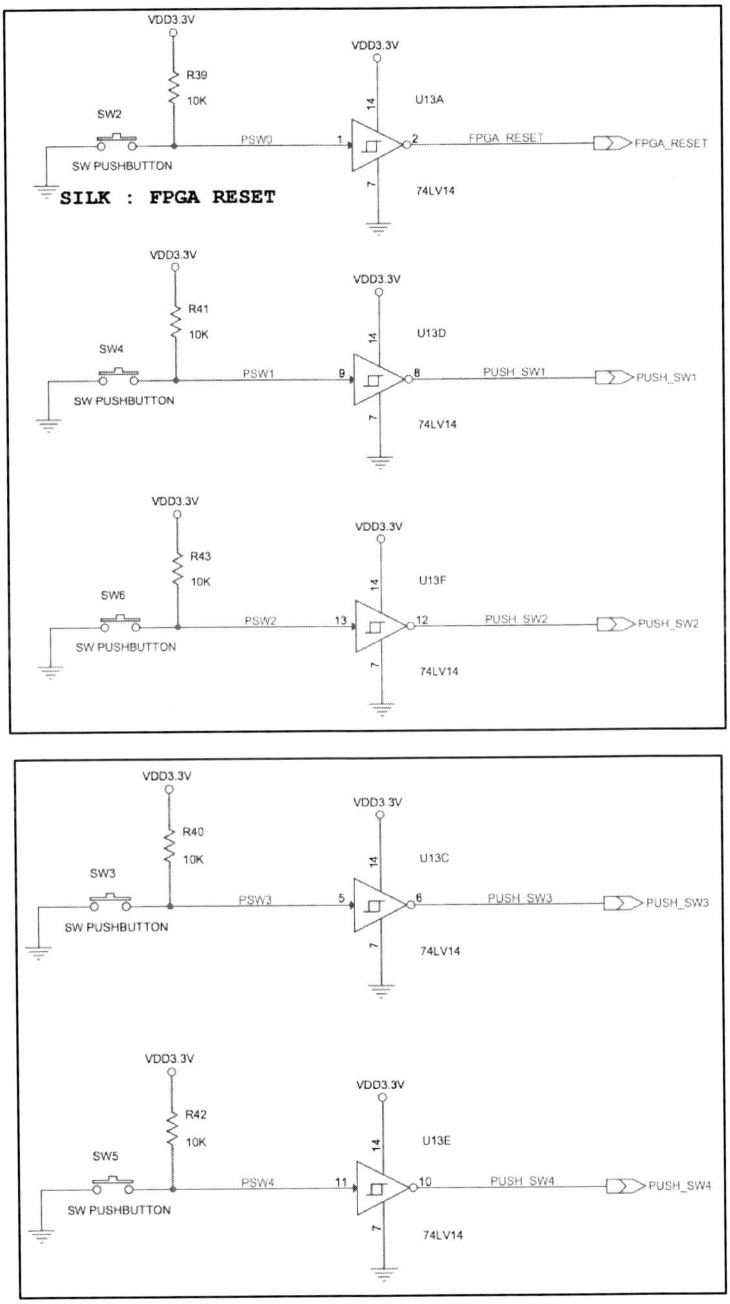

[그림 13-16] Archro FPGA 보드의 Push Button Switches2

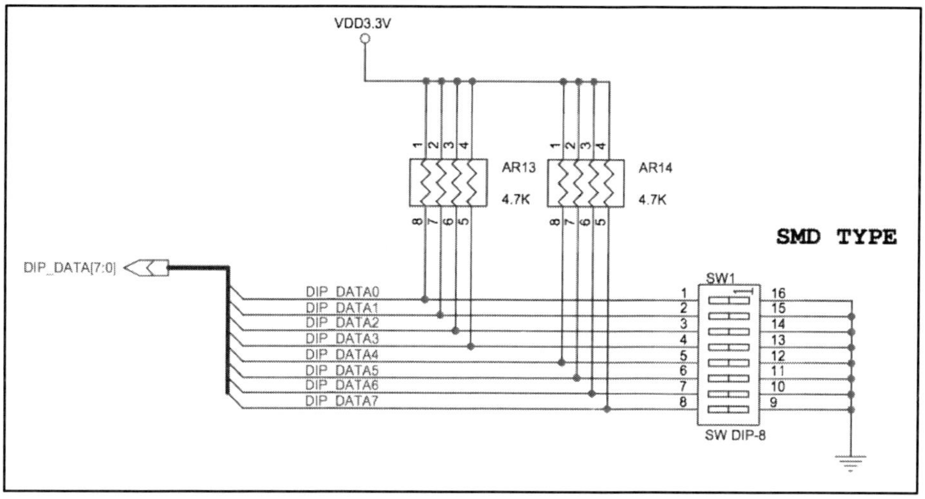

[그림 13-17] Archro FPGA 보드의 Dip Switches

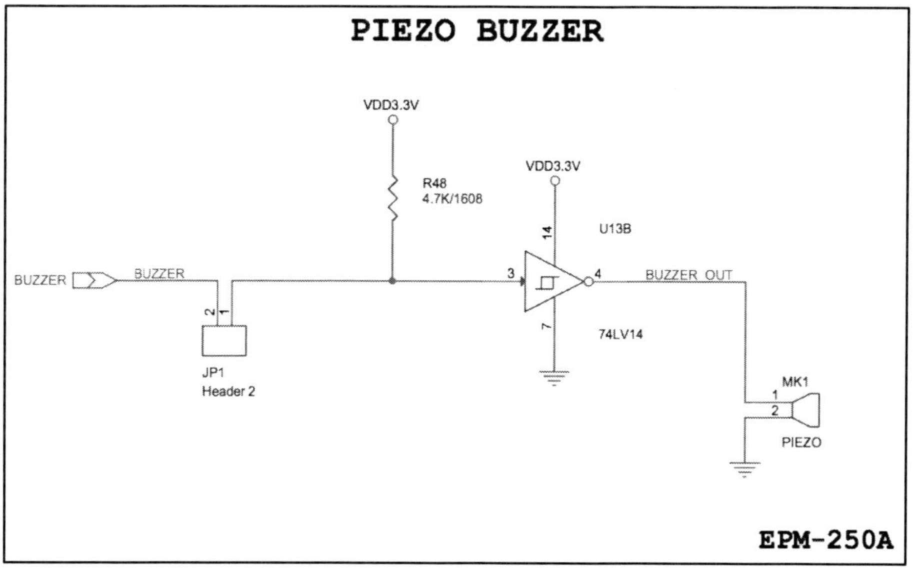

[그림 13-18] Archro FPGA 보드의 Piezo Buzzer

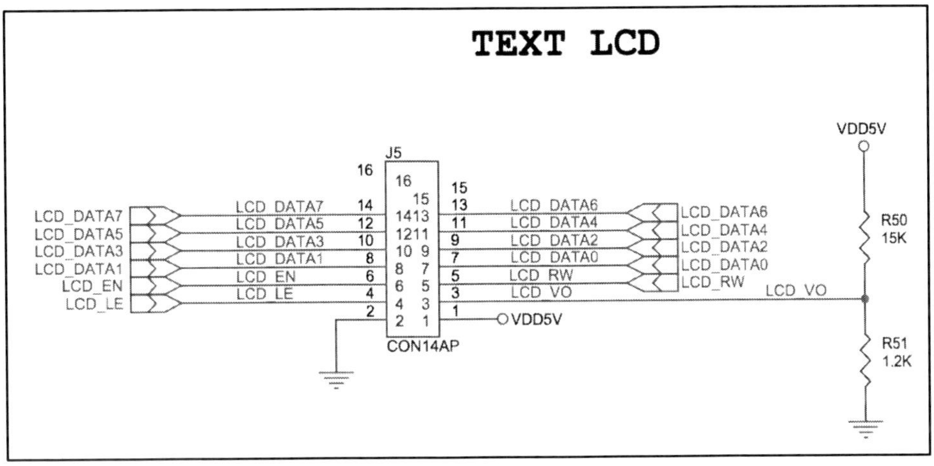

[그림 13-19] Archro FPGA 보드의 LCD Display

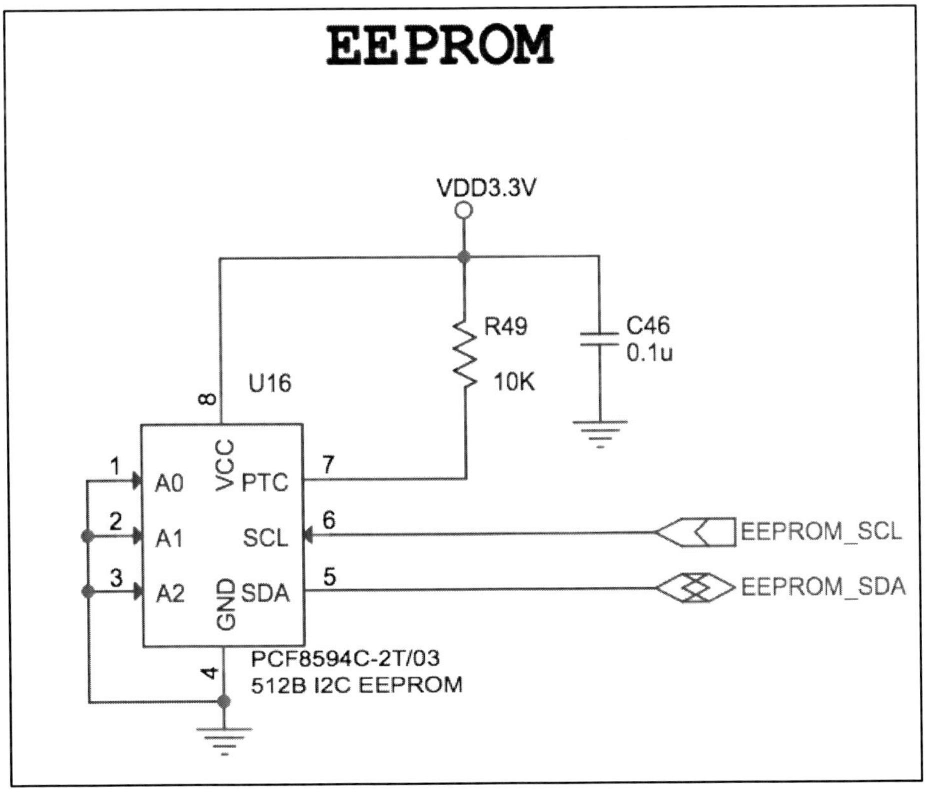

[그림 13-20] Archro FPGA 보드의 EEPROM 연결

디지털시스템설계 실습

저　자 : 김 형 원
발행처 : 충북대학교 출판부
발행인 : 고 창 섭
주　소 : (28644) 충북 청주시 서원구 충대로 1
전　화 : (043) 261-2952, 3014
팩　스 : (043) 274-1256
이메일 : presscbu@chungbuk.ac.kr
등　록 : 제1983-2001-7호
초판2쇄 : 2023.10.31
인쇄처 : 삼성디자인기획 042)221-3111

ISBN 978-89-7295-235-0 93560

본교재는 ㈜휴인스에서 제공한 교육용 FPGA보드의 실습자료 내용을
활용하여 지방대학특성화사업(CK-1)의 일환인 스마트IT창의인재양성사업단
특성화 우수학과(전자공학부)의 지원을 받아 개발되었고, 작성되었음.
실습자료를 제공해 주신 ㈜휴인스에 감사드립니다.

값 15,000원